综合生态系统管理

Integrated Ecosystem Management

——国际研讨会文集

Proceedings of the International Workshop

江泽慧　主编

中国林业出版社

China Forestry Publishing House

图书在版编目（CIP）数据

综合生态系统管理／江泽慧 主编. —北京：中国林业出版社，2006. 1
ISBN 7-5038-4317-9

Ⅰ. 综… Ⅱ. 江… Ⅲ. 生态系统—系统管理—国际学术会议—文集 Ⅳ. Q147-53

中国版本图书馆 CIP 数据核字（2006）第 007045 号

中国林业出版社·环境景观与园林园艺图书出版中心
Tel: 66176967　66189512　　Fax: 66176967

责任编辑：吴金友
装帧设计：傅晓斌
出　　版：中国林业出版社（100009　北京西城区德内大街刘海胡同 7 号）
网　　址：www.cfph.com.cn
E-mail：cfphz@public.bta.net.cn　电话：（010）66184477
发　　行：新华书店北京发行所
印　　刷：中国科学院印刷厂
版　　次：2006 年 8 月第 1 版
印　　次：2006 年 8 月第 1 次
开　　本：889mm × 1194mm　1/16
印　　张：14
字　　数：386 千字
定　　价：120.00 元

编委会

序

干旱地区土地退化已成为危及全人类生存与社会发展的重大环境问题。防治土地退化和荒漠化，维护全球生态安全，实现可持续发展，是21世纪世界各国面临的共同任务。中国是全球土地退化最严重的国家之一。目前，我国沙化土地面积仍高达174.3万平方千米，占国土面积的18.2%。土地沙化不仅直接危及我国1亿多人口的生存和发展，影响着4亿多人口的生存环境和质量，而且每年造成的直接经济损失高达数百亿元。土地退化已经成为制约中国西部地区经济社会可持续发展的重要因素。中国政府对此高度重视，并采取了一系列重大举措，促进干旱半干旱地区林草植被的恢复与重建，加快西部地区生态环境的改善，特别是天然林保护、退耕还林、退牧还草、京津风沙源治理等重大生态工程的实施，取得了明显成效。

为了积极探索土地退化防治的有效途径，中国政府高度重视与国际社会的交流与合作，并于2002年同全球环境基金建立了干旱生态系统土地退化防治伙伴关系。这是中国政府和全球环境基金在土地退化防治领域达成的第一个国家伙伴关系。该伙伴关系将综合生态系统管理的理念引入到中国西部干旱地区土地退化的防治中，以长期规划的形式，建立跨部门、跨区域的综合管理体制，把政策、法律、规划与行动等有机地统一和协调起来，通过研究、开发和推广符合当地实际的综合生态系统管理和土地退化防治技术，促进干旱地区退化生态系统恢复，实现改善生态、保护环境、减少贫困和促进干旱地区经济社会可持续发展的目标。

土地退化防治伙伴关系改变了全球环境基金传统的、以项目为基础的做法，是全球环境基金新推出的长期的、框架式的合作模式，是一次大规模、分步骤、有计划的合作，标志着中国政府与全球环境基金的交流与合作在更广和更新的领域跨出了成功的一步。中国和全球环境基金在中国西部干旱地区生态治理领域开展的合作，不仅是对中国西部地区防治土地退化制度创新和政策创新的有益探索，而且对全球干旱地区生态系统的综合治理都有示范意义。

伙伴关系的顺利实施将推动先进的综合生态系统管理理念在中国的普及和应用，通过促进参与部门和项目实施省（自治区）对综合生态系统管理方法的认识和掌握，以及土地退化防治方面政策和法律框架的进一步完善，加快中国西部干旱地区土地退化防治的进程，有效促进中国西部干旱地区脆弱生态系统的恢复，进而为全球生态环境的改善做出贡献。同时，使当地居民从自然资源的改善中获得长期效益，摆脱对自然资源的过度依赖。

为吸收和借鉴国际上的先进经验，寻求解决中国西部干旱地区土地退化防治的有效途径，2004年11月1～2日，财政部和国家林业局在北京举办了“综合生态系统管理国际研讨会”。研讨会为参会代表提供了一个非常好的交流经验、探索不同实践和做法的有益平台。通过介绍和交流不同国家和地区在综合生态系统管理方面的经验和做法，为探索适合中国国情和西部地区实际的综合生态系统管理模式提供了借鉴和参考。

伙伴关系跨度10年，它对中国西部地区综合生态系统管理带来的理念变革及其所产生的影响将是长久的，对脆弱生态系统的保护和管理是可持续性的。新的历史时期，中国政府提出了坚持以人为本，全面、协调、可持续的科学发展观，强调统筹城乡发展、统筹区域发展、统筹经济社会发展、统筹人与自然和谐发展，统筹国内发展和对外开放。伙伴关系的实施是贯彻落实科学发展观的重要行动，必将对促进中国西部地区生态环境的改善和经济社会可持续发展发挥积极的作用。

财政部副部长

2006年6月28日

前言

保护环境，实现可持续发展，是世界各国人民的共同心愿，也是世界各国面临的严峻挑战。在中国西部干旱半干旱地区，由土地退化引起的生态脆弱和贫困问题已成为制约西部地区经济社会可持续发展的主要因素。近些年虽有所改善，但情况依然很严峻。加快西部地区生态建设，改善环境，消除贫困，是我们的共同责任与使命。

为加快改善中国西部地区的生态环境，为全球防治土地退化做出示范，中国政府与全球环境基金于2002年达成了在中国西部地区加强生态环境领域合作的共识及具体行动，即中国－全球环境基金干旱生态系统土地退化防治伙伴关系。伙伴关系旨在运用综合生态系统管理的理念对西部土地退化进行防治。中国政府对此高度重视，成立了由财政部牵头，全国人大法制工作委员会、国家发展和改革委员会、科技部、国土资源部、水利部、农业部、国家环境保护总局、国家林业局、国务院法制办和中国科学院等11个部门和单位参加的项目指导委员会、项目协调办公室和执行办公室。项目协调办公室设在财政部，项目执行办公室设在国家林业局。伙伴关系的第一个项目——土地退化防治能力建设项目已于2004年7月正式启动，项目实施地点在内蒙古、陕西、甘肃、青海、宁夏、新疆6省（自治区）。

为推动综合生态系统管理理念在中国的应用，在全球环境基金、亚洲开发银行的大力支持下，财政部和国家林业局于2004年11月1～2日在北京召开了“综合生态系统管理国际研讨会”。来自中央有关部门和6个项目省（自治区）的政府官员、专家以及世界银行、亚洲开发银行、全球环境基金等国际组织的代表、国际知名专家等200多人参加了研讨会。

本次会议共收到国内外报告、论文46篇。经汇编共分为九篇。第一篇是财政部、国家林业局、全球环境基金、亚洲开发银行和世界银行官员所作的报告。重点介绍中国，特别是西部地区生态建设与土地退化防治的相关政策和措施，中国－全球环境基金干旱生态系统土地退化防治伙伴关系及其土地退化能力建设项目的目标与任务，综合生态系统管理的国内外经验及在中国的应用前景。第二篇是英国专家和中国国务院发展研究中心专家所作的两篇报告。从概念、理论与方法上系统地阐述了综合生态系统管理发展的起源与历程，以及中国政府对防治土地退化所做的努力及成就。第三篇是防治土地退化的经验教训。来自美国、澳大利亚、加拿大的专家分别介绍了各自国家解决干旱地区土地退化问题的经验教训。第四篇是国际上应用综合生态系统管理防治土地退化的实践，全面、系统地介绍了各国综合生态系统管理的成功经验。第五篇是综合生态系统管理实践——国际案例研究。第六篇是综合生态系统管理实践——中国案例研究。第七篇是中国防治土地退化的经验与方法，全面、系统地介绍了中国防治土地退化的法律、政策和实践。第八篇是中国省级层面实施综合生态系统管理、防治土地退化的实践。第九篇从环境、经济与社会角度阐述了中国应用综合生态系统管理方法防治西部干旱地区土地退化的重要性。

编者深信,《综合生态系统管理国际研讨会文集》的出版，将把先进的综合生态系统管理理念和国外运用综合生态系统管理防治土地退化的成功经验介绍给大家，有助于促进项目参与部门和项目实施省（自治区）对综合生态系统管理理念的认识，必将有力推动综合生态系统管理在中国的发展进程，为中国防治土地退化、实施综合生态系统管理提供指导。 同时，编者希望《文集》能为不同行业、不同地区的行政官员、科技人员以及关心中国生态建设和环境保护的人员了解综合生态系统管理的思想提供有益的参考。

编　者

2006 年 4 月 24 日

目录 CONTENTS

第四篇　国际防治土地退化的最佳实践

第五篇　综合生态系统管理实践——国际案例研究

第六篇　综合生态系统管理实践——中国案例研究

第七篇　中国防治土地退化的经验与方法

第一篇

领导、专家讲话

1

1 实施综合生态系统管理 加快退化土地治理步伐

——在综合生态系统管理国际研讨会上的主题发言

全国政协人口资源环境委员会副主任
中国林业科学研究院院长　江泽慧
项目指导委员会主任

尊敬的各位来宾，

女士们、先生们：

在全球环境基金的大力支持和中国财政部的直接指导下，经过中国政府有关部门和亚洲开发银行以及西部6省（自治区）的共同努力，中国－全球环境基金干旱生态系统土地退化防治伙伴关系已于2004年7月16日正式启动。这标志着中国政府与全球环境基金在防治土地退化领域的合作已进入了实质性阶段。作为推动项目高水平开展的重要活动，“综合生态系统管理国际研讨会”今天在北京隆重召开了。在此，请允许我代表项目指导委员会，并以我个人的名义，对研讨会的成功召开表示热烈的祝贺！对各位嘉宾的到来表示热烈的欢迎！对积极促成研讨会顺利召开的中外各方表示衷心的感谢！

中国是世界上人口最多的发展中国家。中国政府在努力推动经济社会快速发展的同时，对人口、资源、环境的协调发展和生态保护也给予了高度重视，采取了一系列重大行动，以努力推动中国社会经济的可持续发展。中国政府始终高度重视生态建设与环境保护工作，并积极参与国际社会的相关行动。作为《濒危野生动植物物种国际贸易公约》、《湿地公约》、《生物多样性公约》和《防治荒漠化公约》等公约的缔约国，中国政府始终把履行国际公约作为推动生态建设和环境保护必须遵循的基本准则，在致力于国内生态建设和环境保护的同时，积极为全球生态环境的改善做贡献。

进入新世纪以来，中国政府把“可持续发展能力不断增强，生态环境得到改善，资源利用效率显著提高，促进人与自然的和谐，推动整个社会走上生产发展、生活富裕、生态良好的文明发展道路”，作为全面建设小康社会的重要目标，积极致力于生态建设和环境保护，并从政策法律层面和治理方向上做出了一系列重大努力。这些年来，全国人大、国务院先后颁布实施了一系列生态建设和资源环境保护的法律、法规，如《中华人民共和国防沙治沙法》、《中华人民共和国水土保持法》、《中华人民共和国土地管理法》、《中华人民共和国农业法》、“退耕还林条例”等；修订了《中华人民共和国森林法》、《中华人民共和国草原法》、《中华人民共和国水法》等法律、法规；颁布实施了《全国生态环境建设规划》、《全国生态保护纲要》、《国家“九五”、“十五”环境保护规划》以及中共中央、国务院《关于加快林业发展的决定》等纲领性文件。在此基础上，国家投入巨资，启动实施了天然林资源保护、退耕还林、京津风沙源治理、草原建设保护、保护性耕作和旱作节水农业工程等国家重点生态工程，在土地退化防治方面取得了显著进展。以此为标志，中国进入了全面开展生态建设的新时期。

当今世界，以荒漠化为主的土地退化，已经成为危及全人类生存与发展的重大生态问题。防治土地退化和荒漠化，维护全球生态安全，实现可持续发展，是21世纪世界各国面临的共同任务。

中国是世界上荒漠化、水土流失危害最严重的国家之一。中国现有荒漠化土地面积267.4万平方千米，占国土面积的27.9%。尤其是西部地区，水土流失面积占全国的80%以上，新增荒漠化面积占全国的90%以上。那里的耕地和草场正面临着荒漠化威胁。同时，水土流失、土地盐碱化、生物多样性丧失、水质恶化和水资源短缺等问题也十分严重。可以说，土地退化已经成为制约中国西部地区经济社会可持续发展、人民生活水平提高的主要因素。因此，在中国探索土地退化防治的综合生态系统管理，是中国防治土地退化的迫切需要。

中国生态建设不仅是中国实现可持续发展战略的关键，同时也是全球生态建设和可持续发展的重要环节。国际社会对中国生态建设十分关注，世界上许多国家和国际组织，都从不同领域、以不同方式对中国的土地退化防治工作倾注了真挚感情，提供了宝贵的经济、技术援助，为推动中国土地退化防治工作做出了突出贡献。

中国－全球环境基金干旱生态系统土地退化防治伙伴关系项目，是中国政府与全球环境基金在生态领域第一次以长期规划的形式，将综合生态系统管理理念引入到中国西部退化土地治理事业中来。其主要目的是创立一种跨越部门、行业或区域的可持续的自然资源综合管理框架。它要求在制订国家土地退化防治规划的时候，必须从生态环境的整体性上去综合考虑各个因素间的相互联系，将跨部门和参与式方式运用到自然资源管理的计划和实施中去，探索优化资源和资金配置、创新管理体制、完善运行机制，进而从根本上解决土地退化防治的新途径。项目的实施将对加速中国西部生态环境改善，消除贫困，促进区域经济发展，实现东西部共同发展和各民族共同繁荣产生重要的促进作用。同时，也将为中国其他地区乃至广大发展中国家综合治理生态环境与发展问题提供范例和经验，为推动全球生态环境的保护和发展做出贡献。为此，在项目实施中，需要从4个层面全力推动中国的土地退化防治工作。

一、科学认识土地退化规律

土地退化的成因很复杂，大气运动、水循环、土地耕作、草原放牧、森林植被破坏等都可能成为土地退化的因素。西部土地退化也是造成西部地区严重水土流失的主要原因之一。黄土高原已成为世界上水土流失最严重的地区，其直接的原因就是由于林草植被的严重破坏。西部土地退化造成的植被减少，加剧了干旱、风沙、洪涝等自然灾害，并且这些自然灾害互为因果。因此，在土地退化地区和受到土地退化威胁的地区，科学地认识土地退化规律，全面、持久地开展综合生态系统管理活动，就显得非常必要。只要我们坚持系统、深入地分析中国土地退化防治所面临的各种矛盾和问题，抓住并针对不同地区的主要矛盾和问题开展工作，开展中国西部地区干旱生态系统综合管理的实践，发展基于现代科学、技术和政策、制度框架的综合生态系统管理的新的成功模式并加以推广，就一定能把我国土地退化的防治工作提高到一个新的水平。

二、准确把握综合生态系统管理方法

实施综合生态系统管理是可持续自然资源管理的重要途径，也是全新的尝试，需要我们在实践中不断探索和完善，准确把握，正确运用。一方面，综合生态系统管理要求科学运用现代生态学等学科的基本理论，系统地分析生态系统内部各要素及其相互作用的关系，综合协调影响系统运行的各种外部因素及其相互作用，进而寻求一种综合效益最佳的协调作用与发展的模式，推进生态系统的健康发展；另一方面，人类是生态系统的重要组成部分，综合生态系统管理也是人类关于自然和社会的多学科知识与技术的综合。对综合生态系统管理的运用，只有遵循整体性原则，从全球着眼，从局部着手，采用多学科交叉的方法，揭示土地退化过程的机理，才能从系统和整体的高度上，为各国提供土地退化的趋势预测、影响评估和决策的科学依据。应该说，中国西部地区土地退化治理是一项宏大的系统工程，既要从局部治理着手，又要有整体规划，考虑水、土、气、生物等各方面的因素，运用综合生态系统管理的方法，以达到总体上最优的生态平衡。尤其是要在低产农田园地改造（如坡改台等）、退耕还林还草、水土流失治理、水资源管理、沙漠化防治、生态环境保护、湿地保护、土地恢复与复垦、草地恢复与草场管理、森林保护、植树造林等方面，加大土地退化防治的力度。

三、加强多部门的协调与合作

土地退化防治的行政管理涉及农业、林业、环保、水利、国土资源等许多政府部门。因此，在土地退化防治中，需要各部门的共同参与和积极配合。部门之间、中央与地方之间以及中方与外方之间的密切合作，以及中外专家队伍之间的开放式交流与合作，充分发挥各方面积极性，是实施好项目的重要途径。同时，还必须进一步加强项目的指导、监督、检查和管理，把握项目的每一个环节，加强项目宣传，扩大项目影响，为项目的实施创造更加有利的环境和条件，以促进项目的顺利实施。

四、加大人员培训力度

OP12项目涉及面广、业务性强，要求项目参与人员不仅要具有较高的专业水平，还要熟悉相关法律、法规和政策，特别是要熟悉和掌握综合生态系统管理知识与方法，这是确保项目顺利实施并取得重大成效的关键。为此，在项目实施过程中，必须把加强项目参与人员的业务培训作为一项重要工作来抓。我们举办这次研讨会，从某种意义讲，实际上也是一次较高层次的培训活动，希望大家珍惜这次机会，相互学习，相互交流，共同提高。同时，我也很高兴地告诉大家，最近，《联合国防治荒漠化公约》国际培训中心已经在北京正式成立。我们将充分利用这一国际性平台，广泛开展国际间的培训与交流，充分利用国内外科技资源和人才资源，加强综合生态系统管理及其在控制和防治土地退化领域的思想传播与技术培训工作，为本项目乃至全球土地退化防治的科技水平、管理水平和工程建设水平的提高做出新的贡献。

进入21世纪，中国的生态建设与环境保护翻开了历史的新篇章。以此为契机，全面建立和推动中国与全球环境基金的伙伴关系，开展综合生态系统管理的创新研究与试验示范，将为亚洲乃至全球退化土地的修复和重建探路子、出经验、树典范。这次研讨会是全面推动中国综合生态系统管理的重要活动。来自美国、英国、澳大利亚、中国的专家将分别介绍综合生态系统管理概念和在本国实施取得的范例；项目中央成员单位就政府部门在促进使用综合生态系统管理方法防治土地退化方面发挥的作用也将进行详细介绍；6个项目省(自治区)还将分别介绍本省（自治区）对综合生态系统管理方法所进行的实践活动。

我深信，通过参加研讨会的国内外专家们的广泛交流，必将使大家充分了解不同国家和区域综合生态系统管理的成功经验，促进项目参与部门和项目省(自治区)对综合生态系统管理理念达成共识，加快综合生态系统管理在中国的发展进程，为西部退化生态系统综合管理的理论发展和技术进步做出贡献，并以此推进新时期中国生态建设和环境保护迈上一个新台阶。

最后，预祝大会圆满成功！祝国内外来宾在北京期间身体健康、生活愉快！

2 中国生态建设规划与综合生态系统管理

国家林业局副局长　祝列克

各位领导，各位来宾

女士们、先生们：

非常高兴来参加中国－全球环境基金干旱生态系统土地退化防治伙伴关系“综合生态系统管理国际研讨会”。首先，我代表国家林业局对研讨会的召开表示衷心地祝贺！向出席今天会议的各位领导、各位来宾和朋友们表示热烈欢迎！并借此机会，向长期以来关心、支持我国生态建设事业的国际组织和有关国家政府以及中外各届友好人士表示诚挚的谢意！

当今世界，生态建设和环境保护已成为各国政府和国际社会共同关注的热点和焦点，成为一个国家或地区经济社会可持续发展的重要组成内容。中国作为发展中国家，在经济快速发展的同时，也面临着生态环境的巨大压力。特别是由于受气候变异和人类活动等各种因素的影响，我国土地退化甚至沙化的形势十分严峻，防治土地退化和荒漠化的任务仍然十分艰巨。目前，我国沙化土地面积仍高达174.3万平方千米，占国土面积的18.2%，而且仍然以年均3436平方千米的速度在扩展。土地沙化不仅直接危及我国1亿多人口的生存和发展，影响着4亿人口的生存环境和质量，而且每年造成的直接经济损失高达540多亿元，严重制约了我国经济社会的全面、协调和可持续发展，威胁到国土保安和生态安全，成为我国继水灾、旱灾之后又一个心腹之患。

林业是生态建设的主体，是实现经济社会可持续发展的重要基础。在防治土地退化和荒漠化过程中，我国十分关注干旱半干旱以及荒漠化地区林草植被的恢复与重建工作。近几年来，随着国家综合经济实力的快速增长，我国政府投入了巨大的财力相继启动实施了天然林资源保护、退耕还林、京津风沙源治理等重大林业工程。这些重点工程的实施对我国生态环境的改善已经发挥了非常重要的作用，取得了明显成效。据占国土面积1/8的内蒙古自治区的生态环境监测数据显示，内蒙古自治区的生态状况已经实现了由“整体恶化、局部改善”向“整体遏制、局部改善”的重大转变，这是我国生态面貌逐步好转的一个重要信号。

防治土地退化和荒漠化是一项复杂的系统工程，需要各个部门的共同努力与密切配合，需要充分调动各个方面的积极性和各种措施的综合运用。林业作为生态建设的主体，在防治土地退化和荒漠化工作中肩负着十分重要的任务。根据中共中央、国务院《关于加快林业发展的决定》精神和实施以生态建设为主的林业发展战略的总体要求，以科学发展观为指导，从全面建设小康社会的全局和保障中华民族长远发展的战略高度出发，按照建设和谐社会的要求，与有关部门加强合作，共同努力，进一步推动我国土地退化的防治和荒漠化治理工作，为全国乃至全球生态环境的改善做出积极的贡献。

土地退化是全球共同关注的环境问题。我国政府在防治土地退化和荒漠化工作中，十分重视开展国际间的合作与交流。同时，我国的防治土地退化和荒漠化工作也始终得到了国际社会的高度关注和大力支持。2004年7月16日，正式启动的“中国－全球环境基金干旱生态系统土地退化防治伙伴关系”，就是中国政府与全球环境基金在干旱生态系统土地退化防治领域合作的重要标志。该项目引入综合生态系统管理理念，通过建立跨部门、跨行业、跨行政区域的生态环境综合管理体制，为我国西部地区生态建设和环境保护提供一套全新的发展思路和综合治理模式。项目的实施对我国乃至全球的生态建设和环境保护都具有重要意义。为推动项目高水平开展，中央项目协调办和执行办组织举办这次“综合生态系统管理国际研讨会”，邀请国内有关部门和中外专家，围绕开展综合生态系统管理的实践活动中所面临的机遇及挑战、如何在中国开展综合生态系统管理的实践活动以及借鉴其他国家经验等议题，进行研讨。进一步探讨采用综合生态系统管理方法来防治土地退化，这是非常有意义的。我相信，通过这次研讨会，大家相互学习、交流，相互启发，总结一些先进典范和成功经验，必将对今后综合生态系统管理方法在中国的成功应用起到重要的指导和借鉴作用。

最后，预祝研讨会取得圆满成功！

3 中国创建综合生态系统管理模式

财政部国际司副司长　邹加怡

尊敬的各位代表，

女士们，先生们：

非常高兴出席由全球环境基金、亚洲开发银行、国家林业局和财政部联合发起的综合生态系统管理国际研讨会。我谨代表财政部对各位新老朋友的到来表示诚挚的欢迎。

保护全球生态，创造美好家园，实现可持续发展，是世界各国人民的共同心愿，也是世界各国面临的紧迫任务。从全球看，在世界经济快速发展的同时，人类活动对生态系统的影响也在不断加剧，并造成了不容忽视的环境污染和生态破坏。世界各国已逐渐意识到保护生态环境，实现可持续发展的重要性和紧迫性。联合国将保持环境的可持续发展明确确定为千年发展目标之一，为全球范围内的环境保护和生态治理提供了标准和准则。以全球环境基金、亚洲开发银行等为代表的国际机构积极致力于探索科学的方法，动员有效的资源，推动更多的国家将可持续发展的理念付诸行动，以促进千年发展目标的实现。近年来，中国经济取得了举世瞩目的快速增长，但同时也带来了不同程度的环境污染和生态破坏等问题。中国政府非常重视这一问题，并投入了巨大的人力和物力来解决这一问题，包括逐步引入综合生态系统管理这一新的管理理念。借此机会，下面我先向大家介绍一下我对综合生态系统管理的理解和认识，然后介绍中国政府近年来在加强综合生态系统治理方面所采取的措施。

一、综合生态系统管理

目前，综合生态系统管理已逐步成为全球范围内一种科学和合理的环境保护趋势，它带来了生态治理领域的方式和方法的变革，这种变革也是在经济全球化的背景下各国在实现一定的经济增长目标后，追求以人为本、全面和协调的社会发展环境的必然结果。近年来，综合生态系统管理的理念正在逐步为我国的公众所认知和接受。通过总结在这一领域的经验教训，各方面越来越明显认识到，相互分离的部门立法，缺乏协调的发展规划，单一部门的治理措施在生态治理方面并不能取得最好的效果，而必须考虑自然资源的不同侧面及其与社会和经济相互联系的综合作用，才能达到资源的最佳和最有效配置的综合效应，同时取得生态系统的平衡发展。

为实现上述目标，首先，综合生态系统管理应该是多元化和多层面的，包括完整的生态系统、综合的行政管理体系、资源供给渠道、监测和评价系统等诸多方面的内容；其次，综合生态系统管理应更多地考虑人类与大自然之间的相互联系和作用，应将经济和社会的因素整合到生态系统管理中来；第三，综合生态系统管理应更加重视科学规划和统筹管理，强调法律、政策、规划和行动的统一。同时由于生态系统的动态性，管理规划也要具有一定的灵活性和适应性，以便能够对新的情况进行相应调整。

二、中国在综合生态系统管理方面的措施与成就

众所周知，中国新一届政府提出了“以人为本、全面、协调、可持续发展”的科学发展观，这为中国政府在保证经济高速发展的同时，保持生态系统的综合和平衡发展提出了宏观目标。为保护和改善生态环境，促进经济与社会的可持续发展，加快西部大开发，1998年以来，国家相继

启动实施了一系列加强生态建设的工程，以实现生态建设和扶贫相结合的目标。在工程任务和资金安排方面，对西部地区给予了适当倾斜照顾。

1．中央财政为西部地区林业生态治理投入了大量的资金

2000年，国家先后正式启动实施了天然林资源保护、退耕还林和京津风沙源治理等工程，旨在逐步恢复被破坏的生态功能，实现综合生态治理与减贫扶贫双赢的功效。工程投入包括财政专项资金、中央政府财政转移支付和基本建设投资等。截止2003年，天然林资源保护工程涉及17个省(自治区、直辖市)，其中西部省（自治区）11个，累计投入511.28亿元，其中西部省（自治区）287.8亿元；退耕还林工程累计2.09亿亩[1]，中央累计投入472亿元，其中西部12省(自治区、直辖市)累计安排还林任务1.28亿亩，占全国的61%，累计投入311亿元，占全国的65%；京津风沙源治理工程累计安排退耕还林任务1842万亩，安排资金85.15亿元，其中西部省（自治区）42.2亿元，占总资金的49.6%。另外，2001～2003年，国家在河北、辽宁和新疆等11个省（自治区）开展了森林生态效益补偿试点工作。截止2003年，累计安排30亿元，其中新疆安排2.25亿元。

2．进行财政生态扶贫与退耕还林结合试点工作

为探索财政支农资金整合方式，提高财政资金使用效益，财政部从2002年开始，在全国5个贫困县开展了财政扶贫与退耕还林相结合的试点工作。2年的试点工作已初见成效，加快了退耕还林区脱贫致富的步伐，促进了农业和农村产业结构调整，巩固了退耕还林成果。

3．支持西部土地退化防治(OP12)项目

目前正在实施的中国－全球环境基金干旱生态系统土地退化防治伙伴关系是中国与国际金融机构合作，在防治土地退化方面进行综合生态系统管理尝试的第一个跨省区项目。中国政府高度重视这一项目，特别安排专项政府配套经费来支持这一项目的实施。2002～2004年，中央财政专门安排了900万元来支持项目开展工作；此外，还安排了1500万元来支持项目的活动。这次国际研讨会是该项目框架下的活动之一。

这些充分表明了中国政府支持综合生态建设和加强综合生态治理的决心和信心。中国政府将一如既往地致力于综合生态环境建设和保护工作。目前，综合生态系统管理在中国还是一个新的概念，还应该在国内实践中不断完善。今天的研讨会为我们提供了一个非常好的国际间交流经验、探索不同实践和作法的有益平台。希望我们能从不同国家和地区在综合生态治理方面的经验和做法上吸收与探索更适合中国特点、实际国情的综合生态系统管理模式。

最后预祝会议取得圆满成功！

[1] 1公顷＝15亩

4 可持续的土地管理——通向可持续发展之路

[1] Moctar Toure

今天，我十分荣幸代表全球环境基金参加在这里举办的综合生态系统管理国际研讨会开幕式。借此机会，向大家介绍全球环境基金在解决复杂的全球环境问题中所面临的挑战。重点介绍全球环境基金推行的"全面和综合的自然资源管理"模式，应用可持续土地管理理论解决全球环境问题，并且能有效地满足国际社会对自然资源可持续发展的需求。

在介绍全球复杂环境问题之前，首先向大家介绍有助于更好地理解"全面和综合的自然资源管理"模式建立的缘由和历史背景。

你可能会想到世界对环境问题的关注是从1972年联合国环境规划署（UNEP）举办的斯德哥尔摩环境大会以后开始的。

那时，人们关心的主要问题是日益增长的全球环境灾害。比如：工业生产污染国际水源，大气中臭氧层消耗导致全球气候变暖，过量采伐森林损失遗传基因和危害物种等问题。

不仅发达国家关心这些问题，而且联合国环境规划署总部（内罗毕）所在地的肯尼亚——一个发展中国家，与其他发展中国家一样也开始关心环境问题，但是他们所关注的主要是土地退化问题。

1984年，布伦特兰委员会（Bruntland commission）发表的"我们共同的未来"报告缓解了发达国家和发展中国家选择治理全球环境议程中的哪一项为优先解决的矛盾，开始认识到环境、人与发展之间的关系。土地退化被列为全球环境问题，并成为1992年里约全球环境与发展大会的主要议题之一。

就是在这一段时间内，设立专向资金用以解决环境问题的呼声促使全球环境基金（GEF）的成立。

了解历史，有助于我们现在更好地掌握全球环境基金是怎样关注土地退化问题的。

全球环境基金最初通过资助发展中国家和经济转型国家防治和控制土地退化——主要是荒漠化和破坏森林，解决土地退化问题。这与全球环境基金的重点领域相关，生物多样性、国际水域和臭氧层损耗之间的关联又限制了项目的执行效果。

全球环境基金通过批准两个新项目的业务规划使这一状况得到了改善：第一个是"综合生态系统管理"；第二个是"重要农业生物多样性保护和可持续利用"。这两个项目：①搭建起建立土地退化治理公共政策和加强土地退化治理能力的框架；②强化各部门协调管理自然资源的综合能力。

2002年，全球环境基金在北京举办的第二届成员国大会使这一问题得到了进一步地解决。大会同意确定土地退化（主要为荒漠化和采伐森林）作为关注的一个新的重点领域，确定了可持续经营土地为其资助的一个重点方向。这样为其创造了一个以人为本的理念，进行遏制消耗大量自然资源的趋势、为维持生态系统的整体性做出贡献，同时也为地区经济的可持续发展起到了积极的推动作用。

全球环境基金把建立土地可持续经营和自然资源综合管理作为环境议程的中心点，主要通过

---

[1] 全球环境基金，土地与水资源组组长，美国华盛顿

重新检查和安排新业务领域实现土地可持续经营和自然资源综合管理的目标。

有很多理由可以充分说明为什么国家伙伴关系是实现土地可持续经营的最佳手段。

第一，土地可持续经营需要一个协调合作的组织机构。它建立起的实施框架运行时间比多数传统的短周期项目框架运行的时间要长。长期框架要求采用伙伴关系的合作模式。这种模式无论在国家层面上，还是在国际层面上都超出了单一组织和机构的能力和规划框架。

第二，这样一个长期的项目需要有大量的财政资源的支持才能实现，因此在项目执行过程中，要对资助资金的来源进行预测。这样规模的资源需求也超出了单一国家或合作伙伴的能力范围。

第三，由于全球环境基金与很多发展中国家合作伙伴关系处于不同的发展水平，事先预测出可供利用的财政资源对每个国家设计和安排土地可持续经营项目以满足其需要和能力是十分有益的。

中国-全球环境基金干旱生态系统土地退化防治伙伴关系的建立是全球环境基金实现长期战略规划投资的第一步。但是还有许多伙伴限制因子需要通过示范项目加以克服。

第一，在国家层面上，需要进一步完善土地可持续经营活动的规划和协调机制。这一机制有利于克服长期存在的部门分割和机构冲突的问题，对如何消除解决自然资源综合管理的障碍达成共识。

由江泽慧女士担任主任的中央项目指导委员会为中国-全球环境基金干旱生态系统土地退化防治伙伴关系的建立以及促成中央层面与地方环境保护部门的交流与对话起到了积极的指导作用。在此，我愿意重点强调财政部在启动和建立中国-全球环境基金干旱生态系统土地退化防治伙伴关系的国家规划框架（CPF）中起到的重要作用。它是中国政府和全球环境基金共同投资为中国西部地区防治土地退化、消除贫困、保护生物多样性建立的10年期、分阶段优先实施的国家规划框架。当然，西部6省（自治区）在准备建立国家规划框架中也起到了积极作用。

第二，需要对各级层面进行培训和能力建设，建立起有利于应用自然资源综合管理的国家机构框架。以便于收集、整理、分析和应用土地信息，来支持正确的决策、跨部门协调和合作。实际上，还需要建立可行的监测和评价体系以及可持续的资金资助机制。财政部对实施国家规划框架的财政支持是有效执行国家规划框架的一个极佳保证。

第三，需要通过采用和应用相关政策和规章制度创建一个可持续经营土地的能力环境。这一能力环境对实施有效的和持续的保护土地与控制水土流失的方法起到推动和激励作用。

第四，需要建立系统的和全面的科学与技术支撑体系，诠释良性的和恶性的土地利用和经营系统以及不可持续的农业、牧业、林业管理措施。

第五，需要在规划和实施试验活动中建立一个积极的、有始有终的可持续发展基地，并要充分认识到没有当地政府和利益相关者的同意，是不能从事试验、示范和模拟自然资源综合管理的活动。

基于上述精神，中国-全球环境基金干旱生态系统土地退化防治伙伴关系给中国政府提供了一个整合环境与社会可持续发展，以及用系统的、可持续的思想建立起统一的跨部门和跨行业的政策和规划的有效机制的平台。这种伙伴关系能够改变生产和消费不可持续的模式、并且还能遏制损失环境资源的趋势。

实际上，这一伙伴关系的成功执行还需要中央和地方政府继续努力，进行必要的改革，解决机构、法律和规章上存在的障碍，协调项目的规划与资金预算。

全球环境基金为能够执行这一开拓性的中国-全球环境基金干旱生态系统土地退化防治伙伴关系而感到骄傲，为这一伙伴关系能够产生潜在的、共生的、有生命力的效益而高兴。因此，我重申要与你们继续保持长期的合作，进一步建立稳定的伙伴关系。

你们可能已经了解到国家规划框架已经为全球环境基金启动土地可持续经营全球国家合作伙伴规划创造了一个良好的开端。这一规划的目的是资助全球环境基金资格成员国以全面和综合的方式，依据防治荒漠化国家行动计划和其他国家发展框架去解决土地退化问题。

全球国家合作伙伴规划正在非洲（埃塞俄比亚、布基纳法索、纳米比亚）、亚洲（越南和5个中亚国家——塔吉克斯坦、吉尔吉斯斯坦、乌兹别克斯坦、土库曼斯坦和哈萨克斯坦）和拉丁美洲（古巴）进行试验。这些新的合作伙伴关系在解决政策、机构和技术问题以及在建立和有效实施合作伙伴关系等方面吸收了中国-全球环境基金干旱生态系统土地退化防治伙伴关系的经验。我很高兴地告诉大家全球环境基金分别与纳米比亚、古巴建立的合作伙伴关系工作进展的很顺利。

最后，让我引用世界保护战略的宣传语，结束我的发言。“为了确保人类生命的可持续，必须采取行之有效的方法经营土地和保护自然。由于自然过程与系统对保持人类生活水准起到十分重要的作用，所以采取的方法必须以实现保护土地和自然为目的。如果土地和自然遭到破坏，恢复它们是非常困难的、甚至是不可能的。”

预祝这次国际研讨会圆满成功！

5 亚洲开发银行与中国-全球环境基金干旱生态系统土地退化防治伙伴关系

[1] Katsuji Matsunami

江泽慧院长、祝列克副局长，甘肃、陕西、青海副省长，宁夏、内蒙古、新疆自治区副主席，全球环境基金的Moctar Toure博士，联合国粮食与农业组织北京发展合作处代表Licona Manzur女士，尊敬的各位来宾，女士们，先生们：

亚洲开发银行十分荣幸能够参加这次国际研讨会。它是中国－全球环境基金干旱生态系统土地退化防治伙伴关系中的第一个十分重要的国际会议。中国－全球环境基金干旱生态系统土地退化防治伙伴关系是全球环境基金在世界上实施的第一个防治土地退化合作伙伴关系。全球环境基金在2002年10月召开的成员国会议上通过了中国－全球环境基金干旱生态系统土地退化防治伙伴关系。在2003～2012年期间，全球环境基金将为符合中国－全球环境基金干旱生态系统土地退化防治伙伴关系条件的子项目提供总计1.5亿美元的资金，用于支持采用综合生态系统管理方法解决土地退化问题。借此机会，我代表亚洲开发银行再一次感谢全球环境基金对这项事业的支持。今天，我们十分高兴地见到世界最优秀的综合生态系统管理专家集聚北京，聆听他们讲授先进的综合生态管理系统理论、方法与经验。另外，我们也高兴地看到许多国际合作组织机构代表出席今天的大会，这就充分表明了他们愿意广泛参与解决中国日益严重的土地退化问题的决心。我还要代表亚洲开发银行向促成这次国际研讨会召开的中国政府表示感谢。

主席先生，这次研讨会也为各级政府领导和官员提供一个非常好的学习机会。他们可以就如何更好地防治西部地区日益严重的土地退化问题展开讨论。在座的各位都知道，中国面临的问题，同时也是世界面临的最严重问题——土地退化问题。中国土地退化面积已经超过国土面积的40%，或者说超过350万平方千米的土地受侵蚀、盐碱化以及沙漠化的影响。西部地区12个省（自治区）人口超过2.85亿，其中部分农牧民生活在生态脆弱、经济相对落后的这一地区，同时又是少数民族集聚最多的地区。人类的活动加速了土地的退化步伐，也带来了严重的社会和经济问题。最贫穷的人们往往都是居住在土地退化最严重的环境恶劣地区。土地退化不仅危及一个地区物种多样性，并且也是沙尘暴的主要发源地。沙尘暴不只是影响到中国的北部和西北部地区，有时也会影响到邻国。中国政府希望能在与全球环境基金和国际社会的合作中，探寻一种具有较好协调性及综合性的方法，用以防治和解决土地退化问题。

一、综合性方法的益处

主席先生，在座的很多人今天和明天将会就如何防治土地退化的技术、经济政策、法律法规等问题展开讨论。在此，我主要介绍综合性方法的益处。

1．中国的经验

为了解决土地退化问题，中国政府通过重大项目迅速提高了预算支出，增加资金投入。林业部门主管一些重大项目，还有一些重大项目（例如土地和水资源保护）由水利部、农业部以及其

[1] 亚洲开发银行，中东亚局，农业、环境与自然资源部主任

他行业部门主管。总之，1996～2000年，中国政府每年投入约3亿美元资金用于防治土地退化、解决土地退化问题，并且在最近几年还明显加大了投入力度。然而，政府关心的依然是如何提高部门之间、各级政府之间合作解决土地退化问题的效率。

可喜的是，中国政府在制定环境政策以及开展立法工作中取得了实质性的进步。中国的经验对于那些位于与中国西部干旱地区生态环境相似的中亚地区国家是非常有益的。例如，2003年9月，中共中央、国务院颁布了《关于加快林业发展的决定》，推动了环境保护和可持续生态系统建设事业的更大发展。水利部最近发布了一个关于土地和水资源保护的国家战略，重点强调采用一个综合、参与式、自下而上的方法。2004年3月，全国人民代表大会进一步强调了加快农村发展和环境保护步伐，并且提出了“科学发展观”。国家环境保护总局已经完成了国家生态系统区划，并加快促进、广泛应用区划的步伐。

对于那些依靠在干旱土地环境中放牧生存的农牧民而言，这些变化会促进科学与当地的社会、经济与环境建设的进一步融合。干旱地区的共同问题是农业生产规模小、隔离或远离市场环境、基础设施和金融服务落后、农牧民生活贫困。解决这些问题时，不能只关注土地退化问题，要采用参与式、自下而上的方法从根本上解决土地退化问题。如果我们把农牧民的经济利益放在所有工作的第一位，那么就有利于我们全面了解问题，兼顾生产和保护双重效益，建立低成本防治土地退化方案，制定出符合实际的防治措施。这样对土地使用者的帮助益处最大。

2．国际经验

50多年以来，牧业科学的大量研究工作已经创建了管理牧场的基础理论体系，以及探索出了防治草场上过度放牧和土地退化问题的方法。同样，科学研究者也对半干旱环境地区的农业系统给予了极大的关注，并在一些国家和地区中已经取得了防治半干旱地区土地退化的成功经验。在许多干旱地区，免耕农业生产方式现已被广泛地应用，并且在中国也能见到这样的农耕方式。

目前，国际上最佳的防治土地退化的经验是实施参与式、科学与综合的防治战略。一些国家，包括美国、加拿大和澳大利亚，在遏制土地退化趋势和改良退化的土地上已经取得了很多成功的经验。通过参与式方法，农民、牧民、管理者、研究者以及领导者对于土地退化的根本原因及解决问题的长期性，已逐步形成共识。有时候，土地退化的根源并不在受影响的地区，而是在别的地方。危害严重地区需要全面考虑政府与社会共同参与，才能成功地解决土地退化问题。例如，过度使用水资源、缺乏保护土地和水资源措施、过分追求短期效益、不可持续地开发利用土地以及不合理的法律法规等单一因素或多种因素发生都会产生土地退化问题。因此，防治土地退化要以科学技术为依据，考虑各地不同的环境、风俗、观念与制度，紧紧围绕上述因素，创建治理土地退化的参与式综合方案，并努力实施。

已经实施的国际项目(特别是联合国粮食与农业组织执行实施的全球环境基金的干旱地区土地退化评价项目、 世界水土保护方法及技术纵览项目，以及其他援助项目）在采用成本－效益与系统管理的方法解决土地退化问题上能给中国提供可效仿的案例,并且也可为中国培训相关人才。国际援助中国的一些项目（例如，世界银行援助的黄土高原水流域植被恢复项目，以及加拿大、澳大利亚、英国和日本政府等援助的地区性项目）分别展现出了最佳实践方法。从这些项目中，还可以学到更多的经验与教训，并使这些方法得到更广泛地应用。

3．项目

“土地退化防治能力建设项目”是亚洲开发银行执行实施中国－全球环境基金干旱生态系统土地退化防治伙伴关系中的第一个项目。它的目标是通过加强环境与机构能力建设手段，帮助中国政府更有效地防治土地退化、减少贫困、保护生物多样性。土地退化防治能力建设项目的成功实施将为中国–全球环境基金干旱生态系统土地退化防治伙伴关系下的后续项目的全面顺利地实施奠定理论基础。它的实施将能够确保项目投资最大限度地使生活在土地退化影响严重的边远贫困地区和少数民族地区的农牧民受益。提高能力建设、防治土地退化最直接有效的办法是：①搭建一个有效持续的政策、立法、法规框架；②加强中央与省（自治区）之间的合作；③开发面向省（自治区）的有效方法与运营模式；④加强机构能力建设和人员培训；⑤完善土地退化监测与评价体系。

中央与6省（自治区）共同组织实施土地退化能力建设项目。项目实施6省（自治区）是甘肃、内蒙古、宁夏、青海、陕西、新疆。这些省（自治区）是中国土地退化最为严重的地区，人口约1.17亿，其中1900万人口日均收入少于1美元。这个项目的实施将能够为中央与项目省（自治区）提供一个加强机构能力建设、完善政策与法规制度、健全规划机制、提高项目设计能力和监测评价技能的平台。

全球环境基金无偿援助项目资金770万美元，中国政府配套资金630万美元，亚洲开发银行无偿援助100万美元。这些资金主要用于开展以下工作：

(1) 分析产生土地退化的根源，解析土地退化给环境、经济和社会带来的后果，找出控制土地退化的益处。

(2) 倡导综合生态系统管理的概念与原理，把综合生态系统管理理念应用到国家或省（自治区）级政府在制定防治土地退化的政策和规划中。

(3) 完善可持续的法律法规框架与协调一致的战略规划，推举参与式社区规划方法与成功控制土地退化的案例，创建一个全面的土地退化监测与评价体系。

(4) 建立长期投资机制，争取使生活在土地退化影响严重的边远贫困地区和少数民族地区的农牧民受益最大。

(5) 中央政府合理统筹安排财政资金，有效使用资金，提高防治土地退化经济效益。

(6) 省（自治区）级政府完善综合的防治土地退化投资战略规划框架。

(7) 中央及地方政府部门项目官员通过系统学习综合生态系统管理方法，提高工作能力。

(8) 私人部门愿意在良好的投资环境和以市场经济为中心的社会环境中经营企业。在这样的环境条件下，他们更容易得到合作伙伴的支持，创造出更多的社会经济价值。

(9) 中国乃至全球都会在几个方面受益：①保护生物多样性，比如，在中国西部地区发现的具有全球意义的生态系统和物种，通过应用综合生态系统管理方法能够得到实质性的保护；②减少跨边境的风沙和沙尘暴发生次数，经过一个较长时间地应用综合生态系统管理方法去有效地防治土地退化，沙尘暴发生的频率和严重性将会有所降低；③提高干旱地区的农牧民的生活质量。

我要借此机会感谢中央政府与省（自治区）政府的领导参加这次国际研讨会。我还要高兴地向你们推荐参与式方法是解决土地退化问题的最有效的方法。我坚信亚洲开发银行会努力工作，确保成功实施"土地退化防治能力建设项目"，并期待能与中国–全球环境基金干旱生态系统土地退化防治伙伴关系长期合作。

6 世界银行与中国-全球环境基金干旱生态系统土地退化防治伙伴关系

[1] Sari Sŏderstrŏm

一、概述

首先，我十分感谢中国林业科学研究院院长江泽慧、国家林业局副局长祝列克及有关部委的领导，相关省（自治区）的领导以及与我们共同合作的国际伙伴们参加这次国际研讨会。我非常高兴能够参加这次综合生态系统管理国际研讨会，并有幸见到这么多新老朋友。我衷心地期待与你们在这次国际研讨会进行富有成效的交流。

世界银行开展扶贫工作的重点就是如何确保全球环境的可持续发展。研究已证明，有效的自然资源管理是解决贫困问题的主要手段之一。土地退化、水土流失以及荒漠化给世界上许多国家造成的损失高达农业生产总值的6%。越是贫困地区，危害越严重，损失越大。

经验表明，仅简单地通过扩大增长经济是不能解决贫困问题的。解决贫困问题的最有效方法是创建一个包括收入增加、基础设施齐全、基本健康与教育保障、以及更加重要的可持续自然资源管理等因素在内的综合方案加以实施。

同样，尽管随着经济的增长，有更多的资金被用在环境保护和自然资源管理上，但是，单一的经济增长也不能解决长期以来随着收入的提高而造成的环境破坏问题。经验证明，只有建立起一个包括生态环境、人与经济等因素的综合的、全面的、跨部门的方法，才能最有效地进行可持续的自然资源管理。这种方法可应用于不同层面的经济地区，甚至是经济相对落后的那些贫困地区。

中国-全球环境基金干旱生态系统土地退化防治伙伴关系就是为了实现这些目标，把来自中央政府、地方政府和国际组织有限的资金整合起来，采取综合的、全面的方法，实现中国干旱、半干旱地区资源的可持续经营。

在这种背景下，世界银行十分高兴通过中国-全球环境基金干旱生态系统土地退化防治伙伴关系下面的一个项目“甘肃和新疆畜牧发展项目”成为这个伙伴关系项目的合作伙伴。稍后，我们会听到“甘肃和新疆畜牧发展项目”的报告。

二、综合环境管理——挑战与效益

前几位发言人都强调了综合生态系统管理在确保区域、尤其是在农村地区，经济可持续发展的重要性。综合生态系统管理不仅能促进经济的可持续发展，而且也被视为优化稀缺的生态、社会及经济资源以及促进各个层面经济发展的有效机制。实践证明，在经济活动中，先期投入保护自然资源的资金比破坏后再对其进行恢复所需的资金少得多。

然而，经营管理环境资源的产品与服务、保证经济的可持续发展的综合方法与行业部门的传统方法相反。这种方法能产生广泛的增值效益，同时也给那些已习惯传统经营方式的生产部门带来了极大的挑战。

---

[1] 世界银行北京代表处，自然资源与农村发展部，协调员

综合管理需要系统内部各层面之间建立起密切的、有效的内部协调机制。建立起庞大的内部协调机制对于各个层面都是一个极大的挑战。综合管理要求地方各级政府领导彻底改变管理方式，这不是一件容易的事情。综合管理还要求全社会各阶层广泛的参与。执行协调机制和实施有效的参与对于各阶层又是一项特殊的挑战。在各级行政管理部门中，只有把综合管理与传统的分部门管理进行对比，发现综合管理能产出明显的效益，才有可能采用综合管理方式，否则，应用这种方式的积极性会逐渐降低，以致于最后放弃。

三、未来之路

有效的、持续的扶贫工作的一个重要组成部分是确保地方自然资源的可持续经营。如果我们不能成功地减缓和遏止自然资源衰退的趋势，就不能实现“千年发展目标”，尤其是不能够实现在确保自然资源可持续经营的情况下，将最贫困与饥饿人口减少一半的目标。

全球开展的自然资源管理项目及活动给世人展示了应用综合生态系统管理所取得成功的经验，比如用其解决贫困问题。我们需要认真学习这些经验，将他们应用到实施项目实践中。

中国已经在扶贫工作中取得了长足的进步。在正确处理经济发展、环境保护、脱贫致富关系的问题上，中国为世界积累了宝贵经验。中国政府重视解决“三农问题”的方法是与综合生态系统管理理论体系完全相符合的。

通过这次国际研讨会，我认为大家能清醒地认识到经营管理自然资源、解决环境问题并不是某一个部门的事，需要融入到所有的经济项目与活动中；相反地，也需要把经济与社会元素放入自然资源管理项目中。更具体地说，这些项目需要：

（1）确定项目管理的地域范围。为了建立一个整体的生态系统，系统的地域范围可能超出动物的单一栖息地区、自然保护区或行政管理区域。

（2）制定一个包含生态系统动态特性、新经验、新知识在内的，且具有灵活、适应性的经营管理规划。

（3）设计项目需要结合当地实际情况。

（4）以人为本的原则。

（5）充分发挥伙伴关系的作用。

中国－全球环境基金干旱生态系统土地退化防治伙伴关系就是这类伙伴关系的一个典型。在世界范围内，这种伙伴关系进一步奠定了中国在保护与管理生态系统工作中所起到的领军位置。

然而，真正的挑战还是在于基层行政管理部门，包括县级政府要具有新的思维方式与新的工作方法。要想做到这些，第一，需要当地政府官员，特别是党委书记要十分重视，密切关注，积极介入。“对于地方而言，如果政府一把手想解决的问题，一定能解决好，甚至没有解决不了的问题。”第二，坚持以人为本的原则，江泽民在“三个代表”思想中指出：“我们必须代表广大人民群众的根本利益”；温家宝总理又进一步指出：“以人为本”的科学发展观。

四、结束语

前面的发言人已经突出强调了这次国际研讨会的重要意义。我想重申的是：这次国际研讨会为成功启动中国－全球环境基金干旱生态系统土地退化防治伙伴关系搭建了广泛交流的舞台。因此，我真诚地恳请所有的参会者畅所欲言，为中国综合生态系统管理献计献策。具体地说，要坚持“从群众中来，到群众中去”的思想，进一步把综合生态系统管理理念引向基层，应用到管理自然资源实际工作中去。

第二篇

综合生态系统管理的概念、原则、起源与发展历程

2

7 综合生态系统管理发展历程
——自然资源管理方法

[1]M.A. Stocking

摘要

综合生态系统管理（IEM，Integrated Ecosystem Management）是一种综合的、相互联系的、动态的和全面的自然资源管理方法。早在20世纪30年代生态学概念提出以来，综合生态系统管理就逐渐演变为一个专业术语。现在它已发展成为一个包含生境、相互联系、过程、多样性和人类社会等重要概念在内的科学理念。综合生态系统管理从一开始就始终关注自然环境，通过不同学科的融合，综合生态系统管理的发展已经把“生态系统”的生物有机体成分、“林农复合系统”的农业作用，以及“生态系统管理”的自然资源管理有机地结合在一起。今天，综合生态系统管理是一种面向自然资源复杂性的管理方法，也是一种针对不同尺度和强度的管理方法。全球环境基金把综合生态系统管理确定为第12个业务领域（OP12），它为解决多领域问题提供概念支撑和新的解决方法。比如，生物多样性减少、气候变化以及土地退化，从而实现当地生态系统整体改善目标进而控制全球生态环境的总目标。

要点

1．生态系统研究的重点已经逐渐地从生物群落对于当地气候、土壤和水资源的空间组成变化和时间响应，到一种可变景观生态系统内多物种共存关系的科学研究，比如生物多样性。我们可以进一步把这种研究理解为对自我维持生态系统的研究。自我维持生态系统对未来保护工作力度要求低，所以研究工作要与区域土地长期利用工作相符合。为了确保景观为生态系统提供长期稳定的食物与服务，生态系统研究也已经发展成为对“景观健康”和“生态系统框架”等新概念的研究。生态系统同时也被看作是能够通过原始生态动力和外部压力反应过程修复景观的基本单位。

2．研究景观健康的关键是对生态系统变化的理解。生态系统包含在景观之内但不受时间和空间的束缚，并能够与外界的物质、能量和生物进行交换。我们有必要把景观分成功能景观和无功能景观，这种区分能够进一步扩展到生态系统资源的保护、调节、再循环和再分配。无功能景观导致水、养分、有机质等资源的流失，同时也会使生态系统丧失为人类提供服务的功能，丧失为其他物种提供栖息地的功能。无功能景观或者景观退化的产生来自一种原始生态动力，而这个原始生态动力就是人类活动。

3．农业可持续发展的目标是逐渐取代过去以追求农作物产量最大化为目标的农业生产方

[1]英国东安格利亚大学，发展研究学院，Norwich NR4 7TJ，英国
E-mail: m.stocking@uea.ac.uk

式。可持续发展的最基本特征是应该满足农民与社会的需要，但同时又要保护资源和环境(Swift et al.,1996)。因此，农业生态系统的设计不仅更加复杂，而且还要具有综合性。自从1945年以来，随着科学技术发展起来的现代农业系统一直是农业发展的主要模式。今天，农业生态系统设计中已经考虑到了风险最低、文化多样性、社会支持和环境问题等因素。这种变化从过去那种单一的减量生产转变为如何使植物的生产更加有效，从而使得农业生产系统与社会发展方式相结合，要抓住关键问题必须具备更有效的方式和方法。因此，“生态系统管理”和现在的“综合生态系统管理”分别在20世纪90年代和21世纪初被引入到生态学术语里。

4. 综合生态系统管理根据所提出的管理问题和生态系统的特性，分别采取水平的和垂直的综合过程。综合生态系统管理被看作是管理者不得不使用的方法。它引入合作、参与和协调机制并研究综合方法。综合是把许多方法结合起来，目的是处理解决一个现象中的多个方面的问题。我们可以把它看作是“多学科管理”的同义语。对于生态系统管理来说，这是试图克服单一性和减量生产的必要动力因素。

5. 综合生态系统管理是一种新的思维方式，同时克服单学科的局限性。这就是说林业工作者与人类学家相互合作、相互认识和了解对方的专业特点，并把他们应用到具体的理论和工作方法之中。定性的信息、定量的数据有着相同的价值，对实现社会目标、保持可持续能力与生态稳定性同样重要。

一、概述

“综合生态系统管理”这个术语现在已经被广泛应用到描述生态系统发挥生物物理功能、指导自然资源管理工作的一种方法。本文阐述了综合生态系统管理词汇的来源、发展历程以及如何应用能给人类社会带来效益。

“综合生态系统”是一个“同义反复”词组，因为生态系统已经被定义为“综合体”了。因此，必须把这个综合应用到自然资源管理中，并与在自然科学领域流行的减量生产理论对比才能被人们所理解。它要求自然资源管理者在应用本专业与其他科学知识管理自然资源同时，也要考虑该地区的社会、政治和经济环境。自从140年前“生态学”第一次被应用、并在英文书刊上发表以来，人类对综合生态系统管理的理解逐渐延伸。通过分析探讨综合生态系统管理这个名词的发展历程，我们不仅能够领会到现代应用综合生态系统管理方法需要遵循的多层面原则，还能感悟到今天自然资源管理者应用综合生态系统管理方法对自然资源进行可持续经营所要遵循的原则。

“生态学”到“综合生态系统管理”的转变经历5个主要阶段（时间段）——①生态学（1866）；②生态系统（1435）；③农业生态学（1970）；④生态系统管理（1990）；⑤综合生态系统管理（2000）。这5个阶段分别是本文的一部分。本文的目的不仅要追溯综合生态系统管理的发展历程，而且要诠释人类应用不同自然资源管理方法经营自然资源的思想动态旅程。

二、生态学

生态学是研究生物分布、丰富度、栖息地、生物之间以及生物与非生物环境之间相互关系的一门科学。生物与非生物环境包括非生物（非生命）元素（比如，气候与地域等），以及生物元素（其他物种）(Golley，1993)。“生态学”这个术语是德国生物学家（Ernst Haeckel，1866）从希腊语“oikos”（家园）与“lojos”（科学）编译出来的。然而从字面上看，可以把这个术语理解成为“研究自然家园的科学”或“研究自然界中复杂的内部关系的科学”。因此，生态学包括结构、内容、人对环境的影响以及自然界内部不同元素间的相互作用。

今天，生态学是一门备受推崇的科学，在职业学校和大学中广为讲授，已经成为生物学的一部分，并且日渐成为环境科学、人类生态学、地理学和其他处理人类社会与自然环境之间相互关系的有关学科的重要组成部分。

我们所说的生态学一般包括：

(1) 生物的分布与丰富度；

(2) 栖息地与环境之间的相互作用；

(3) 生物元素（有生命，其他物种）与非生物元素（非生命，比如，气候与地域）之间的相互作用。

生态学家只是在最近才把人类活动与环境之间的相互作用列为生态学研究的对象。过去，生态学研究的主要对象是自然环境中各种元素之间的相互关系。现在，生态学是已经被接受并广泛应用于解决多领域复杂问题的一门有效科学，比如，研究热带农作物（Norman et al.，1995）；研究动植物“行为”(Krebs and Davies，1981)；应用特殊的方法研究生物多样性(Magurran，1988)。

三、生态系统

生态学经过了大约60年的时间发展成为包括人类活动与自然环境组成有机体的学术术语，这个学术术语即是“生态系统”。生态系统描述了生物群落（动物、植物与其他生物有机物——被称为生物群落Biocenose）与生存环境（或群落生境Biotope）之间的关系。英国国生态学家Arthur Tansley通常被认为是第一位明确提出生态系统的生态学家（Tansley，1935）。然而，实际上生态系统这个词在1931年就已被Tansley的同事Rog clapham先生所用。当有人问Rog clapham先生如何用一个词描述环境中的非生物和生物的组成与相互关系形成的有机整体时，他的答案是“生态系统”。

Engene Odurn（1913～2002）被认为是第一位应用“生态系统”概念诠释人类活动与自然过程关系的生态学家。1953年，他的书《基础生态学》（Odum，1953）出版。在他的书中，把小池塘、沼泽地等其他系统分别被孤立地理解为单一个体，用以阐述生态系统。Odum认为，生态学不是生物学的分支，而是一门专门的综合学科，即独立学科（Odum，1983—Engene Odum’brother，Yoward—Jm Gundorson et al.，2002）。在接下来的几十年里，生态系统概念发展成包含自然界造物的地域性、“生物与物理动力”。具体地说，自然资源管理者们逐渐地采用了“生态系统”这个概念；保护生物学家也努力把生态系统概念应用到保护自然与栖息地的管理工作框架中。尤其是在发达国家，政府为保护生态系统制定了许多法律条款（e.g. Hunt 1989；Grumbine 1990），建立了自然保护区，成立了管理生态系统的组织机构。美国政府制定了广泛的生态系统管理政策(Jackson and Wyner 1994)。

生态系统研究的重点已经逐渐地从生物群落对于当地气候、土壤和水资源的空间组成变化和时间响应，到一种可变景观生态系统内多物种共存关系的科学研究，比如生物多样性。我们可以进一步把这种研究理解为对自我维持生态系统的研究。自我维持生态系统对未来保护工作力度要求低，所以研究工作要与区域土地长期利用工作相符合。为了确保景观为生态系统提供长期稳定的食物与服务，生态系统研究也已经发展成为对“景观健康”和“生态系统框架”（图7—1）等新概念的研究。生态系统同时也被看作是能够通过原始生态动力和外部压力反应过程修复景观的基本单位。

研究景观健康的关键是对生态系统变化的理解。生态系统包含在景观之内但不受时间和空间的束缚，并能够与外界的物质、能量和生物进行交换。我们有必要把景观分成功能景观和无功能景观，这种区分能够进一步扩展到生态系统资源的保护、调节、再循环和再分配。无功能景观导

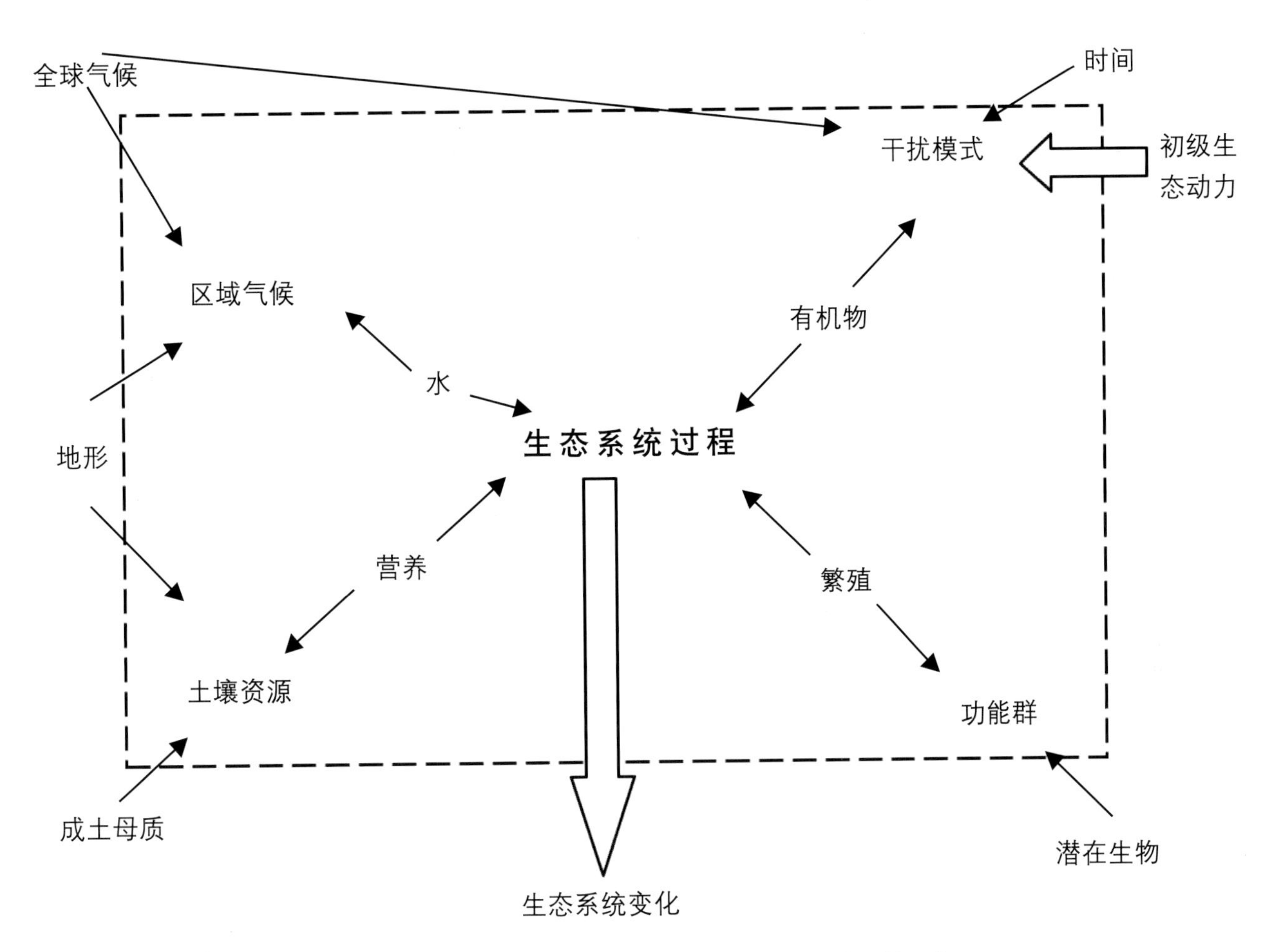

图 7-1　生态系统动态变化框架图（Kearns and Barnett,2001）

致水、养分、有机质等资源的流失，同时也会使生态系统丧失为人类提供服务的功能，丧失为其他物种提供栖息地的功能。无功能景观或者景观退化的产生来自一种原始生态动力，而这个原始生态动力就是人类活动。

人类活动无论是在景观退化进程中，还是在景观恢复过程中都起着十分关键的作用。评价土地利用和农业管理在生态系统结构与稳定性中作用的一种有用的方法是应用 Jorgensen（1992）关于生态系统性质 27 个建议中的 12 个来解释维持生境健康的含义。

建议 1：生态系统是一个依靠一级能量流动的开放系统。当生态系统所需的能量（分解代谢过程）过剩时，能量被储存起来，系统偏离了热力学平衡。为了建立稳定的生态系统，我们必须对系统的能量流动进行管理，即不能使能量流动过大，也不能流动过小。例如，在农业系统里，合理与准确地应用生态系统能量流动理论是确保系统内生境健康的关键内容之一。

建议 3：生态系统为生物能在地球极端条件下的生存与发展提供了一系列的解决方案。这就意味着对于生态系统整体性而言，没有一个普遍适用的解决方案。所提供的解决方案不仅用于景观健康，而且也用于人类发展。

建议 8：生态系统内部各元素之间具有较强的平衡相关性。相关性过高，生态系统容易发生不稳定（混乱）；相关性过低，生态系统容易降低外界元素对其有益作用的效果。因此，我们决不能孤立地管理生态系统，而要全面地分析生态系统内部元素的相关性，以确保生态系统能量、物质与信息均衡流动。

建议9：生态系统中的生物元素通过自身适应性调节（参数）以实现尽可能高的组织形式，来避免系统内部混乱。高级组织与混乱之间的分界区是一个平衡的系统。这个系统适应性强，生存与发展的可能性大。对这类生态系统的管理，首先要关注它的自身调节作用，然后要和谐地开发使用资源、促进景观健康地发展。

建议14：生态系统具有缓冲能力。也就是说生态系统能够通过内部元素的调整，降低外部元素变化对生态系统产生的直接影响，从而具有适应外部元素变化的能力。这一缓冲能力对生态系统中的变量需求是十分重要的。管理者为了实现生态系统稳定发展，允许在一定程度上采取外力冲击生态系统。

建议15：生态系统通过内部变量的变化提高缓冲能力以满足外部元素变化的需要；外部元素导致内部变量变化的缓冲力是增加的。因此，对生态系统进行细致管理，能够提高它的自身缓冲能力。

建议16：虽然较高的多样性不一定能产生较高的稳定性与缓冲能力，也不一定能降低混乱行为发生的可能性，但是它却有可能通过选择生态系统过程来寻找最佳解决问题的方案。例如，探寻生物生存与生长最大可能性的方案。然而，在生态系统管理的战略中，生物多样性的作用是复杂的，但是它却提供了较多解决问题的方案，以及实现景观健康的可能性。

建议17：生态系统试图应用各个层面的规则机制防止灾难性事件的发生。生态系统缓冲能力包含了这种能力（建议14）。然而，如果可能产生缓冲能力转移的外部元素之间突然出现了特殊组合时，那么灾难性事件就有可能发生。维持一定水平的缓冲能力可延缓灾难性事件的发生。也就是说，生态系统对外部元素变化的反应是十分复杂的。然而，这些就意味着土地退化的途径并不一定与重建途径相反。例如，外部冲击导致土壤侵蚀，通常把景观恢复到最初生产力水平所需要的能量比破坏消耗的能量多出许多（例如，滞后环——物理系统中一些特性的变化滞后于产生现象变化的发生时间）。

建议19：当保护性原则限制了以能量与物质为基础的生态系统的进一步发展时，增加生态系统的信息量对生态系统的发展起到了积极的推动作用。这就意味着多样性、有机物大小、组织形式、“生态位”标识、生命与矿物质循环的复杂性、内部共生关系、自我平衡与反馈控制都能使资源得到充分利用。

建议20：生态系统企图找到在最佳运行条件下，保持稳定状态的控制点。这一点被认为是热动力与环境动力之间的平衡点。

建议21：因为过去发生的内部元素与外部因素的结合状态是不会再现的，所以生态系统永远不能准确地恢复到原来相同的运行状态。这就意味着无论怎样对生态系统进行管理都不会重塑历史上曾经存在的生态系统。

建议23：当生态系统中所有元素都连接成一个网络时，整个生态系统的进化就开始了。因为生态系统元素的组成与结合是不会再现的，所以生态系统的进化是不可逆的。另外，生态系统永远不会恢复到它最初的状态。

四、农业生态学和农业生态系统

农业生态学被定义为应用生态学的概念与原理对农业可持续系统进行设计、开发与管理的科学。Altieri（1987）对农业生态学又进一步地进行了定义：“农业生态学是应用生态学观点研究农业的一门学科”。他认为“农业生态学” 目的在于研究农业过程，建立理论框架，形成研究问题的统一体。在这些系统中，物质循环、能量转移、生物进化和社会经济关系作为一个整体被调查和分析，以致于人类、自然成分与农业成分之间相互复杂的作用也会得到关注。农业生态学研究的统一体是农业生态系统。Odurn（1984）把农业生态系统描述为“驯化”的生态系统，像城市一样成为自然生态系统与人工生态系统的共同体。像所有的自然生态系统一样，它们的能量都来自于太阳，为了提高生产产量，应用辅助能源补充能量。为了提高特殊产品的产量，人类通过管理农业使产品多样性大大降低。人工选择与外部控制也是农业生态系统的显著特性。

农业生态系统的4个主要特性是：生产力、稳定性、可持续性和平等性（Conway，1985）。这些特性充分体现了农业生态系统在满足人类需要与提供服务方面具有十分重要的社会与经济价值。在农业发展过程中，自然生态系统为了农业生产转变为混合农业生态系统。在农业生态系统中，定义了4组参数：生物多样性、人类管理强度、净能量平衡与管理责任（Smith and Hill，1975；Tivy，1990）。正如图7–2所示，在原始的或称为未进行管理的生态系统与进行强度管理的生态系统之间有一个有效的连续区。比如，灌溉农业区。

当管理程度较弱时，就会出现像开放牧场一样进行畜牧业生产的半自然生态系统。对这样生态系统，我们几乎不用管理系统内的有机成分或物理环境。在这种情况下，系统的输入与输出是少量的；农业生产力的大小取决于未开垦植被资源的生产力。类似的情况，比如在热带雨林环境中，开垦植被资源占用的土地用以耕种农作物，几乎不用管理，农业生态系统就很快地适应了现有生态系统条件。另一方面，管理水平较高的农业生态系统一般能够迅速调整环境、农作物和牲畜的剧烈变化。追求高产量需要投入资金而不是劳动力。在这种类型的农业生态系统中，人的技术特长与物理环境不再是决定或影响农业生态系统的重要因素。

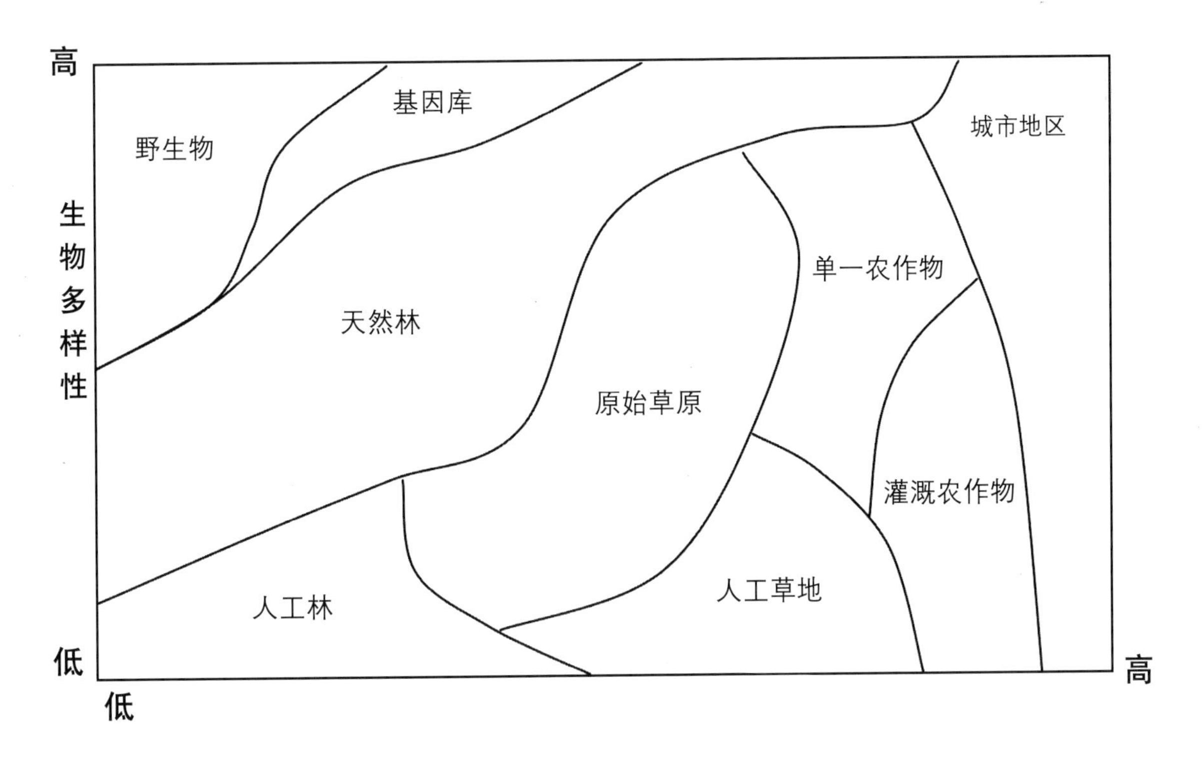

图7–2　经过管理的生态系统、管理的强度与生物多样性之间关系概念图
（Smith and Hill，1975）

农业可持续发展的目标是逐渐取代过去以追求农作物产量最大化为目标的农业生产方式。可持续发展的最基本特征是应该满足农民与社会的需要，但同时又要保护资源和环境(Swift et al., 1996)。因此，农业生态系统的设计不仅更加复杂，而且还要具有综合性。自从1945年以来，随着科学技术发展起来的现代农业系统一直是农业发展的主要模式。今天，农业生态系统设计中已经考虑到了风险最低、文化多样性、社会支持和环境问题等因素。这种变化从过去那种单一的减量生产转变为如何使植物的生产更加有效，从而使得农业系统与社会发展方式相结合，要抓住关键问题必须具备更有效的方式和方法。因此，"生态系统管理"和现在的"综合生态系统管理"分别在20世纪90年代和21世纪初被引入到生态学术语里。

五、生态系统管理

在本文中，这里出现的"管理"是一个新词。它是制定决策过程的结果。通常，依据地域与经营尺度划分阶层，每一阶层又有不同的管理对象，我们一般都是针对不同的对象制定出不同的管理决策。由于阶层的水平不同，因此对每一水平的管理决策也是完全不同的。比如，对一个具有争议的特殊农业系统的优点和约束条件而言，忽略了上一级层面的管理决策，就等于忽略多层面管理系统（提供支持与研究服务）。因此，仔细考虑如何管理复杂系统和制定相应决策对于有效管理是十分重要的。它不仅仅是某一地域的技术问题，比如种植哪一种树或收割哪一种农作物。"知识管理"逐渐成为一种包括多层与复杂技术的职业。

然而，令人惊讶的是生态系统管理的定义多种多样（比如：Norton，1992；Slocombe，1993；Bengston，1994；Stanley 1995）。这些定义当中有一个是这样描述的："在生态系统管理中，认真、准确地应用生态、经济与管理的原则，开展生产、恢复与完善生态系统的整体性，实现生态系统能够长期提供环境、用途、产品、价值与服务的目标（Overbay，1992）。"依据美国土地管理局（1994）的定义，生态系统管理是以长期保护生态可持续性、自然资源多样性与景观生产力的持久性为目标，综合应用生态、经济与社会原则，管理生物与物理系统。它的宗旨是为了保护、恢复和维护土地的生态整体性、生产力和生物多样性。

生态系统管理作为现代最受推崇的管理自然资源与生态系统的方法，在大众媒体和专业文献里被广泛宣传。生态系统管理的7个核心原则已经被用于定义概念与规定经营方法（Lackay, 1998)。生态系统管理：

（1）反映了社会价值观和优先权不断进化的一个阶段；

（2）如果以地域为基础，它的边界必须被清晰、正式地界定；

（3）为了实现期望的社会效益，必须能够在适当的条件下维持生态系统；

(4) 能够利用生态系统的能力对各种自然与人为的压力作出积极的反映，但是生态系统承受的压力与保护稳定状态的能力是有限的；

（5）可能或不可能提高生物多样性；

（6）可能包括可持续性——应该清楚定义，特别是系统的时间框架、成本和效益以及与成本和效益有关的优先权；

（7）必须包括科学信息，这是决策过程中惟一的可供公众与个人选择与参考的信息基础。

根据以上7项原则定义的生态管理是："在特定的地理区域和具体的时间内，充分应用生态与社会的信息、选择权与约束条件以实现预期的社会效益"（Lackey，1998）。因此，生态系统管理包含了一些新的生态学术语——生态系统与群落可持续发展、生态系统健康、生态系统整体性、生物多样性、社会价值、社会原则。

六、综合生态系统管理

这里新出现的一个词是“综合”。正如本文介绍的那样，“综合”是关于“管理”的，而不是“生态系统”的。它的最初含义起源于商业企业的经营，“综合”包括了一个特定产品的两个或更多相似的（水平的）或连续的（垂直的）生产与市场销售阶段。负责这些管理的公司被称为综合公司。例如，家禽工业是一种从生产到加工、销售的垂直性综合产业。另一方面，多样性指一个公司或农民同时经营生产两种或多种产品。综合生态系统管理结合管理和生态系统的性质，采用垂直和水平的综合过程进行管理。

什么驱动管理者去做事情，最好的答案是“综合”。“综合”引申出了合作、参与、共同经营与协作。从概念上讲，“综合”具有3个方面的特点：

（1）综合是把许多方法结合起来，目的是处理解决一个现象中的多个方面的问题。我们可以把它看作是“多学科管理”的同义语。对于生态系统管理来说，这是试图克服单一性和减量生产的必需的动力因素。

（2）综合是统一理论的合成与创新。它要求在生态系统管理中，对社会与自然过程进行研究，并且遵循社会理论与科学方法。

（3）现在，“综合”是备受推崇的一种科学工具。综合程序应用科学可信度取代科学可靠度的标准试验。它不坚持标准物理科学的精确测量与实验。综合性考虑的是增加假设数量的可信度，而不是“事实”。这些假设综合了一个或多个结果趋势方向一致的实验。对于综合生态系统管理而言，依据社会分析、经济计算与一些生物物理测量提供的有限证据确定的解决方案取代了准确的科学实验。

在复杂的情况下，综合过程是开展管理工作的重要内容之一。综合是解决问题的一种方法。它能够把不同的观点、甚至是相对立的观点综合起来共同解决问题。这种方法与其他两种解决问题的方法不同，即“选择”与“妥协”。综合一般是有效地应用资源与知识为解决问题提出有建设性与积极性的方案，而不是像“选择”与“妥协”那样不可避免地发生冲突、损失能量与减少知识的应用。例如计算机网络与网站改变了全球信息交流的方式。同样，依据多学科建立起来的综合生态系统管理，创造了结合不同学科理论与方法的决策管理模式。定量管理不可行的领域，采用综合管理是十分必要的。生态系统与管理问题越复杂，定量管理方法应用的就越少。管理的范围与尺度越宽（全球层面），采用综合管理方法的必要性就越大。当今全球面临的3大环境问题——生物多样性降低、气候变化与荒漠化，应用定量的科学方法是不能解决这些问题的，必须采用综合科学的方法。

七、全球环境基金（GEF）与综合生态系统管理

全球环境基金通过实施第12个业务领域（OP12），推广应用综合生态系统管理。OP12是一个关注生物多样性保护、缓解气候变化与防治土地退化关系的多领域项目。在《生物多样性公约》第5次成员会议上（http://www.biodiv.org/decisions/default.aspx?m=COP-05&id=7148&lg=0），详细制定了综合生态系统管理的12项原则。全球环境基金采用的这12项原则是：

原则1：水、土地与生命资源的管理目标是一种社会的选择

基本原理：由于社会不同部门对经济、文化和社会的需求不同，所以他们对生态系统的认识程度也不同。土著民与当地社区是最重要“利益相关者”，因此他们的权力与利益应该得到认可。

文化与生物多样性是生态系统的核心构成要素。因此，我们在对生态系统进行管理时一定要考虑这两项要素。另外，我们还要尽可能清楚地阐述社会对生态系统的选择。我们应该以公平、平等的方式对生态系统的内在价值、给人类提供的有形或无形的价值进行管理。

原则2：采用非集中化管理方式，使管理工作达到最低、最适宜的阶层

基本原理：非集中化管理系统不仅对管理工作更加有效，而且对管理的“利益相关者”更加公平。管理既要包括所有“利益相关者”，又要平衡当地利益与更广泛的公共利益的关系。管理工作越接近生态系统，就越会涉及到责任、所有权、义务、参与和当地文化等问题。

原则3：生态系统管理者应当考虑到管理行为对周围和其他的生态系统产生的影响（实际的或潜在的）

基本原理：生态系统的管理行为通常会对其他生态系统产生未知或不可预测的影响，所以在对生态系统管理前要仔细考虑与认真分析管理行为对其他生态系统可能产生的影响。如果达到了不可接受的影响程度，就要重新安排管理行为，或调整决策机制，甚至采取适当妥协。

原则4：认识管理的潜在效果，通常需要以经济学的观点分析与管理生态系统，任何生态系统管理项目都应该是：

（1）降低对生物多样性产生不良影响的商品市场扭曲度；

（2）调整促进生物多样性保护与可持续发展激励措施；

（3）建立可行的激励机制，使生态系统内有人获得保护的利益，有人补偿破坏的损失。

基本原理：对于生物多样性而言，最大的威胁是被土地利用系统所取代。产生这种威胁的主要原因是商品市场扭曲造成的。商品市场扭曲不仅低估了自然系统与生物群落的价值，而且还激励与资助降低生物多样性行为的发生，使土地向生物多样性较低方向转变。

得到生态系统保护利益的人一般不支付保护成本；同样，产生环境成本（比如，环境污染）的那些人也不补偿环境损失。因此，要建立激励机制，一方面使那些保护生态系统的人得到利益，另一方面让破坏生态系统那些人提供经济补偿。

原则5：为了确保生态系统提供持续的服务，要把生态系统结构与功能作为生态系统管理的重点目标

基本原理：生态系统的功能和弹性依赖于物种内部、物种之间、物种与非生物环境之间的关系以及环境内部元素之间的物理与化学作用。对生物多样性的长期保护而言，保护和恢复这些作用与过程比对简单保护单一物种的意义更为重大。

原则6：必须在生态系统有限功能内对其进行管理

基本原理：在考虑实现管理目标的可能性与难易程度时，我们一定要关注限制自然生产力、生态系统结构、功能和多样性的环境条件。暂时的、不可预测的或人工的条件对生态系统功能的限制可能会产生不同程度的影响效果，所以我们一定要对此采取适当与谨慎的管理措施。

原则7：应该在适当目标的空间与时间范围内采取生态系统管理方法

基本原理：应该在适当目标的空间与时间范围内采取生态系统管理方法。必须在适当目标的空间与时间范围限制内采取方法，使用者、管理者、科学家、土著民与本地居民根据各自的行为方式界定管理范围；必须加强地域之间的连接性。生态系统管理方法是建立在具有基因、物种与生态系统相互作用和综合特点的生物多样性等级性质上的。

原则8：认识生态系统过程具有时间动态性与结果滞后性，建立长期的生态系统管理目标

基本原理：生态系统过程具有时间动态性与结果滞后性的特点。这与人类趋向于追求短期即得的利益，而忽视长远利益的本性之间存在着固有的冲突。

原则9：管理必须认识到变化是不可避免的

基本原理：生态系统的变化包括物种组成与种群丰富度的变化。因此，管理工作应该能适应变化的需要。除了它们内在的变化动力外，生态系统还受到人类活动、生物和环境领域的不确定性与潜在的"突变"所困扰。传统的干扰战略对生态系统结构和功能也许是重要的，因此要对此予以保持或恢复。为了预测与迎合生态系统的变化，管理必须采用适宜性管理方法，仔细认真制定每一项决策；同时还要减少能产生像气候变暖等长期变化的行动。

原则10：生态系统管理方法应该寻求生物多样性保护与利用适当平衡点

基本原理：生物多样性的重要性不仅表现在本身价值上，而且还体现在生态系统内的作用上以及为人类提供的服务功能上。过去，对生物多样性内部要素，有些采取了保护措施，有些还没有采取保护措施。对于灵活多变的环境，就要及时调整对生物多样性不同要素的保护力度。探索生物多样性保护与利用平衡的管理措施，把这些有效的管理措施全部应用到严格保护的和人工的生态系统中。

原则11：生态系统管理方法应该考虑各种类型的学科、乡土文化、创新与实践的相关信息

基本原理：各种来源的信息对于实现有效管理生态系统的战略目标有着十分关键的作用。我们期望着能更进一步地了解生态系统的功能与人类活动对它的影响。"利益相关者"与管理者应该共享来自任何地区所有相关的信息，同时要特别关注《生物多样性公约》第8（j）条款的规定。确定管理决策的假设条件必须被阐述清楚，并且还能经得住"利益相关者"的检验。

原则12：生态系统管理方法应该包括社会所有部门和相关的科学学科

基本原理：生物多样性管理的大多数问题（相互作用、负面效果与内在联系）都比较复杂。因此，生态系统管理方法要根据需要适当地吸收当地、国家、地区或国际层面的专业人士与"利益相关者"参加。

生态学早期的思想与有机物相互关系的研究到综合生态系统管理概念的出现经历了漫长的发展历程。综合生态系统管理跨越了传统的自然与社会科学的界限，吸收了新学科有益的成分，建成了一个含有多学科知识的综合体，增加了管理的复杂性。1990年以前，生态学家既没有听到又没有认识到的术语，至今已司空见惯。例如，"不确定性"、"乡土文化"、"利益相关者"、"成本与效益"。这不仅表现了科学的进步与发展；而且也反映了科学在社会中应用的领域在扩大，用途及效果在增加。

八、结论

当今，全世界都对生态学中的生态系统表现出了浓厚的兴趣。特别是在出版物、大学课程、全球环境基金援助的"千年生态系统评估"项目以及《生态系统》《生态学》《社会与保护生态学》等杂志中广为宣传。Abel和Stepp提出："在生态系统中，平衡系统、顶级群落与简单决策模式的时代已经过去了。取代这些的是生态系统生态学，它把生态系统视为具有复杂结构特性与动力学描述的适应性系统。结构特性包括弹性、层次性、尺度、嵌套、耗散结构与自主设计，以及诸如非线性、不可逆性、自组织性、浮现、发展、方向性、历史、协调进化、惊奇、非决定论、推动力和混沌动力。" 综合生态系统管理是一种新的思维方式，同时克服单学科的局限性。这就是说林业工作者与人类学家相互合作，相互认识和了解对方的专业特点，并把他们应用到具体的理论和工作方法之中。定性的信息、定量的数据有着相同的价值，对实现社会目标、保持可持续能力与生态稳定性同样重要。这是一个不断变化的新世界，需要创新与思想敏锐的人。

九、致谢

衷心感谢张卫东(中国-全球环境基金干旱生态系统土地退化防治伙伴关系)、Bruce Carrad(亚洲开发银行，北京)和国际研讨会组织者邀请我参加这次大会，并给我作学术报告的机会；同时还要感谢东安格利亚(UEA)大学Silje Lang帮助收集整理有关资料，联合国环境发展署Anna Tengberg帮助找到联合国《生物多样性保护公约》的综合生态系统管理的“原则”。在感谢之余，我还要承担文章中任何缺点和不足。

参考文献

Abel, T. and Stepp, J.R. 2003. A new ecosystems ecology for anthropology. *Ecology and Society* 7(3): Art.12. (http://www.ecologyandsociety.org/vol7/iss3/art12/)

Altieri, M. 1987. *Agroecology: the Scientific Basis of Alternative Agriculture*. Westview Press, Boulder, 187pp.

Bengston, D.N. 1994. Changing forest values and ecosystem management. *Society and Natural Resources*. 7 (6): 515 - 533.

Conway, G.R. 1985. *Agroecosystem analysis. Agricultural Administration* 20: 31-55.

Geisler, C.C. and Bedord, B.L. 1996. Who Owns the Ecosystem? LTC Paper 157, Land Tenure Center, University of Wisconsin-Madison. (http://www.wisc.edu/ltc/ltc157.html#s3)

Golley, F.B. 1993. *A History of the Ecosystem Concept in Ecology*. Yale University Press, New Haven and London.

Grumbine, R.E. 1990. Protecting Biological Diversity through the Greater Ecosystem Concept. *Natural Areas Journal* 10: 114 -120.

Gunderson, L., Folke, C., Lee, M. And Holling, C.S. 2002. In memory of mavericks. *Ecology and Society 6* (2): Art 19 (http://www.ecologyandsociety.org/vol6/iss2/art19/)

Hunt, C. 1989. Creating an Endangered Ecosystems Act. Endangered Species Update 6:3/4: 1-5.

Jackson, C.C., and J.S. Wyner. 1994. The New Hot Doctrine: Ecosystem Management. *National Law Journal* 17, 5 December: C6.

Jõrgensen, S.E. 1992. *Integration of Ecosystem Theories*: A Pattern. Kluwer Academic Publishers, Dordrecht.

Kearns, A. and Barnett, G. 2001. Understanding the influence of primary ecological drivers and the response of key ecosystem processes on Australia's land, vegetation and water resources. National Land and Water Resources Audit, Australia. http://www.nlwra.gov.au/minimal/30_themes_and_projects/50_scoping_projects/04_methods_papers/16_Kearns/Ecosystem_Processes.html)

Krebs, J.R. and Davies N.B. 1981. *An Introduction to Behavioural Ecology*. Blackwell, Oxford

Lackey, R.T. 1998. Seven pillars of ecosystem management. *Landscape and Urban Planning* 40:21-30.

Magurran, A.E. 1988. *Ecological Diversity and Its Measurement*. Princeton University press, Princeton, NJ

Norman, M.J.T., Pearson, C.J. and Searle, P.G.E. 1995. *The Ecology of Tropical Food Crops*. Second Edition. Cambridge University Press, Cambridge

Norton, B.G. 1992. *A new paradigm for environmental management*. In: R. Costanza, B.G. Norton, and B.D. Haskell (eds.) Ecosystem Health: New Goals for Environmental Management, p.269. Island Press, Washington DC

Odum, E. 1953. *Fundamentals of Ecology*. WB Saunders Co., Philadelphia, Pennsylvania.

Odum, E. 1984. Properties of agroecosystems. In: R. Lowrance, B.R. Stinner & G.J. House (eds.), *Agricultural Ecosystems: Unifying Concepts*, pp.5-11. John Wiley, New York

Odum, H. T. 1983. *Systems ecology*. John Wiley, New York

Overbay, J.C, 1992. Ecosystem management. In: Proceedings of the National Workshop: *Taking an Ecological Approach to Management*. Publication WO-WSA-3, pp.3-15. USDA Forest Service, Washington, D.C.

Slocombe, D.S. 1993. *Implementing ecosystem-based management*. BioScience. 43(9): 612 - 622.

Smith, D.F., and D.M. Hill. 1975. *Natural* agricultural ecosystems. J, Environmental Quality 4: 143-5

Stanley, T.R. 1995. Ecosystem management and the arrogance of humanism. *Conservation Biology* 9(2): 254 - 261.

Swift, M.J., Vandermeer, J., Ramakrishnan, P.S., Anderson, J.M., Ong, C.K. and Hawkins, B.A. 1996. Biodiversity and agroecosystem function. In: H.A. Mooney, J.H. Cushman, E. Medina, O.E. Sala and E.-D. Schulze (eds) *Functional Roles of Biodiversity*: A Global Perspective, pp. 261-298. John Wiley and Sons Ltd., New York

Tansley, A.G. 1935. The Use and Abuse of Vegetational Concepts and Terms. *Ecology* 16: 284-307.

Tivy, J. 1990. *Agricultural Ecology*. Addison Wesley Longman, Harlow

U.S. Bureau of Land Management. 1994. *Ecosystem management in the BLM*: *From concept to commitment*. Department of the Interior, Washington DC.

8 综合生态系统管理在防治土地退化和扶贫工作方面所起的作用

[1]韩 俊

一、中国政府为解决土地退化问题已经做出了巨大努力，但目前中国土地退化局部好转、总体恶化的基本态势尚未根本扭转

(1) 中国政府历来十分重视治理土地退化和防治荒漠化的工作，中国政府实施了一系列生态保护工程。1983年，在全国8个水土流失严重的地区开展了水土保持工作，此后，国家加大投入力度，又先后开展了长江中上游水土保持重点防治工程和黄河水土保持生态工程建设，并积极引进世界银行贷款开展黄土高原水土保持工作。特别自20世纪80年代以来，中国政府集中资金，重点防治中国西部的水土流失，保护、恢复和重建自然的生态系统已成为中国西部水土保持工作的基本任务。这些重点工程明显地改善了生态环境。

20世纪90年代后期以来，中国政府实施了天然林资源保护、退耕还林还草、天然草原生态治理等生态保护工程，进一步遏制了西部地区生态环境的恶化。天然林资源保护工程2000～2010年规划总投入962亿元，其中，中央投入784亿元，地方投入178亿元。退耕还林还草工程2001～2010年规划投入3428亿元(全部为中央投入)。截止到2003年，全国已退耕地0.07亿多公顷，西部地区力度大，达433.3万公顷左右。按照《退耕还林条例》规定，优先安排25° 以上陡坡耕地、生态地位重要区域15° ～25° 坡耕地及严重沙化耕地的退耕还林。退耕还林工程实施以来，工程涉及到西部地区1240万农户和5200万人口，占西部地区农村住户的17%和农村人口的18%。截止到2003年，国家对西部地区累计投入341.2亿元，占全国的68.8%(表8–1)。

中国是世界第二大天然草原国家，草原为中国国土的第一大生态系统。草原面积近400万平方千米，仅次于澳大利亚，占中国国土总面积的41.7%，植被面积的64%，占世界草原总面积的13%。在全部的草原面积中，经济上可利用的草原有300多万平方千米，占国土面积的1/3左右，但提供的畜产品总量不足全国畜产品总量的5%。天然草原资源质量差，生态脆弱，载畜量很低，平均2公顷左右才可承载1个羊单位。中国300多万平方千米的天然草原面积，存栏牲畜按羊单位估算，大约只有1亿只左右，完全以此为生的牧民，全国估算不超过500万人。2002年底国务院追加国债资金12亿元，启动了退牧还草工程。工程试点0.07亿公顷草原。2003年，国家计划投入22亿元继续进行退牧还草的试点。

(2) 中国的土地退化和荒漠化的形势仍然十分严峻，西部地区生态环境整体恶化的趋势仍未得到有效遏制。中国国土生态恶化最严重的两大类型，一是水土流失，二是沙漠化。水土流失主要分布区域在陡坡山区和中国的黄土高原，而沙漠化主要分布在不断退化的草原地区。中国国土荒漠化的总面积目前已经达到263.62万平方千米。西部地区新增荒漠化面积占全国的90%以上。土地沙化是中国最为严重的生态灾害之一。20世纪70年代沙化土地每年净增1560平方千米，80年代每年扩展2100平方千米，90年代中期以前每年扩展2460平方千米，1994年到1999年，每年扩展达到3436平方千米。目前国土总沙化面积已达174.3万平方千米，占国土面积的18.2%。

[1] 国务院发展研究中心农村经济研究部

表 8-1　1999～2003 年累计退耕面积　　　单位：万亩

地　区	国土资源部统计数据					国家林业局统计数据	
	1998年耕地面积	1999～2003年累计退耕面积	生态退耕	结构调整	占1998年耕地资源的比重(%)	1999～2003年累计退耕面积	占1998年耕地资源的比重(%)
全　国	194463.6	1037	8116.5	2260.3	5.34	10631.4	5.47
西部地区	74108.5	6464.6	5487.2	977.3	8.72	6539.9	8.82
内蒙古	12004.1	1638	1626.9	11.0	13.64	982.6	8.19
广　西	6616.7	162	66.4	95.9	2.45	270.3	4.09
重　庆	3802.5	266	205.7	59.9	6.99	436.9	11.49
四　川	9899.9	739	565.9	173.5	7.47	1175.3	11.87
贵　州	7340.7	445	401.0	44.2	6.07	543.4	7.40
云　南	9638.0	379	245.6	133.6	3.93	412.8	4.28
陕　西	7651.4	1277	1026.6	250.9	16.70	1134.3	14.82
甘　肃	7533.4	500	467.8	31.9	6.63	700.0	9.29
青　海	1030.8	199	197.7	0.9	19.26	184.0	17.85
宁　夏	1907.9	462	457.5	4.5	24.21	326.6	17.12
新　疆	6136.1	388	217.5	170.9	6.33	373.7	6.09

注：1 公顷 =15 亩

60 年代中国的特大沙尘暴发生过 8 次，70 年代发生过 13 次，80 年代发生过 14 次，90 年代发生了 23 次。目前 90% 以上的天然草原均出现程度不同的退化，其中中度以上退化的草原面积超过 50%，每年还以 200 万公顷的速度增加。

据水利部 2002 年 1 月公布的全国第二次遥感数据统计，西部 12 个省（自治区、直辖市）水土流失面积为 293.7 万平方千米，占西部总面积的 42.9%，占全国总水土流失面积的 82.5%。据统计，中国每年流失的土壤总量为 50 亿吨，其中 2/3 的土壤流失量来自于西部。

（3）目前，全国 90% 以上的农村贫困人口生活在生态环境比较恶劣的地区，西部地区陷入了生态恶化与贫困加重的恶性循环中。

恶劣的生态环境和贫困经常是伴生现象，中国也不例外。从某种意义上说，贫困问题是一个生态环境问题，贫困的发生和贫困程度的大小与生态环境状况有着极为密切的关系。

中国政府在制订扶贫政策时，已经认识到中国的贫困区域都是生态环境极其恶劣的区域，并及时调整了发展战略和政策，首先是在西部大开发战略中提出了保护生态环境的目标。近年来实施草原生态治理工程，采取季节性休牧、划区轮牧、全年禁牧等措施，在生态修复上的效果已经明显展现出来。但在休牧和禁牧期间，牧民付出了很高的代价。从目前的情况来看，解决牧民生计的目标尚未达到。生态环境保护政策如何兼顾西部农民脱贫问题（生计）已经成为中国政府一项重要的政策课题。

二、中国目前在治理土地退化和环境恶化方面存在的体制和政策上的障碍

（1）用于防治土地退化和环境保护方面的投入严重不足，缺乏稳定的投入增长机制。1998 年以来，中国大量发行建设性国债，其中大量用于林业和水利建设。国债资金一直占年度间中央预

算内农业基建投资的70%以上，而正常年度预算内基建投资不足30%。显然，靠发行国债筹集资金不是长久之计。

（2）政府各部门之间职责不清，政府生态治理资金投入渠道多，力量分散，不能形成合力。目前政府农业投资渠道比较多，其中仅属于建设性财政拨款投入的就有农业基本建设投资（含国债资金）、农业综合开发资金、扶贫以工代赈资金、专项财政扶贫资金和财政部门直接安排的农村小型公益设施建设资金等。农业基本建设投资主要由国家发展和改革委员会系统单独管理或国家发展和改革委员会与农口主管部门共同管理；农业科研费用主要由财政部门和科技部门或者科技部门与农口主管部门共同管理；支援农村生产支出、农林水气等部门事业费、农业综合开发资金由财政部门或财政部门与农口主管部门共同管理。财政支农资金除由各级财政部门拨付外，县以上各级农、林、水等主管部门也层层下拨到县级对口部门，形成资金来源渠道多且投入分散的状况。县级管理、分配财政支农资金的部门发改委（发展局）、财政局、扶贫办、农业综合开发办公室、农业局、林业局、水利（水务）局、畜牧局、农机局、水产局、气象局、国土局、交通局等10多个，时常出现同一项目多个部门管理。

由于财政支农资金分属多个部门管理，各部门对政策的具体理解、执行和资金使用要求各不相同，政策之间缺乏有机的协调。目前最突出的是国家发展和改革委员会、科技部、财政部和农口各部门之间以及各部门内部机构之间分配管理的财政支农资金在分配上还没有形成一个有效的协调机制，基本上是各自为阵，资金使用分散与投入交叉重复现象比较严重。

这种农业资金管理模式存在很多弊端。一是用于基础设施、科研、生产、流通的财政资金分属不同的部门管理，难以使有限的财政资金做到统筹安排，合理配置，有限的资金不能形成整体合力。二是对地方来说，由于同类项目的资金来源于不同部门，为了实施项目，需要将不同资金拼盘。由于不同来源的资金有不同的规定，这种拼盘性的项目往往很难系统规划，项目实施效果大打折扣。三是由于项目资金来自于多个方面。因此，一个项目可以应付不同部门的监督和检查，实际上使得监管非常困难，客观上形成了“重资金分配，轻资金管理”的局面。

（3）中国无论在治理水土流失，还是在防治土地退化方面的努力，通常是通过“自上而下”的决策方式。没有让各利益相关方广泛参与，更没有让直接受影响的人群参与。长期以来，受计划经济体制的影响，我国农业投入方向、资金投放量、不同级次政府责任的分担都是由上级政府确定的。大中型项目则由中央和省级确定并进行项目审批。这种集中决策方式能够使中央和省级政府集中财力办一些大事，但由于采用自上而下的决策方式，当地政府、社区和农民的需求缺乏显示机制，政府支持往往与需求脱节。农民的需求信息反映不出来，政府实施的农业投资项目就很难建立在农民需求的基础之上，项目只属于政府主动供给型的项目。政府主动供给并不能解决农民最需要解决的问题，也不能利用合理有效的决策方式反映大多数人的意见。

三、在生态环境建设中应用综合生态系统管理方法

综合生态系统管理是一种跨部门的综合管理方法。综合生态系统管理（OP12）是全球环境基金为促进全球生态与环境改善，尤其是为防治土地退化而专门设立的一个全新的综合型项目框架。全球环境基金把中国作为实施其第一个OP12项目的国家，说明中国把生态环境的保护和建设作为西部开发中的重点的战略顺应国际可持续发展的潮流。

OP12项目总体目标是要通过防治和遏制干旱地区生态系统的土地退化，促进西部地区的可持续发展和保护全球环境。在国家规划框架的指导下，该项目将支持实施西部干旱地区生态系统退化的10年防治规划。

OP12项目强调综合管理，打破部门观念和行业限制，通过建立伙伴关系式的综合管理体制，

加强跨部门、跨行政区之间在政策、法律、规划和行动方面的沟通和协调，统一规划和行动，采用综合生态系管理手段共同对中国西部地区的土地退化进行综合治理。

OP12项目用中长期规划方法取代了以往支持单个项目的方法，为中国西部的开发和生态环境建设提供持续的支持，这对于确保中国西部的可持续发展具有重要意义。

表8–2　政府部门在土地退化防治及扶贫工程项目中的职责

部委	司局	主要职责
财政部	农业司	安排农业财政支出预算
	农业综合开发办公室	组织实施并监督管理国家农业综合开发政策制度、规划和农业综合开发项目，管理和统筹安排中央财政农业综合开发资金。农业综合开发建立了坝上生态农业工程、长江中上游防护林工程、长江上游水土保持重点防治工程、太行山绿化工程等保护生态环境项目
国家发展和改革委员会	地区经济司	协调地区经济发展，编制“老、少、边、穷”地区经济开发计划和以工代赈计划
	农村经济司	农村经济发展重大问题、战略和农村经济体制改革建议；衔接平衡农业、林业、水利、气象等的发展规划和政策
水利部	有关司局	水利支农资金主要投向了农田改良改造、抗旱、灌溉、灌区改造、生态恢复、人畜饮水等方面。以2000年为例，水利支农资金投入主要包括农村饮水、大型灌区节水改造、节水增效示范项目、特大抗旱补助费、农业综合开发水利骨干工程、农业综合开发长江、黄河中上游水土保持项目、七大流域机构水土保持重点治理项目、水土保持八片重点治理区等方面，总投资达到37.79亿元（中央部分，不含地方）
农业部	有关司局	2000年农业部用于保护资源和生态环境的资金规模0.68亿元，占农业部各项专项资金总量的3.08%。最近两年用于草原等方面的资金有较大增长，但农业部作用仍较弱
国家林业局	有关司局	2001年国家林业局对十几个林业重点工程进行系统整合，形成六大林业重点工程，即：天然林资源保护工程、“三北”和长江中下游等防护林体系建设工程、退耕还林工程、京津风沙源治理工程、全国野生动植物保护和自然保护区建设工程及重点地区速生丰产用材林基地建设工程
国家环境保护总局	有关司局	环境保护规划、法规、环境监测、污染治理等
科技部	有关司局	生态治理技术攻关、科技成果转化等
国务院扶贫办		国家扶贫资金是指中央为解决农村贫困人口温饱问题、支持贫困地区社会经济发展而专项安排的资金，其中包括：支援经济不发达地区发展资金、新增财政扶贫资金、“三西”农业建设专项补助资金（统称国家财政扶贫资金）、以工代赈资金和扶贫专项贷款

OP12项目也为帮助中国建立综合、跨部门、跨行政区的环境资源管理体制提供了难得的机会。通过该项目的实施，将建立一个各利益相关方和国际机构广泛参与的平台，大家共同探索综合生态治理最优化和扩大化的途径，为实现区域生态综合治理和全球环境保护目标的统一提供机会。

在生态环境建设中应用综合生态系统管理方法，这在中国是一个全新的概念，更是一个全新的挑战。为了使综合生态系统管理这一全新的理念和方法得以在中国的实施获得圆满成功，应当做到以下几点：

（1）由多部门和跨行政区组成的项目领导小组制订统一的防治土地退化的目标和规划，实现各级政策、项目和预算的协调统一。对土地、农、林、水、环保、扶贫、科技等有关部门和各行政区的规划内容提出协调的建议，改善部门之间和行政区之间的相互协调关系，提高工作效率和投资使用效率。在规划中应当注意对各部门、各行政区的资源进行合理的整合，在制订管理计划时应当将社会和经济因素整合到生态系统管理的目标中。

（2）建立稳定的政府财政资金投入增长渠道，对现有项目、资金进行整合，相对集中。对于目前由不同渠道管理的农业投入，尤其是用于农业基础设施建设的财政资金投入，要加强统筹协调和统一安排，防治项目重复投资或投资过于分散，使有限的资金发挥出最大的效益。能够归并的支出事项建议由一个职能部门统一负责。要对各分管部门的职能和分工加以明确，以确保农业财政资金的有效配置。

（3）应当由多部门和各相关行政区联合制订和完善有关综合生态系统管理方面的政策和法律法规，包括：建立鼓励私营企业、当地社区和个体农户参与防治土地退化的相关政策和法规；关注知识贫困、权利贫困和人力贫困，有利于少数民族、社会弱势人群的综合性反贫困战略政策体系；不会对环境产生负面影响的脱贫战略和对脱贫有利的环保战略；脱贫和环保两者互补，由政府、社会和广大贫困人口共同参与的、可持续发展的反贫困政策；当贫困人口为环境保护和为其他人的利益而使用资源时对他们进行补偿的政策和法规。

（4）在规划中，应当广泛吸收国内外有关综合生态系统管理方面的经验和教训，调整各部门、各行政区在规划方面相互矛盾和重复的部分，避免以往部门和行政区之间协调不够而出现的规划和投资重复的现象。

（5）应当认真研究和推广国内外在防治荒漠化和土地退化方面的先进技术和方法。

（6）综合生态系统管理模式的成功实践必须建立在各利益相关方积极主动的参与上。应当把直接受益的群体——当地农民作为项目的实施主体，让他们参与包括当地土地利用决策的、规划、管理和监督等全过程。

在表8-2中详细介绍了政府部门在土地退化防治及扶贫工程项目中的职责。

第三篇

美国、澳大利亚和加拿大防治土地退化的历史回顾与经验教训

3

9 20世纪30年代美国大平原沙尘暴

[1] F.E. Busby

摘要

20世纪30年代美国大平原发生的沙尘暴在历史上给人类造成了最为严重的生态灾难。这种灾难不仅导致了大批农民流离失所、生活拮据，而且更重要的是促使政府和百姓采取了多种防治自然灾害（土地退化）的措施。沙尘暴的产生可以简单地归结为两种因素同时出现而造成的后果：①经济大萧条迫使农民和牧场主极大程度地提高有限土地的生产效率；②严重的干旱。然而，这种解释并不充分，因为联邦政府既没有及时采取解决这些重要问题的措施，也没有为防治未来灾难的发生提供必要可借鉴的信息。本文主要阐述美国政府在1940年前约150年时间里，制定和推行开发利用土地的政策与决策如何导致沙尘暴的多次发生；同时，又指出了美国政府如何在1940年后经过50多年的努力工作大大降低了沙尘暴再度发生的可能性。

要点

1．因为单一因素解决问题的方法是难以解决多因素问题的，所以在解决沙尘暴这样的生态灾难问题时，不仅要考虑单一的因素，而且还要考虑生态、社会、经济、法律和政治等因素。

2．采取相应措施，解决发生沙尘暴的主要问题。

（1）通过立法，成立国家土壤保护局（SCS）。该局具有较大的权利，有利于发现导致沙尘暴发生的主要原因。

（2）国家土壤保护局从农民手中租用土地，实施水土保护措施。

（3）国家土壤保护局向农民支付实施水土保护措施的费用。

（4）创建以农民为代表的土地保护区。

（5）购买农民大片土地用作示范基地。在这些土地上种植草与灌木，以形成持久性的植被层。这些土地现在已成为“国家草原”，归美国林务局管理。

3．土地保护区雇佣技术人员（一般为经过培训的农民）帮助农民建立并实施水土保护计划。在农民实施水土保护措施、得到政府补偿金之前，水土保护计划就要制定出来。

4．沙尘暴发生后的20多年时间里，政府所采取的防治政策与措施已初见成效。恢复严重退化土地是一项投资大、时间长的工程。这项工程需要各级政府、农民、科学家以及技术人员的多方合作，才能更好地实施。沙尘暴再次产生的条件依然有可能出现，因此需要警惕，牢记历史上生态灾难的教训。

[1] 美国犹他州罗根市，犹他州立大学自然资源学院，84322-5200
E-mail: feebusby@cc.usu.edu

一、概述

这篇文章的主题就是20世纪30年代发生在美国大平原上的沙尘暴。沙尘暴影响区域北面越过美加边境（甚至加拿大的部分地区）南面延伸得克萨斯州。沙尘暴灾害最严重的地区是得克萨斯州、新墨西哥州、科罗拉多州与堪萨斯州，并且这一地区风蚀侵害十分严重，直接持续地威胁着当地居民的生活。另外，从这里产生的风尘又十分猛烈，不仅严重危害当地居民的生活质量，甚至也直接影响着远离此地人们的生活家园。

我们可以简单地把发生沙尘暴的主要原因归结为：①美国经济萧条期间，政府促使农民与牧场主过度开发使用土地，导致土地超出生产承载力极限；②严重干旱。当然，这种解释并不充分，还由于当时既没有解决一些重要的问题，也没有为防治未来沙尘暴的再次发生而提供可以借鉴的信息。阐述这一点的主要原因是20世纪30年代之前已发生了多次沙尘暴与土地退化问题，而在50年代和80年代又分别发生过。我认为沙尘暴是在过去的150年中由于当地政府实施的过度开发利用土地的政策与决策而造成的，并从1940年开始，又经过50多年的努力工作才最终降低了这一地区再次发生沙尘暴的可能性。

确定是否能在美国、中国或世界其他地区发生像沙尘暴这样严重的环境灾害，需要对这一地区的环境、社会、政治及经济因素以及它们之间的相互关系进行综合评价。下面详细介绍美国开发利用土地的一些背景知识，诠释产生沙尘暴的诱因，明细防治沙尘暴发生的方法，展现控制未来发生沙尘暴的努力工作方向。

美国依据实际情况，建立起了适合发展的哲学思想体系。成立的新国家（美国）为那些不愿意受欧洲多数国家封建土地所有制束缚的贫民百姓创造了自由发展的空间，他们努力成为移民到北美大陆定居。新国家允许不同阶层的人们均可拥有自己的土地。美国的国父们，特别是托马斯·杰弗逊，奉行为农业从业人员谋求最大社会利益的领导人。在18世纪末，独立耕种土地并生产社会所需产品的农民被视为美国的民主及经济体系发展的基础。随着时间的推移以这种观念为基础制定出土地政策，即：土地的所有者可按自己经营方式开发利用私有土地。这种哲学思想在此后150年里为沙尘暴的发生发挥得淋漓尽致。

奉行这一观念的国父与国家领导人们确信把从大西洋至太平洋的土地都收归美国所有是这个新国家的使命。1803年，时任美国第三任总统的托马斯·杰弗逊从法国人手里购买了南自密西西比河入口的新奥尔良、北至加拿大边境、西至落基山脉的大片土地。1803～1850年，美国先后购买了西北部地区与西班牙人控制着的西南部地区——得克萨斯州、新墨西哥州、亚利桑那州及加利福尼亚州。也就是说，美国建国70年后，将其领土东从大西洋扩张到西至太平洋。

二、移民

移民潮期间，美国的首要任务是鼓励移民在这片土地上定居，并将其建成支撑国家经济发展的多产区域。美国鼓励移民的政策吸引了上百万的欧洲人（美国的第一批移民也都来自欧洲国家）移居到了美国。这些移民大多数是农民，他们过去曾为封建地主工作，而到了美国是为了寻找自己的土地。由于，定居者们很快就占居了位于大西洋海岸的13个州的土地，所以，1800年以后移居美国的人们不得不去美国西部寻找土地。到了1850年，密西西比河东部的大部分土地及其他地区可用耕种的土地也都有了自己的主人。

为了鼓励人们到西部定居，特别是到大平原定居[2]，美国国会于1862年颁布了首批《公地放

[2]“大平原”是指位于100度子午线与落基山脉的中、矮草原地区。该地区过去被称作“美国大沙漠”，且被初期拓荒者称为不适合人居住的地区。

领法》。该法律允许每户家庭拥有60公顷（1/4平方英里或160英亩）的土地，开发利用耕种5年。因为政府领导人认为开发耕种土地是满足国家对粮食与纤维产品需求的最好办法，所以大片土地被开发耕种农作物。然而，耕种农作物需要大量的农机工具，不仅提高了美国东部13州的公司生产农机工具的数量，而且也实现了《公地放领法》要求增加农机工具销售量的目的。结果是在大幅度提高农作物产量的同时，又增加了农业工具的销售量。一旦定居者满足了《公地放领法》的要求，就可获得土地的所有权。《公地放领法》尊崇的理念充分体现了美国政府把农民和以农业为赖以生存的人们作为社会主要动力的缘由。60公顷土地的限额是由国会议员们根据美国东北部州[3]的情况制定的。在美国东北部州，年降水量达到600多毫米，60公顷的土地足以供养一个家庭。《公地放领法》的制定者们并未给予西部农民更多的土地，认为若多给西部农民土地会使东部农民处于不利的位置。但是，他们没有考虑农民供养家庭除了拥有60公顷的土地面积外，另一项重要的因素是土地的潜在生产力。只有对比东部与西部土地的潜在生产力，才能准确制定西部农民应该有的土地面积。

到1862年《公地放领法》通过时，几乎所有适于耕种的土地都已有了主人，如沿溪流岸旁适于耕种的土地。剩下的土地受各种环境因素（如土壤、气候及地形）的限制不适宜耕种农作物。因此，像这样环境下的60公顷土地是难以供养一个家庭的生活。当时国会里的高参们却说这些土地供养一个家庭的生活是没问题的[4]。结果是大批人们涌向子午线100度以西的土地上。这条南北线几乎成为了美国东、西部地区的分界线。虽然这条子午线仅是地图上的一条线而已，但它却从生态学的观点把美国分成东、西部地区，具体地说，环境直接影响农作物的生长。100度子午线以东为海拔高的草原地区，本土植物有阔叶树和松树等，越接近大西洋海岸降水量越多，植物生长越茂盛。100度子午线以西至落基山脉脚下，植物是低矮的草本植物。这就意味着这里是干旱性气候。100度子午线以西地区年降水量自东向西为500～200毫米，并且每年的降水量变化很大。风是这一地区环境因子的最主要一项，加剧了土壤干燥的进度，增强了水土流失的潜在程度。

经验证明，100度子午线是土地耕种的边界线，以西部分不再适宜耕种农作物。但是，如果降水量保持正常或高于正常水平，开垦初期的阶段，由于初期农作物还可以吸取草原植物积聚在土壤中的营养与有机物，所以在这些地区能够种植出优质的农作物。另外，土壤有机物不仅给农作物提供营养；而且还迅速渗透到土壤里，即有助于在土壤中贮存水分供农作物用，又保护土壤受风侵蚀。犁地加速了土壤有机物的消耗。一旦土壤有机物消耗殆尽，土壤几乎没有贮存水的能力，极易遭受风蚀的侵袭，种植农作物就面临很大的风险。干旱期间，植物逐渐演替为低矮草原植物，加剧了西部地区的干旱程度。干旱就迅速成为了当地农业面临的最严重问题。

尽管大平原地区存在着环境问题，但是移民们还是为了获得更多的土地蜂拥而至。因此，就出现了像"俄克拉荷马土地风潮"（一天内一大片区域内的所有土地都被认领）这样的传奇事件。人们就像参加赛跑比赛一样，都站在起跑线上待跑，起跑枪一响就开始赛跑——他们竞相打桩围起想要认领的耕种土地。

一旦农民认领了分给耕种的土地后，他们就可以用较低的价格购买其他土地。另外，农民可以在6个月后销售已认领分给的耕种土地。这些法律条款有利于那些富裕的地主去开发利用大片土地，成为农场主。最初，农场主通常雇用一些移居农民为他们耕种土地。另外，美国政府除了颁布《公地放领法》允许个人拥有大面积土地所有权外，还为支付修建横穿大陆铁路的费用预留

---

[3] 由于美国正处于"内战"时期，因此立法制定者没有南方州成员。

[4] 当时的国会高参们一般是与土地观察员进行讨论，而非与科学家讨论土地问题，并坚持一种观念，即土地"垦后降水"，认为只要把草原上的植物清除即可增加当地的降水量。

了大量土地。铁路公司通常把这些土地卖给农民。因此，尽管《公地放领法》的初衷是帮助上百万的移民获得小农场的所有权，但是，同时也为那些富人们创造了有办法获得自己经营管理大片农场和牧场的机会。

在《公地放领法》颁布后，大平原农业系统正常运行多年。那时，农民每年都有相对较好的粮食收成，同时，每户农场都有一块用于放置干草或饲养役畜的牧草以及放养食用牲畜的地方。这种农业用地与牧业用地相结合的混合农业系统在大平原地区一直持续了多年。即使在19世纪末的干旱时期，这种农业系统与社会结构相互依存、发展稳定。

三、沙尘暴发生的根本原因——变化的动因

第一次世界大战的爆发结束了混合农业系统发展模式，因为从那时起，已有农机工具供农民使用，他们不用再饲养役畜以及为饲养役畜而留出专用土地种植牧草。战争对粮食的需求日益增多，促使粮食价格持续高涨。同时，政府的政策以及市场的需求又积极鼓励大平原地区农民尽可能多地种植小麦。第一次世界大战后，粮食价格急剧下降，农民迫于生活压力不得不尽一切可能的种植更多的农作物，以得到相同的收入。也就是说，如果农民仅能从一定的土地上得到微薄的收入，那么他们为了养家糊口就不得不耕种更多单位的产品以获得足够的收入来供养家庭。1929年开始的经济大萧条，又使农业雪上加霜，农民们更是倾尽全力耕种土地、收获每一粒粮食。一些农民难以承受与他人竞争的压力，不得不将自己的小农场或土地卖给他人或土地投机商，这就使得这一地区的小农场向面积大的农场方向发展。1914～1932年，这一地区降水量颇丰，农作物收成良好。而从1932年战争爆发后，这一地区就开始出现干旱，集约式耕种显现出了对土壤的负面影响。

另外还有一种导致集约式农业生产的因素需要提及，这就是在每公顷土地上放牧所获得的价值大约仅相当于种植农作物所得到经济价值的10%～20%。因此，许多牧场主纷纷把放牧的土地转为农耕地、种植农作物，就可以得到比放牧多5～10倍的净收入。于是，他们就从银行贷款，购买农机工具和更多的土地。在美国历史上，这些独立经营的农场主曾经是银行的债务人。他们面对银行贷款的压力，必须不断提高农作物产量，以得到足够的收入，用以偿还贷款。

所以，在20世纪30年代初，美国大平原遭受环境及社会灾难的主要原因是：

（1）由于政府鼓励土地私有化的政策，使得大平原的所有土地都被占用。

（2）由于国家经济运行系统的需求，农民们不得不在自己的土地上种植更多的农作物，以提高产量。

（3）由于受经济利益的驱动，农牧民几乎把所有的土地都用于种植农作物。

（4）由于在制定移民政策时没有考虑到西部地区环境问题，过度耕种使得土壤中的有机物消耗殆尽，结果导致土壤极易受风沙侵蚀。

1932年开始的干旱使很多地区大面积农作物颗粒无收。一年四季都在刮大风，并且风的强度越来越大。狂风在数百平方千米荒芜的土地上肆虐，卷起大量尘土，最后在大平原上形成了沙尘暴。水土流失使农场土地生产力锐减。以前仅有那些经营不善的农场会发生水土流失问题，而现在几乎所有的农场都同样遭受沙尘暴的侵袭。中午沙尘遮天蔽日。大风卷起的沙尘落在栅栏、房屋、拖拉机等实物上。沙尘盖满公路路面，飘浮在城市与乡镇上空，穿过建筑物（墙、窗、门及屋顶板）的任何缝隙或开口出，进入房屋内部。人们即使遮住口鼻，依然能吸到沙尘。进入肺中的沙尘致使多数人患上了呼吸道疾病。牲畜也都由于肺部淤积沙尘，而窒息死亡。

尽管问题如此严重，但是由于西部这些州与美国首都华盛顿相距甚远，政府极容易忽略掉西部大平原上存在的这些问题。当时，美国又正处在经济大萧条时期，政府需要解决的问题很多。最重要的是想办法解决失业工人就业问题以及安置大平原农民重返工作岗位。

四、风带来的转变

尽管如此，美国首都华盛顿还是有几个人一直关注着干旱、沙尘暴以及其他与农业生产相关的环境问题[5]。最著名的就是休·哈蒙德·贝耐特（Hugh Hammond Bennett）博士，他被美国人称为“土壤保护之父”。贝耐特博士是一名长期从事农业生产问题研究的土壤学家。自从1933年国家创建土壤侵蚀中心后，他就一直担任该中心主任。然而，国家没有给土壤侵蚀中心提供解决当时国内面临环境问题所需的任何资金。1935年春天的一个下午，贝耐特博士计划当面向国会拨款委员会为土壤侵蚀中心申请更多的资金。贝耐特博士向国会拨款委员会提出申请的几天前，大平原地区发生了一次最严重的沙尘暴，他预知沙尘暴将在他陈述申请时刮到首都华盛顿，因此他延长陈述时间直至沙尘暴刮到华盛顿。在听证室，他指着窗外说“先生们，这就是我现在要说的问题！”于是，国会立即在农业部内组织成立了国家土壤保护局（SCS）。政府同意贝耐特博士领导国家土壤保护局，并向其提供防治沙尘暴所需的一切资源。

贝耐特博士与国家土壤保护局的职员立即投入到解决大平原乃至其他地区的土壤侵蚀问题的工作中，并试图寻找一切可行的方法。他们在大平原地区采取了一系列措施：

（1）购买几处农场，归政府管理。优先治理侵蚀严重或经济条件最差地区的土地。国家土壤保护局在这些土地上开展乡土植被恢复工作。然后，把这些土地作为示范基地给农民们展示，使他们掌握恢复永久性植被层的技术措施。现在，这些土地成为了著名的“国家草原”，归美国林务局管理。

（2）大多数农民由于经营的土地面积太小，如果在这么小的土地上从事牧业，是难以生存的，所以他们都不愿意把土地恢复成具有永久性植被的草地。国家土壤保护局就从一些农民手里“租借”土地，实施防治土壤侵蚀的土地保护措施。这些措施包括：将易于遭受侵蚀的土地恢复成拥有永久植被覆盖的土地；沿等高线犁地，尽可能与盛行风垂直方向，与垂直于盛行风的方向进行条播农作物，每隔一年对耕地进行一次休耕（不种植任何农作物），这样再次种植农作物时，农作物就可以吸取前两年所积聚在土壤中的水分；进行深层耕作，将土壤里的大块土粒犁出到表面，以阻挡地面大风；进行梯田耕作，可尽量多地保持土壤中的水分；种植灌木和乔木，使他们成为防风墙[6]。

（3）除了租借农场土地用作示范基地外，国家土壤保护局还向农民支付适当的补偿金，用于支付应用国家土壤保护局职员指定的土壤保护措施进行保护土壤的费用。虽然国家土壤保护局已

---

[5] 与此同时，大平原正经历干旱和沙尘暴，且美国东部地区的土地也受到了严重影响。“玉米带”及东南部地区的生产方式也几乎消耗尽了土壤的营养。沙尘暴发生地区也出现了水蚀及风蚀现象。

[6] 贝耐特（1939，第739页）制定了一个大平原农业土地保护计划：“若想实现持久控制大平原地区土壤侵蚀，需实施几项预防措施：防止土壤退化到适宜侵蚀的状态；如果出现侵蚀，必须实施恢复土壤稳定性的措施。在大部分地区，这些预防措施及其他措施不会立竿见影，但会比采取其他的紧急措施效果更好。存在的问题是持久性控制措施有可能一年内无法完全起作用，同时持久性控制侵蚀系统内的其他措施也可能在数年内无法单独奏效。等高线平沟耕作及牧场等高线耕作在内的措施都需要重复实践；另外对易受侵蚀的土地实施休耕保护，修建大坝蓄水，以便起到持久性保护作用。持久性保护措施包括：①通过滞留、转换、覆盖保护物，等高线种植、等高线开沟耕作，确保植被层连续；②利用保护性植被带或草、农作物、灌木丛及树林带，作为防护带；③使农作物与其他植物适应不同的地理、土壤、湿度及季节条件；④保护利用由于采取上述措施增加土壤有机物的残留量；⑤对严重受侵蚀土地实施休耕，开展持久性植被恢复保护工作；⑥从大范围的商品农作物种植转向（a）具有平衡作用的畜牧业，（b）畜牧业或补充性的饲料作物；⑦牧场上牧草区面积结构合理、轮流转换放牧地点，并依据牧场的承受能力，调整牧畜数量。”

经利用各种经济资源来支持土壤保护措施，但是许多农民还是把这种努力视为对他们经营牧场的一种干涉，是对他们私有权的侵犯。贝耐特博士长期以来最成功的努力成果之一就是创建了土地保护区。各州政府通过了水土保护法律，允许当地农民自行组织成立当地土地保护区[7]。这时，土壤保护已成为州政府及地方政府工作的一部分内容。土地保护区有许多职责，最主要的是聘请技术专家帮助农民开展实施保护计划[8]。在农民收到实施保护土地措施补偿金之前，保护计划就应该制定出来。由于这些技术人员都是当地农民和政府机关的职员，所以农场主们都愿意与他们一起工作。国家土壤保护局（国家政府机关）的专业技术人员根据保护计划定期对雇用的技术人员进行岗位培训、宣传技术标准和提供其他技术服务。

(4) 国家土壤保护局开始启动国家土壤调查项目，并着手绘制美国的土壤图。土壤调查的目的不仅是对土壤结构进行识别，而且也是确定土壤受环境因素限制不适宜耕种的手段。在大平原上进行的土壤调查有助于农民与土壤保护学家发现那些有可能受侵蚀的土地。对于这些被标定的土地，需要种植植物，恢复永久性植被层。

国家土壤保护局最初工作的结果主要表现在两个方面：①实施了土地保护计划；②把钱装在了农民的口袋里。人们认识到实施土地保护计划不仅能给农民带来丰厚的收入，而且还能取得环境与社会双重效益。自从20世纪30年代末，即农业4大目标与相关政策被制定后，土地保护计划就一直被实施和应用。

联邦政府为了帮助大平原地区及其他地区受灾农民，不仅及时采取措施成立国家土壤保护局，而且还在经济萧条时期制定了农业4大目标及其相关政策。①通过提高农作物产品价格，稳定农业收入；②调整农民可耕种的土地面积，控制农作物产量；③给消费者提供相对价格低的食物；④供应出口产品，满足国际事务的需求（“冷战”结束后，结束向其他国家提供食物援助的工作）。农产品出口一直是美国经济体系中的重要组成部分。

五、威胁再现

如果通过实施上述措施能够长期地解决大平原的沙尘暴问题，当然是最好的，但实际情况并非如此。正向以上所描述的那样，在20世纪50年代与80年代，干旱导致了大平原地区连续发生了沙尘暴。无论哪次环境问题的发生，都是经济环境促使农民尽最大努力耕种土地、提高农作物产量，结果导致土地受到严重侵蚀。虽然大平原地区经常发生干旱，但是，沙尘暴只有在土壤贫瘠和退化的土地上才会发生。

虽然20世纪30年代末，大平原地区实施的保护土壤措施已使土地状况得到了很大改善，但直至1940年降水量恢复正常后，才真正杜绝了沙尘暴的再次发生。有效地实施保护土壤措施以及充沛的降水量使大平原地区农业系统持续稳定地发展，但是到了第二次世界大战，美国在1941年底参加了战争，又要求农民竭尽全力地耕种土地，最大限度地提高农作物产量，满足战争对粮食的需要。为了最大限度地满足战争的需求，政府与百姓不得不放弃20世纪30年代末所实施保护土壤的措施。土地保护区建设也停滞不前。当时，国家处于危难时期，所采取上述措施是正确的。本文并没有任何批评与指责政府政策和农民行为的意思。

---

[7] 土地保护区是当地政府的一个部门。大部分土地保护区都是根据县界确定的。县直机关是美国政府的一个行政部门，由州与市级政府部门负责单位管理。比如说，犹他州有29个县。

[8] 保护计划已经成为功能强大的土地使用计划。该计划包括对农民土地的土壤、牧场、设施以及其他管理要素进行航拍，并制成地图。尽而，记录农民已经实施或计划实施水土保护计划的措施及效果。

但是在第二次世界大战期间（1945年结束），政府并未能从第一次世界大战中吸取教训，正确地指导农业生产及制定相应政策。1946年农产品价格开始下降。农业政策不能及时帮助农民解决存在的问题，因此农民为了维持生计又一次被迫在单位面积的土地上增加农产品产量。1941年以后，农产品价格一直居高不下，因此，战后大多数农民并未马上出现欠债问题。第二次世界大战期间，农民们没有更换新的农机器具。战争促进了机械工业的发展，先进的农机器具被生产出来了。农民为了生产又要贷款去购买这些设备。随着新农业技术的应用（农业设备、杂交农作物、灌溉、化肥以及农药），农民生产农作物的产量达到了历史最高记录。这就降低了农产品的市场价格。因此，许多农民就去抵押或出售自己的农场，这就出现了历史上第二次小农场向大面积的农场方向发展的趋势。此时，20世纪30年代发生的土壤退化的所有负面效果以及发生沙尘暴的条件又一次地展现出来。但是由于国际经济并非处于萧条时期，离开农场的或不想从事农业生产的农民都可以找到工作，所以这次农民的家庭生活相对比较稳定。

1949年末大平原又出现了干旱。到20世纪50年代中期，很多地方又出现了与30年代相同的沙尘暴现象。1949～1954年，干旱最为严重，并且干旱与沙尘暴现象一直持续到1956年。以后，降水量恢复到了正常水平，沙尘暴现象才完全消失。虽然发生干旱与沙尘暴的区域没有30年代范围那么大，但其危害的严重程度是相同的。

在第二次世界大战期间及其后来的一段时间里，国家一直从农民手中购买大量农产品作为实施20世纪30年代末启动的收入支持项目的一项重要工作。在这种情况下，虽然农民实现了较高的生产效率，但是，这种效率确给国家带来了许多环境问题。因此，国家启动了“土壤银行”项目，对土地实施休耕。这个项目要求农民在项目区内的土地上创建与维护持久的植被层后，政府给农民一定的补偿金。虽然这个项目可以实现保护土壤的目标，但是启动这个项目的最主要缘由是为了减少政府购买与贮存的农产品数量，而不降低农民的收入。政府实施的“土壤银行”项目的目标是降低农作物的生产量，提高市场价格，而农民的收入就会随着市场价格的提高而有所增加。虽然“土壤银行”项目也实施了保护土壤的措施，但这不是它的主要目的。

20世纪50年代实施的另一个管理农作物生产、降低政府购买农产品数量的项目是“种植面积规定项目”。这个项目要求农民减少种植以前政府购买的农作物数量（如：小麦、棉花、玉米、大豆及蕃茄等主要农作物）。农民可以在土地上放牧或种植其他农作物。

实施这些项目的主要目的是保护土壤。具体地说，“大平原水土保护项目”就是帮助项目区内的农民规划与实施保护水土的措施。国家土壤保护局是负责项目的政府主管部门。土地保护区在实施大平原水土保护项目中起到了积极的作用，并且又一次成为保护水土运动的主力军。这个项目要求农民与政府签订一个时间为10年的合同。农民可以因时而宜、因地而宜、因经济状况而宜地实施保护水土的措施（以前，几乎所有保护水土的活动都是按着年复一年的规划实施的）。大平原水土保护项目向农民支付实施保护水土措施的部分费用（标准为措施实施费用的50%～75%，具体的标准取决于措施对社会与农民的重要程度）。大多数农民都自行实施水土保护措施，计算劳动力成本与设备费用支出，确定应该承担的实施水土保护措施的费用。大平原水土保护项目被许多人——当然这些人也包括我自己——确定为联邦政府所实施的多项水土保护项目中最好的一项。认为大平原水土保护项目是最好项目的主要原因：与农民签订的10年合同有利于农民与水土保护技术人员可以采取系统的方法进行保护性的农业生产，还能够确保农民在实施水土保护项目中受益，促使农民愿意在未来的时间继续投入到水土保护工作中。

20世纪50年代，“土壤银行”、“大平原水土保护”以及其他水土保护项目的实施给大平原带来了持久的良好效果。农民们愿意接受这些项目所给予的补偿金，并且农产品的市场价格也没有升高到促使农民追求农作物生产量最大化的地步。因为技术进步增加了农民生产农作物的产量，所以，尽管这些项目对农作物生产量都有限制，但是还不能完全实现政府的预期目标。政府依然要从农民手中购买大量农产品。这些粮食又刺激了商业与政府去寻求出口市场，创造商机。1972年理查德·尼克松总统与苏联签订了一项贸易协议，苏联成为这些农作物出口的主要市场。由于苏联意欲购买大量粮食，所以农作物价格提升较高。政府中止了“种植面积规定项目”，并鼓励农民在其全部土地上种植农作物。多年来曾被用于“土壤银行”项目的土地又重新被开发耕种农作物。虽然水土保护措施并未像在第二次世界大战期间被全部放弃，但是农民们仍迅速涌向了出口市场以赚取高额利润。对于政府与农民来说，他们此时并不把水土保护作为优先选择项了。大部分农民依据农业部部长的指示，尽最大努力提高农作物产量。他还要求农民扩大农场范围，最好能延伸到国外。国家有信贷支持提高农作物产量与扩张农场规模的费用。结果导致农场土地价格大幅度地升高。

国际市场对农作物的较高需求态势一直延续到20世纪70年代中期。那时，许多国家都提高了农产品产量，并同苏联进行贸易交易。尽管如此，在1979年苏联入侵阿富汗、吉米·卡特总统禁止与俄罗斯进行贸易以前，美国农民仍从与苏联农作物贸易中得到了较高的收入。此时，农产品价格又迅速下降，农业经济进入了萧条期。农民们无法偿还贷款，丧失了大量抵押品的所有权。20世纪70年代，农产品市场价格高，国家中止了许多“收入支持项目”，因此，农民在1979年以后又进入了经济困境的生活。于是，农民们又一次只有一种选择了，就是最大限度地提高农作物产量。20世纪80年代初期，政府又一次实施新的收入支持项目时，才真正意识到花费巨资从农民手中购买的农作物已无法按国际市场价格卖出，获得利润了。

1982年大平原地区又经历了干旱，1983～1984年又出现了沙尘暴现象。虽然干旱范围几乎与前几次相同，但是沙尘暴的危害性却降低了许多。这至少可以说明一点，就是过去由于干旱导致的农作物无法生长及风蚀的问题现在可以通过从深水层中抽水进行灌溉解决。抽水灌溉既保证在干旱的土地上能持续地种植农作物，又防治土壤不受侵蚀。由于人们还清楚的记得发生在20世纪30年代与50年代的沙尘暴的灾害程度。所以，这次政府对此次干旱和沙尘暴问题反应迅速，国会于1985年颁布了吸收多年经验教训而制定的《农业法案》。这个《农业法案》包括的水土保护条款是：

1．长期休耕保护计划

这一计划仿效“土壤银行”项目。农民可把自己的土地租给政府10年。农民只有在这块土地上种植持久性植被层，才能获得租金。它与“土壤银行”项目不相同的是“土壤银行”项目允许农民在土地上放牧或种植牧草，而此计划限制农民把土地另作它用。同时，这一计划也限制肉牛与牛奶的产量。

2．限制草地耕种及湿地耕种[9]

正像上文讨论的那样，农作物市场价格高时，农作物产量大，农民收入高；农作物市场价格低时，农民为了生计或追求高收入不得不开始耕种边际土地。之后，政府又要花费巨资来恢复这些受损的边际土地。《农业法案》中的这些限制条款是为了惩罚那些具有损害土地行为的农民，而不是禁止农民耕种牧地或把湿地转为耕地，但是如果他这样做了，那么他就丧失了得到《农业法案》中的政府支持计划的资格。

3．遵守保护条款

1985年美国颁布的《食品安全法案》规定：如果农民或牧场主不采取适当的水土保护措施，

[9]本文大部分内容都在关注草地耕种，但农民也会在许多湿地上耕种，导致湿地面积在生态系统中已经消失了50%以上。湿地耕种条款是为了防止湿地进一步消失的保护措施。

他们不得在极易受侵蚀的土地上种植农作物。另外，这一条款也不支持农民或牧场主在湿地上种植农作物。这项条款与限制草地耕种及湿地耕种条款一样，如有违反，同样也丧失得到《农业法案》中的政府支持计划的资格。“遵守保护条款”的限制不仅局限于草地（或草原）与湿地生态系统，而且也包括美国境内所有的极易受侵蚀的土地。《农业法案》中的条款能够确保“遵守保护条款”应用到农民所拥有的全部土地上。也就是说，农民在极易受侵蚀的一块土地上种植农作物，而没有采取适当的保护措施，就意味他不能得到政府提供的所有土地的补偿金。

“遵守保护条款”对国家土壤保护局与土地保护区有着积极与消极的影响。在此之前，虽然政府会向农民支付补偿金，但所有的保护措施的实施都是“自愿的”。随着“遵守保护条款”的实施，国家土壤保护局的专业工作人员被称为“保护警察”，他们判断农民是否在在极易受侵蚀的土地上种植农作物并采取了适当的保护措施；如果没有，国家土壤保护局有权力举报农民的违反条款行为，让政府停止向农民支付《农业法案》规定的补偿金。国家土壤保护局也发现随着时间的推移，原来制定的保护标准已无法完全符合“遵守保护条款”的要求。比如，土壤调查信息是否能提供足够的信息证明某块土地属于“极易受侵蚀”的土地。虽然国家土壤保护局的技术标准及保护措施对于帮助农民开展一个自愿保护土地的计划效果是非常显著，但是这些计划还不够十分完善，经不起法律的质疑。尽管如此，这些计划还是对完善技术标准与保护措施工作起到积极的推动作用。

直至1985年《农业法案》的颁布，立法机构开始为各农业州、农业支持组织（如：美国农场局、国家保护区联合会）以及农民给予立法支持。1985年，《农业法案》的颁布为环境保护组织、其他从事环境保护和提高农民生活水平的的团体搭建了一个大舞台。自1985年后，国会所实施的其他项目继续密切关注水土保护与环境质量问题。环境保护组织在建立这些项目上起到了十分重要的作用。

由于“限制草地耕种及湿地耕种条款”与“遵守保护条款”内含有惩罚性内容（可取消农民得到《农业法案》中的政府支持计划的资格），因此这些条款比美国的其他许多相同项目（政策条款）都具有更长久的影响。这些项目（条款）继续与农民合作，在他们实施水土保护措施时，为他们提供资金支持、技术协助。政府负责农民实施水土保护措施的部分费用，以利于在大平原上建立起良性循环的农业系统与正确的水土保护方案，防治导致20世纪30年代及其后产生沙尘暴的各种要素。这些项目（条款）的综合作用是努力实现政府的4大农业目标，并把“农业保护”提高到政府要实施的第5大目标的位置上。

上述讨论的政策不仅把水土保护制定为国家要实现的一项目标，而且农场土地面积结构的变化也为能实现这一目标创造机会。自1935年（农场数量达到最高峰，接近700万户）后，美国的农场数量及规模急剧下降。现在，农场数量不足200万户。1935年，95%的农场土地面积只有200公顷或不足200公顷的土地（40%仅有20公顷或更少的土地）。如上所述，几乎所有农场的土地都用于从事农业生产。在第一次世界大战期间及其后，经济大萧条期间，第二次世界大战期间及其后，以及与苏联进行粮食贸易出口期间，农民迫于经济压力或追求高收入，都尽最大努力提高土地生产力，增加农作物产量。现在，美国约有35%的农场土地面积低于20公顷，而这些小型农场通常都只是作为“休闲爱好”而已，农场主仅想在这里以农村的方式生活。这些农场的农场主们都不是依靠经营农场来维持生活的。拥有这些小型农场的农场主们都为能保护好土地的良好状态而骄傲，并将其作为衡量生活质量的重要标志之一。即使在经济萧条时期，他们也不会增加农作物生产量，因为这样会使土地更易遭受侵蚀。

现在，25%以上的农场土地面积超过了200公顷，而且有些农场面积更大。即使在经济困难或发生环境问题时期，这些农场主拥有足够的土地与充足的资金，依然可实施土地保护措施。另外，40%农场面积为20～200公顷。这些农场主则有可能在经济困难时期通过增产来获得经济收入，土壤也会因此而容易遭受侵蚀，导致环境退化现象的发生。另外，除了这些农场所有权与土地面积的改变使得再次发生沙尘暴可能性降低外，大大小小的农场都零散地分布在美国各地，因此不会出现像20世纪30年代时的情况那样——大平原地区因干旱与大面积土地受侵蚀退化而发生沙尘暴。

历经50年的努力后，美国现有的政策、观念、农业生产方式以及土地所有制模式能够防止下一次沙尘暴的发生。干旱依然会出现，土壤遭侵蚀现象也会发生，但是，现在却比以前更能迅速高效地采取防治措施了。所有的这些改变都符合私有财产所有权及其国家土地所有权的规定，所以，农民有权选择采取水土保护措施，愿意获得政府的支持性补偿金；也可以选择放弃这种权力。

参考文献

Bennett, H. H. 1939. *Soil Conservation*. McGraw-Hill. New York, NY, USA

Not referenced but recommended reading

Fulton, D. 1982. *Failure on the plains: a ranchers view of the public lands problem*. Big Sky Books, Montana State Univ. Boseman, MT, USA

Wessel, T. R. 1998. Agricultural policy since 1945. Pages 76-98. *In The rural west since World War II* (R. D. Hurst, ed.). Univ. Kansas Press. Lawrence, KS, USA

Worster, D. 1979. *Dust bowl: the southern plains in the 1930s*. Oxford University Press. New York, NY, USA

Worster, D. 1992. *Under western skies: nature and history in the American west*. Oxford University Press. New York, NY, USA

10 澳大利亚防治干旱地区生态系统土地退化的经验

[1] Victor R. Squires

摘要

本文研究了澳大利亚防治沙尘暴、风蚀、水蚀、水体富营养化、生物多样性降低等引起的土地退化的各种方法，发现综合生态系统管理是防治土地退化问题的最佳方法；指出了综合生态系统管理是一种需要日趋完善的方法，实施这种管理方法还需要克服一些困难；提出了澳大利亚应用综合生态系统管理防治土地退化的经验与教训。澳大利亚管理大面积干旱土地的经验对实施中国－全球环境基金干旱生态系统土地退化防治伙伴关系具有一定的借鉴意义。

要点

1．虽然综合生态系统管理是一个相对较新的概念，但是其雏形在过去几十年来即已形成，包括生态可持续发展与综合流域管理思想的出现。它们是采用多学科方法分析与解决问题，把社会、经济、政治、体制、立法、文化和生态的方法有机结合起来，努力提高当地的环境质量与人们的生活水平。

2．综合生态系统管理注重子系统的内容、各子系统之间的相互关系，并发展出一套区分这种关系的“软系统”，采用综合性方法解决环境问题，而不是像传统的方法只解决单一子系统问题。

3．综合性的真正意义在于它整合了多个水平较高的理念。综合系统是一个比所有的子系统简单累加之和复杂得多的系统，它包含了组成要素之间的相互作用。综合系统要求更好的管理、更多的决策和复杂的分析。

4．20世纪90年代以来，澳大利亚开始逐步在行业范围内引入生态可持续发展的理念。当时，应用这种理念遇到了许多问题。1989年。澳大利亚第一次把生态可持续发展正式列入到国家政府决策体制可持续发展的行动计划中。成立了由基层社区、保护组织、科研工作者、贸易团体、联邦政府和州政府的代表组成的9个工作组，负责在9个对环境影响比较大的行业内推动实施生态可持续发展进程。政府根据9个工作组报告中提出的建议采取相关行动。

5．对中国防治土地退化的启示

(1) 澳大利亚在如何协调土地利用者（包括乡村社区）与各州政府及联邦政府之间合作的关系方面有许多实例。

(2) 澳大利亚在创造一个良好能力环境、从立法及法规框架上支持社区团体工作、鼓励各

[1] 澳大利亚阿德莱德市，干旱土地管理顾问

行业与私人企业与“利益相关者” 积极参与制定生态可持续发展决策等方面积累了多年的宝贵经验。

(3) 奖励机制（而不是惩罚）是鼓励社区参与的最好方法。公众意识提高、基层组织参与、公众监督对实现可持续发展都很重要。

(4) 综合生态系统管理的实施难度很大，需要一个能力建设阶段，以确保政府官员、地方领导和土地使用者熟悉它的原则与措施。

一、概述

综合生态系统管理可以说是许多国际组织采用的管理政策，也可以说是亚洲开发银行在未来几年协助执行中国–全球环境基金干旱生态系统土地退化防治伙伴关系的理论支撑。澳大利亚积累了丰富的迎接挑战的经验。实际上，它在实施综合生态系统管理方法时，不仅充分理解了综合生态系统管理方法的实质，而且还获得了宝贵的经验和教训。

本文简单介绍了澳大利亚应用综合生态系统管理方法防治土地严重退化的进展过程。过去频繁发生严重的沙尘暴和大面积土地受风水侵蚀的现象，足以证明澳大利亚土地退化问题的严重性。

综合生态系统管理所有新的观念一样都是建立在一些原理基础上的。它也不是凭空想象出来的。实际上，它是几十年来随着各国处理发展经济、追求效益与需要保护自然资源的矛盾中产生出来的。1992 年，联合国环境与发展大会（UNCED）在巴西里约热内卢召开，会议把“可持续发展”作为研讨的主要议题之一。《我们共同的未来》一书中又详细分析了“可持续发展”的理念。世界上许多国家包括澳大利亚接纳了“可持续发展”的原理，努力把它应用到解决实际问题的工作中。

实际上，澳大利亚在过去就已经应用了“可持续发展”的思想去解决实际问题。若从 19 世纪末算起，可以列举出许多“可持续发展”的思想去解决实际问题的例子。比如，联邦政府组织各省（州）实施的“控制与预防加速土壤侵蚀的项目”。

本文系统研究了澳大利亚防治像沙尘暴、风水侵蚀、水体富营养化、生物多样性降低等土地退化问题的方法。主要有 3 部分内容：

(1) 简单回顾自从欧洲殖民时期以来，土地退化问题的种类、及其采取预防和控制的措施。

(2) 评估综合生态系统管理在澳大利亚制定与实施近期与未来防治土地退化规划中的作用。

(3) 为中国制定与实施实防治土地的规划（项目），提供可借鉴的澳大利亚经验。

二、澳大利亚的地理与气候情况

(1) 澳大利亚国土面积 750 万平方千米，大约与美国大陆面积相同，比中国国土面积小。

(2) 没有长年积雪的山系，海拔高度都比较低。

(3) 澳大利亚是最干旱的大陆，大约 75% 土地是干旱或半干旱地区（图 10–1）。

(4) 严重缺水，影响发展，将限制未来几十年的人口增长。

(5) 土壤贫瘠，由古老岩石类型发育而来。

(6) 直到大约 200 年前，澳大利亚才有农作物和牲畜，但是现在已经是粮食和纤维的主要出口国。

(7) 农业与畜牧业是最重要的产业。农业与畜牧业使用的土地面积占国土面积的 61%，国家公园及自然保护区占 5.3%，森林占 3%，矿产占 0.14%，城市占 0.13%。

图 10-1　干旱与半干旱地区分类图

三、新的殖民地－搅乱原始生态系统

欧洲殖民统治的最初100年，由于大量开发使用自然资源和采取错误的发展农业的思想，导致澳大利亚发生了严重的土地退化现象。人为的自然灾难（沙尘暴）发生频繁。1920～1930年，连续干旱、引进动物（兔子）的影响以及过量采伐森林、开发牧场使澳大利亚生态系统遭到了最为严重破坏。

受耕田、放牧、采矿的影响，地貌不可避免地会发生变化。最初，采伐森林；开荒种地（降水量充足，甚至坡地与流动的沙地）；或在有持久水源的地区，过度放牧。罗伯特（Roberts, 1995）认为"欧洲殖民统治时期对自然资源的掠夺，留给我们的启示是当今社会是建立在自然资源极大浪费基础上的；从生态角度讲，当时是生命透支时期，大量自然资源被开发导致生态系统的稳定性遭到了严重破坏。"博顿（Bolton, 1981）在他的书中写道："破坏与破坏者"对土地开垦和草原开发起到了非常大的作用。19世纪初，新南威尔士州西部地区发生了十分严重风侵蚀与水侵蚀灾害，致使政府开展调查发生灾害的原因，推荐正确的防治措施。这次调查是澳大利亚土地利用历史上的一个里程碑，是对开发土地超出其承载能力的第一次重要研究。这是过度利用土地的典型案例。到1900年，滥砍乱伐、不适宜的欧洲农业技术、小面积居住区和土地退化的综合影响，大大地降低了农耕地和牧草场的生产力。到20世纪30年代，颁布的土壤保护法与实施的农牧混合生产模式是阻止破坏地表风潮的强有力措施与方法。这个时期灾害发生后，大部分省（州）都建立起了水土保护研究与宣传服务机构（Reeve，1978）。

20世纪30年代，国家政府聘请英国专家调查内陆的干旱土地并提出建议（Ratcliffe，1938）。他们写出了一个关于沙尘暴与流沙的报告。那时，沙尘暴经常发生并且十分严重。框图10−1描述了20世纪初发生的一次沙尘暴情况。

框图10−1 大沙尘暴

1902年，澳大利亚东部的旱灾是最令人震惊的。当时强风刮过，尘土飞扬，形成巨大的“沙尘云团。”沙尘暴发生最为严重的一天是1902年10月12日星期三，大的西北飓风卷起沙尘，形成的沙尘暴袭击了3个州。沙尘暴造成维多利亚州、南澳大利亚州与新南威尔士州的西南部地区房屋大面积倒塌、树木连根拔起，损失极其严重。

沙尘暴起源于南澳大利亚州，危害了这个州大部分地区。清晨厚厚的沙尘云团笼罩着阿德莱德（Adelaide），可见度仅为20米。

在维多利亚和新南威尔士的Riverina区，飓风与沙尘从早晨开始刮起，不断在恶化。红棕色沙尘布满天空，温度升高到38℃。中午沙尘暴风线越过维多利亚北部进入Riverina区，城镇接连被突发的沙尘暴袭击，并且十分严重，以至于刮过的城镇有5～20分钟时间白天漆黑一片。沙尘暴刮倒了维多利亚西部的电线杆。政府花了几天时间才维修好从墨尔本（Melbourne） 到阿德莱德（Adelaide）之间的电线杆。

沙尘暴阻挡了从季隆（Geelong）到Portarlington的邮车，由于马和人的恐慌而停运20分钟；沙尘暴停止，Kerang与Swan之间的铁路路基积沙30厘米深，为了火车通行，不得不用几天时间来清理这些沙子。

在一些城镇里，还发生了火灾。在维多利亚中心的Boort，随着火花飞溅到地面，围场和街区发生了大火。在Chiltern和Deniliquin，大部分建筑物也发生了火灾。

可能的解释是沙粒的快速移动产生了静电，点燃了沙尘里的有机物，这一过程十分可怕。沙尘暴笼罩着的天空，火光四起，增加了人们的恐怖感。

四、澳大利亚政治与体制结构

澳大利亚与中国不同，是一个有多个自治州的联邦国家。州政府授予联邦政府的权力是负责外交与国防。

因为每个州都有选举权，所以联邦政府要采用综合生态系统管理方法就必须经过每一个州的同意，这样就加大了实施综合生态系统管理方法的难度。但是，各州已认识到了环境问题的严重性，并且每一个州都愿意与相邻的州和联邦政府合作、共同解决环境问题。

墨累−达令河（MDB）流域管理是一个土地与水资源管理的例子。流域包括了4个州，面积占国土面积的1/6（Hannam，2005）。这一地区是澳大利亚农业与畜牧业产品主要出口创收地区（图10−2）。

现在，澳大利亚农业和畜牧业是与最严重的环境问题（比如，各种类型的土地退化）关系密切的两大产业。物理性的环境问题有2大类：第一类是表现十分明显的物理和化学过程，如风蚀、水蚀、土壤盐碱化和灌溉盐碱化。这一类的特点是具有明显的外部变化与退化的特征，并且人们很容易发现这类问题。

第二类是指在土壤和动植物生物种群里，发生微弱的、很难发现的问题。土壤结构的破坏和有机物质的丧失，这两种过程严重地降低农田的生产力和危害各种类型土壤的稳定性（抗侵蚀能

图 10–2　墨累－达令河流域地图

力）。土地退化降低土壤持水能力，减缓农作物生长，减少农作物生产量。同时，土壤有机物降低导致肥力下降和生物活动量减少。第二种类型的环境问题也包括在农田和草场进行大量施肥，而造成土壤酸化问题。

随着农业从拓荒开始发展到现在，农业产业经济发生了较大的变化。这种变化可划分为3个阶段：

(1) 定居与生存；

(2) 定居与开发；

(3) 定居与可持续性。

尽管这3个阶段的分界线比较模糊，但是由于环境不同，各阶段追求的目标和工作的态度也会发生变化。首先是与自然作斗争，然后是开发适宜可行的扩大生产、提高产量。人们逐渐认识到了如果不加大农业实践技术的改革力度，那么农业产业化就不会有美好的明天（Wilson，1988）。当代农业产业化面临的挑战是在保持农牧产品出口创汇同时，探索出保护环境的新路子。并同时维持出口利润。换言之，可持续农业生产必须发展成为一个既能增加产量、又能保持土壤、水和空气质量的良性循环系统。

最适宜的发展是什么主要取决于我们想为后代做什么。因此，保护环境、稳定生活质量与创造更多的物质财富是经济学与生态学共同追求的目标。许多专家学者（Daly and Cobb，1989）对环境经济学已经进行了全面论述。一个根本的原则就是综合方法的思想。

综合性的真正意义在于它整合了多个好理念。综合系统是一个比所有的子系统简单累加之和复杂得多的系统。它包含了组成要素之间的相互作用。综合系统要求更好的管理、更多的决策和复杂的分析（Squires，1991）。

20世纪30年代以来，各州政府分别采取了预防和控制土地退化的措施。虽然各州采取的措施不一样，但是总的措施包括：

（1）制定法律法规；

（2）建立水土保持机构；

（3）促进研究和推广技术；

（4）改革土地使用权；

（5）公共意识与环境教育。

然而，这些措施是部门内的行动。后来，州政府认识到解决复杂的环境问题需要跨部门的合作。

从20世纪80年代后期开始，国家制定并实施了一系列解决环境问题的政策。在建立起来的一系列发展经济、保护环境的政策措施和概念中，综合生态系统管理是最新的。1992年联合国环境与发展大会后，联邦政府加大了生态环境保护工作的力度，制定并采取了一系列的政策与措施。澳大利亚第一次提出生态可持续发展的理念。

五、生态可持续发展的起源与发展简史

可持续发展（SD）的概念出现在20世纪70～80年代。出现的主要原因是人们逐渐开始关心无限制的经济增长与发展对环境造成的严重影响。《布伦特兰德（Brundtland）报告》定义的可持续发展概念被应用的最为广泛。布伦特兰德的定义是："可持续发展是这样一种状态，既满足当代人的需求，同时又不破坏后代人满足其需要的能力"。

直到20世纪90年代，澳大利亚才开始逐步在行业范围内引入生态可持续发展的理念。当时，应用这种理念遇到了许多问题。1989年。澳大利亚第一次把生态可持续发展正式列入到国家政府决策体制可持续发展的行动计划中。

成立了由基层社区、保护组织、科研工作者、贸易团体、联邦政府和州政府的代表组成的9个工作组，负责在9个对环境影响比较大的行业内推动实施生态可持续发展进程。

这9个行业是：

（1）农业；

（2）林业；

（3）渔业；

（4）矿业；

（5）能源生产业；

（6）能源利用业；

（7）加工业；

（8）旅游业；

（9）交通业。

1991年，工作组编写出版了最后报告，提出了600多条建议。框图10-2列选了给农业部门提出建议中的一部分。

框图 10-2　农业工作组实施生态可持续发展的主要建议

1．国家与州政府支持农业生态可持续发展：

(1) 土地管理采取环境保护和经济学原则相结合；

(2) 发展社区互助组织；

(3) 制定综合农业规划

2．倡导综合流域管理，进一步协调所有州土地管理项目；项目重点是制定包括环境、经济与社会目标在内的整个流域的战略与参与性行动规划

3．进一步修订可能破坏环境的大面积商业性农业项目的咨询与批准程序；提高国家和州批准项目的效率与一致性

4．拓展自助组织概念，使它们能够覆盖自然资源管理的各个方面；给这些组织提供技术援助，为它们寻找资金渠道；协调正在实施的项目，努力共同实现可持续发展目标

5．建立有利于环境保护的水价格系统，允许用户之间和州之间进行水买卖。政府分配水资源时要考虑环境需求；修订分配水系统，使用户有更多的自主权，以提高水分的利用率；建立预防农业生产污染水的指导方针

6．不同层面的培训班都要讲述生态可持续发展的课程；同时把生态可持续发展原理与教师培训结合起来；需要政府为生态可持续发展培训课程提供额外的经济援助

7．地方政府支付社团组织的活动费用

8．在生态可持续发展中，开展多学科项目的研究工作；同时把土地使用者的观点应用到研究规划的制定与实施中

9．政府支持的所有农业和土地管理部门都要确保在它们的目标中体现生态可持续发展的原则

10．在发生紧急情况时，主要资源部门（农业委员会、土地保护委员会、水资源委员会和环境保护委员会）应当联合行动；联合行动的目的是确保实施农业与土地资源政策的一致性

11．政府每5年出版一份农业与土地管理的生态可持续发展成就评估报告；建立环境与经济的国家监测体系，以便对资源与生产力的变化情况进行评估

1992年，为了把生态可持续发展纳入到各级政府部门实施管理工作的进程，澳大利亚联邦政府制定了“生态可持续发展国家战略”。澳大利亚各级政府遵循的这一战略有利地推动了在全国范围内开展可持续发展的工作议程。

六、土地退化防治工作回顾

澳大利亚大部分土地退化问题都发生在私有土地上，因此该问题的解决需要土地使用者与各级政府共同努力。

政府除了要求土地使用者不允许耕地变成裸露的荒地外，对管理土地的其他方面则通常没有法规约束，仅仅是通过教育手段和采取合作行动促进土地管理。在土地管理工作中，澳大利亚在提高公众意识及其后续行动方面取得了很大的成绩。

评价“关爱土地”运动（框图 10-3）效果的方法是，考察在创建能够提高土地使用者改善土地利用措施的能力的良好社会环境中，“关爱土地”团体组织（网络）所起的作用。对“关爱土地”运动的评价，认为它为了创造和增加社会财富贡献了很大的力量，并且也为人们创造了解社会文化变革的机会（CARY 和 WEBB，2000，CARR，2000，GILL，2004）。

综合生态系统管理有效地把“关爱土地”运动与制定土地利用决策工作结合起来，为实现经济与环境的协调发展奠定了良好的基础。综合生态系统管理要求管理行为不仅要以科学、发展与

框图 10-3 “关爱土地”运动

在澳大利亚，“关爱土地”运动为土地所有者、土地管理者、私人企业、各级政府部门搭建起了合作沟通的桥梁。这项运动把提高自然资源管理的可持续性作为工作的努力方向。“关爱土地”组织是独立的和自治的。“关爱土地”组织是一个自愿参加的运动组织，全国大约有4000多个小组（Roberts，1992），目的是提高自然资源管理水平。“关爱土地”运动在澳大利亚乡村广为开展，农民中的40%参加；他们经营管理着60%的土地和70%的国家水资源。“关爱土地”运动为管理公有与私有土地提供了一个综合的自下而上的方法。

“关爱土地”运动被解释为：

（1）一个推广项目的工作组织；

（2）加强组织的意识；

（3）当地人讨论、学习和解决公众关心问题的评台；

（4）致力于提高土地管理水平的土地使用者舞台；

（5）解决农村社会焦点问题；

（6）改变文化形式的方法（Campbell，1995）

经济理论为基础，而且还要依靠所有“利益相关者”的积极参与。

自然界提供的生态系统服务功能要求人类通过执行严格保护的措施与控制收获量的管理手段，保证生态系统能够可持续发挥其服务作用。为了从生态系统中得到服务，人类需要对一些生态系统实施禁用战略；对另一些生态系统（轮作农业、林业等）要改变经营管理模式，使其与环境建设协调发展。

在澳大利亚，有许多社会团体与私人企业投资支持在流域管理中应用综合生态系统管理方法；另外还有政府间合作伙伴项目与私人企业及大型团体间合作项目的参与。执行这些措施的动机是长期提高自然资源的管理水平。然而，对于当地社区团体、地方政府组织部门与私人企业而言，把综合生态系统管理理论落实到实践中一直面临着很大的挑战。

在澳大利亚和其他国家，实践综合生态系统管理仍然缺乏成功的例子与经验。好在已有许多好的关键技术，可以提高成功的速度。

七、成功实施综合生态系统管理的指南

1．影响实施综合生态系统管理的要素

首先确定综合生态系统管理期望要做的事项：

（1）成为一个有影响的过程；

（2）满足社区需求；

（3）建立起政府、私人企业与社会团体之间的合作伙伴关系；

（4）确保立法具有代表性；

（5）为协调工作、网络与开展适宜社会价值的保护活动提供了社区讨论的平台；

（6）在“利益相关者”之间，建立起相互信任、有效合作的氛围；

（7）创造公平环境（透明）；

（8）为国家与州层面提供有影响力的发言权。

2．综合生态系统管理的规划和实施

在这里要强调的是，制定综合生态系统管理实施的指导方针，以及考虑影响成功的因素。这些是以在澳大利亚实施综合生态系统管理的经验为基础而提出的。实施步骤：

（1）描述问题的特点；

（2）评估自然资源管理问题的外延和相关性；

（3）评估实施建议行动的基本假设；

（4）评估建议行动实施的内容；

（5）选择指标；

（6）方法选择与应用；

（7）监测产出；

（8）分析产出；

（9）总结与评估；

（10）宣传与信息共享。

无论在澳大利亚、中国，还是世界其他地区，为所有“利益相关者”提供充分的咨询服务，都有利于成功实现预防和控制土地退化的目标。

八、综合生态系统管理的要素

综合生态系统管理包含许多要素。重要的是监测和评价结果要反馈如图10–3所示的循环过程中。

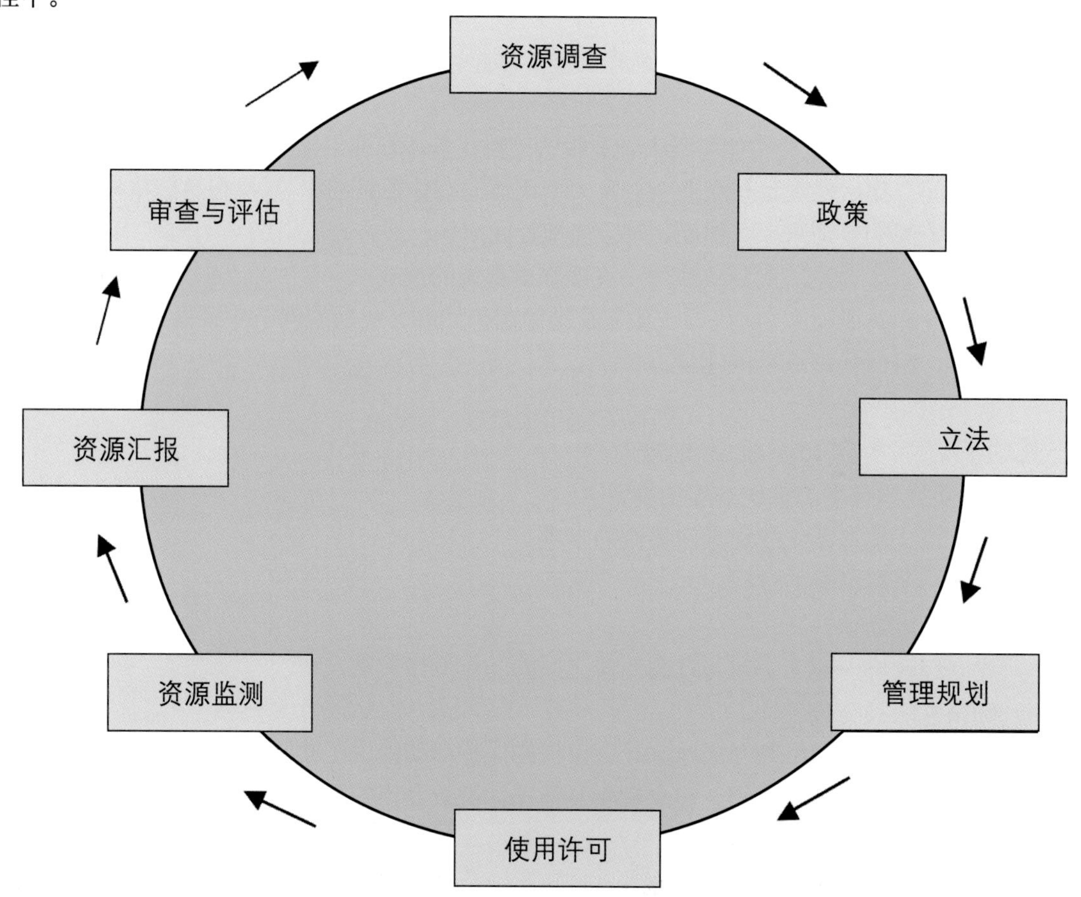

图10–3　综合生态系统管理在监督评价体系里是一个复杂过程，有助于采取适应立法和政策的措施

九、澳大利亚实施综合生态系统管理的经验教训

(1) 需要提高解决问题的意识与了解综合生态系统管理的程序；

(2) 建立地方关系；

(3) 建立支撑体制；

(4) 在“利益相关者”之间建立法规；

(5) 扩大影响，并开展行动；

(6) 实施过程的增益与一致性；

(7) 在制定发展规划中，发挥综合生态系统管理的影响作用；

(8) 与社区团体紧密合作，努力实施行动方案；

(9) 与社区团体有效交流，共商发展。(框图 10—4)

框图 10—4 综合生态系统管理研究案例——Goulburn Broken 流域管理授权程序

Goulburn Broken 流域是澳大利亚南部维多利亚州的城市一个行政授权区域，是澳大利亚实施综合生态系统管理规划最重要的农业区之一。区域内环境问题多，而且复杂。不仅包括盐碱化、土壤肥力降低、生产力、水质等技术问题，而且也包括经济问题。

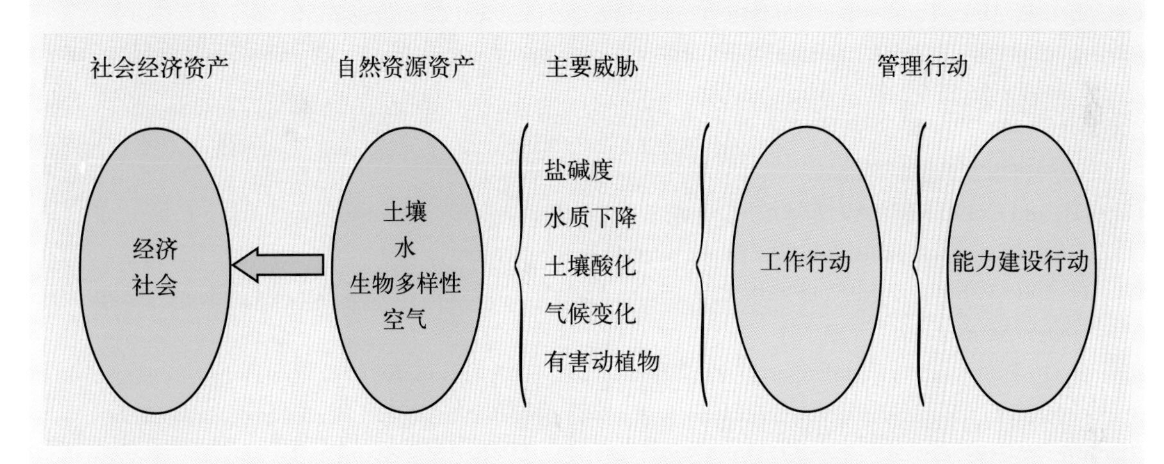

成功的关键是定期召开“利益相关者”会议，聆听社区参与组织（非技术意见）、土地使用者与不同政府部门专家的建议。一旦同意大家的意见，就要进入土地利用规划阶段，然后采取像恢复植被一样的技术措施，解决流域环境问题。能力建设是最重要的组成部分。

Web Link:http://gbcma.vic.gov.au/

十、对中国防治土地退化的启示

(1) 在澳大利亚的许多例子列举了如何协调土地利用者（乡村社区）与各州政府及联邦政府之间合作的关系。

(2) 澳大利亚在创造一个良好能力环境、从立法及法规框架上支持社区团体工作、鼓励各行业与私人企业与“利益相关者”积极参与制定生态可持续发展决策等方面积累了多年的宝贵经验。

(3) 奖励机制（而不是惩罚）是鼓励社区参与的最好方法。公众意识提高、基层组织参与、公共监察对实现可持续发展都很重要。

(4) 综合生态系统管理的实施难度很大，需要一个能力建设阶段，以确保政府官员、地方领导和土地使用者熟悉它的原则与措施。

十一、结论

现在，人们越来越意识到了保持生态整体性的重要性（包括生物多样性和环境产品与服务的持续提供）。这种意识促使人们又对政府在建立综合的、有效的预防与控制土地退化方法的工作中如何协调与土地使用者和其他“利益相关者” 之间合作的关系有了新的认识。

广泛咨询地方与土地使用者（农民、牧民与乡村居住者）之间伙伴关系，以及依靠有效的监测与评估方法建立的反馈循环合作系统是十分重要的。澳大利亚存在的严重环境问题是显而易见的（如沙尘暴、流沙、大面积的土壤侵蚀、物种多样性的降低）。这类问题的大多数已经被解决或已经解决得差不多了，但是其他小的问题仍然存在（土壤酸化、结构降低等）。因为已经建立起了良好的法律法规环境，所以有信心解决这些问题。综合生态系统管理的一个重要突破口是对整个地貌景观进行全面管理（Ludwing， et.al，1997）。

中国从澳大利亚的实践中可以吸取大量的经验教训。这些经验教训有利于中国解决土地退化、贫穷问题，进一步加强保护生物多样性与缓解气候变化。

参考文献

Bolton.G.1981. *Spoils and spoilers - Australians make their environment 1788-1980*. Allen and Unwin, Sydney.

Campbell, A. 1995. Facilitating Landcare: conceptual and practical dilemmas *Rural Society* 5:13-19

Cary, J. and Webb.T. 2000. Landcare in Australia: community participation and management. *J Soil & Water Conserv*. 56:274-278

Cocks, D. 1992. *Use with Care*: *Managing Australia's Natural Resources in the Twenty-first Century*. University of NSW Press, Sydney.

Daly, H. and Cobb, J.B.1989. *For the Common Good*: *Redirecting the Economic Toward Community, the Environment and a Sustainable Future*. Beacon Press, Boston

Gill, N. 2004.Politics within and without - origins and development of rangelands Landcare group. *Aust. Geogr. Studies*: 42(2):135-151

Ludwig, J., Tongway,D., Freudenberger, D., Noble, J. and Hodgkinson, K. 1997. *Landscape Ecology, Functions and Management*: *Principles from Australia's rangelands* CSIRO Publishing, Melbourne

Ratcliffe, F. 1938. *Flying Fox and Drifting Sand*. Angus and Robertson, Sydney

Reeve,I. 1978. *A Squandered Land*: *200 years of land degradation in Australia*. In: Proceedings Engineering 1978, Toowoomba 29-31 August 1978. The Institution of Engineers, Australia

Roberts, B.R. 1992. *Land Care Manual* University of NSW, Sydney

1995 *The Quest for Sustainable Agriculture and Land Use*. University of NSW Press, Sydney. 245 p.

Squires, V.R. 1991 A systems approach to agriculture. In: V.Squires and P.Tow (eds) *Dryland Farming*: *a Systems Approach*. Oxford University Press, Sydney. pp.4-15

Wilson, J. 1988. *Changing agriculture: an introduction to systems thinking*. Kangaroo Press, Kenthurst

11 加拿大三个草原省防治土地退化的经验

[1] B. Kirychuk and [2] Wang Sen

摘要

20世纪30年代发生在美国大草原的沙尘暴同样也严重影响了加拿大3个大草原省（艾伯塔省、萨斯喀彻温省、马尼托巴省）。加拿大联邦政府为了阻止沙尘暴的发生，成立了大草原地区农场复垦管理局，主要任务是实施生态项目，制定措施，防治与控制土地退化现象发生。这篇文章有两个目的：

（1）描述加拿大3个大草原省的基本情况，回顾土地退化造成的影响；

（2）回顾过去几十年来联邦政府为了防治土地退化所实施的项目与采取的对策。

要点

1．土地退化和土地干旱给大草原地区的经济发展、居民生活以及生态系统的整体性等造成了严重危害。

2．20世纪30年代发生的沙尘暴使一些地区的表层土被“一扫而光”—每公顷大约流失2000吨表土，致使3个大草原省几乎20%的良田受到风沙的侵蚀。

3．20世纪30年代的严重沙尘暴和土地干旱后，人们开始反思加拿大西部地区农业的发展。为了解决严重的生态问题，挽救大草原3省避免成为风蚀肆虐的荒漠化地区，联邦政府大规模地采取了一系列措施。沙尘暴促使人们积极主动地思考和认识干旱问题的发生，激发联邦政府建立土壤保护的组织机构。

4．新成立了一个组织机构——大草原地区农场复垦管理局（PFRA）。最初的任务是控制水土流失，但后来很快就扩大了任务范围。大草原地区农场复垦管理局为防治大规模的土地退化提供所需要的设备、制定支持的政策以及其他职能，如与经营部门建立伙伴关系等。

一、概述

加拿大艾伯塔省、萨斯喀彻温省、马尼托巴省被称为加拿大草原3省。3省的土地面积为1.96亿公顷，占国土面积的19.6%。加拿大大草原位于沿着北美大平原北缘与落基山脉延伸到红河流域形成的一个大半圆圈内。尽管加拿大没有真正的沙漠，但是这个国家的大部分土地处在世界干旱、半干旱地带(Thomas，1997)，并且地形、地貌千变万化。在19世纪末，人类为了生存和农业生产，开始开发大草原地区，落后的耕作方式破坏了土壤结构，造成了土地退化。产生的后果是，沙尘暴和土地干旱给大草原地区的经济发展、居民生活以及完整的生态系统体系等造成了严重危害。风蚀造成土壤流失每年至少1.61亿吨，大草原3个省的农牧民经济损失每年超过2.49亿加元。

---

[1] 加拿大农业与粮食部大草原地区农场复垦管理局，1800 Hamilton St. Regina, Sask. S4P 4L2 Canada
E-mail：kirychuckb@agr.gc.ca

[2] 加拿大林务局林业研究中心，506 Burnside Road, Victoria B.C. Canada
E-mail：senwang@pfc.forestry.ca

二、遏制土地退化：项目与规划

20世纪30年代沙尘暴给加拿大造成的严重影响，促使联邦政府为了保护国土生态安全，创建成立大草原地区农场复垦管理局。职责是规划、实施水土保持的项目。面临20世纪80年代的严重干旱，加拿大政府又先后启动了多项控制水土流失的工程项目。经历20世纪30年代的严重沙尘暴和土地干旱后，人们开始重新认识加拿大西部地区农业的发展。为了解决严重的生态问题，为了挽救大草原3省避免成为风蚀肆虐的荒漠化地区，联邦政府大规模地采取了一系列措施。最著名的措施是成立了一个组织机构——大草原地区农场复垦管理局（PFRA）。

如果说20世纪30年代的沙尘暴促使人们积极主动地思考和认识干旱问题的发生、激发联邦政府建立保护国土生态安全的组织机构，那么大草原地区农场复垦管理局的成立就是加拿大在防治土地退化中取得的最大成绩。为了解决20世纪30年代频繁发生沙尘暴、土地干旱和弃耕的生态问题，加拿大国会1935年制定一项法规，成立大草原地区农场复垦管理局。最初成立目的比较单一，只是为了防治水土流失；但是后来，职责范围迅速扩大为："保障艾伯塔省、萨斯喀彻温省、马尼托巴省干旱地区与受沙尘暴影响地区的复垦"。为了确保3省经济的快速发展，要求3省开发建立农业生产体系，开展植树造林、涵养水源、综合有效利用土地资源等项活动（Vaisey et al.，1996）。大草原地区农场复垦管理局不仅是一个组织领导机构，同时也负责解决处理沙尘暴所产生的问题，并为开展防治土地退化工作组织人力和提供设备。

在防治土地退化方面，政府的其他组织部门同样也发挥了重要作用。在联邦政府大草原地区农场复垦管理局组织机构下，省级的大草原地区农业复垦管理组织机构也相应成立。这些地方部门的成立为进一步开展农民教育与知识推广工作起到了重要作用，同时，又能促使他们接纳吸收管理土地的新理念与耕种的新方法。项目信息传递组织部门通过田间示范、出版实际数据表和指导手册，以及开展研讨会和举办培训班向土地使用者提供知识与信息，有时，还为土地使用者提供技术咨询服务。

虽然，土地退化与干旱给加拿大大草原地区农业和农牧民生活的带来了负面影响，但是从积极的方面考虑，它们还有正面影响。例如，正是20世纪30年代的沙尘暴，才促使加拿大国会同意投入巨额资金启动控制水土流失与防治沙尘暴等多项生态工程项目。

自从20世纪30年代，联邦政府和省级政府先后启动了多项生态工程项目。大草原地区农场复垦管理局组织实施了这些项目，同时在其他方面又开展了大量工作（框图11-1）。非政府组织(NGOs)与其他企业集团（包括个人）也为此做出了巨大贡献。在过去的10年里，新哲学思想——可持续农业已经成为当今社会的主流思想。这种思想为综合分析农业生产活动给环境、经济与社会带来的效果奠定了概念框架。大草原地区农场复垦管理局的发展历程与成就见框图11-1。

框图11-1　大草原地区农场复垦管理局的发展历程与成就

1．大草原地区农场复垦管理局历史简介

为了解决20世纪30年代频繁发生沙尘暴、土地干旱和弃耕的生态问题，加拿大国会1935 年制定一项法规，成立大草原地区农场复垦管理局。它的作用是"保障艾伯塔省、萨斯喀彻温省、马尼托巴省干旱地区与受沙尘暴影响地区的复垦。为了确保3省经济的安全快速发展，要求3省开发建立农业生产体系，开展植树造林、涵养水源、综合有效利用土地资源等项活动。"

为了完成这一使命，60多年来，大草原地区农场复垦管理局一直致力于推进大草原地区农业的可持续发展工作。

2．大草原地区农场复垦管理局大事记

1935年4月17日，联邦政府同意通过大草原地区农场复垦管理局的实施法案，授权管理年限为5年。主要负责管理控制水土流失项目的资金以及执行实施项目活动。同时，组织起来的农业促进协会也开始示范新的耕作方式。

1937年，大草原地区农场复垦管理局的修正法案中增加了土地开发与利用条款。同年，启动了社区牧场项目，16个社区牧场于12月开始围栏种草，并在1938年开始放牧。

1939年，联邦政府授权大草原地区农场复垦管理局管理权限由原来的5年延长无限期。

1946年，控制水土流失的预算资金从大草原地区农场复垦管理局划拨出来，重点投向水利与牧场开发建设项目上。

1961年，通过了农业复垦与建设法案（ARDA），大草原地区农场复垦管理局帮助联邦政府在西部地区实施这一法案，并提供相应的技术支持。

1968年7月12日，大草原地区农场复垦管理局从农业部分出，隶属林业与乡村部管理。

1969年，大草原地区农场复垦管理局成为新成立的地区经济发展部的直属单位。

1975年，成立40周年。

1981年，水土保持研究人员开始研究土地退化与水土流失。

1983年3月3日，大草原地区农场复垦管理局又重新划归农业部管理；同时发布了《加拿大大草原土地退化与水土保持问题》的报告。联邦政府与各省官员开始讨论水土流失问题，制定联合开展水土保持工作的多方战略。

1984年，大草原地区农场复垦管理局与联邦省府共同组织、实施、管理“大草原地区牲畜抗旱项目”。地方政府官员开始聘请水土保持专家。

1985年，成立50周年。

1987年，国家水土保持项目在12月份开始启动。

1989年，联邦政府和省级政府签订了《国家水土保持项目协议》，进一步扩大了国家水土保持项目的实施范围。

1991年，联邦政府与省级政府签订了《绿色规划协议》(Green Plan Agreements)，促进健康、环保型耕作方式的广泛应用。大草原地区农场复垦管理局帮助管理大草原地区的项目。

1992年，大草原地区农场复垦管理局建立了用以管理地理数据的“地理信息系统”。

1993年，大草原地区农场复垦管理局积极资助越来越多的集团和社区的水利项目。

1997年，启动实施国家水土保持项目。

1998年，大草原地区农场复垦管理局设立大草原地区农业地貌（PAL）项目，主要研究大草原土地资源及其支撑农业生产和加工的能力。

2000年10月，发布了大草原地区农业地貌项目（PAL）报告。

2001年，根据“加拿大2000年气候变化的行动规划”，防护林中心启动了两个新项目——农业共识伙伴关系项目和加强防护林建设项目，目的是提高防护林效益、减少温室气体的排放。

2004年，作为农业政策框架的一部分，启动了关于农场环境(农场工作和绿色植被)规划的新项目。

资料来源：大草原地区农场复垦管理局简史，加拿大农业及粮食部网页：http://aceis.agr.ca/pfra/pfhiste.htm

三、方法与实践

1. 利益经营法

利益经营法（BMP）被定义为具有以下主要特征的任何农业管理经营方法：

(1) 通过保持和改良土壤、水和空气质量以及生物多样性来消除或减轻它们对环境的负面影响和危害。

(2) 确保用于农业生产的土地及相关资源的长期健康和可持续性。

(3) 实用的、而且不会对农业的生产者以及其他经营者的长期经济活力产生不良影响的各种措施。

随着近代历史上的技术进步、研究成果的显著增加以及生产者文化水平的提高，加拿大各地均加快了开发和使用高效农业经营方法的步伐。同时，整个社会更加认识环境问题并对其的关心程度日益增加，而且还为实施农业利益经营方法给予了更多的关注和支持。

同时，人们越来越意识到在一定条件下需要政府提供经济和技术支持来帮助生产者实施利益经营方法。这些条件包括：

(1) 实施利益经营方法为社会创造净效益。

(2) 实施利益经营方法在短期内需要有大量资金投入。

(3) 最初实施利益经营方法可能会暂时减少农民收入。

2. 夏季休耕法与其衰落

"夏季休耕法"(在生长季节里，不种任何作物) 曾被认为是保持土壤水分的一种方法，而研究结果表明，这种方法是造成土壤侵蚀增加、有机质减少、盐碱化风险高的一个关键因素。近年来，休耕的面积大幅度减少 (自20世纪70年代以来减少了50%以上)。在很大程度上，公认为"保护性休耕"的新技术已被广泛地应用。较为流行的一种被称之为"化学休耕法"，它使用除草剂来控制杂草。其他的方法有"零耕法"，或称为"免耕法"。农作物残茬处理技术的提高也大大降低了农耕地水土流失的风险。

3. 边际耕地向多年生牧草转变

3个草原省在殖民时期，由于政策和经济发展的原因，当时鼓励小面积种植农作物。这就导致了错误地开发了那些表土层薄、质量差的土地 (即边际耕地)。无论在经济上还是在环境上，最近研究发现表明这些土地的开发是不遵循可持续发展理论的。证据是加拿大大草原地区在20世纪80年代又经历的一次新的大干旱，而且也对全球环境变化产生了新的波动。为了迎接这些挑战，联邦政府先后启动了多项生态环境保护项目。这些项目与其他项目以及先进的农业耕作方式相结合、共同发挥作用，阻止了大干旱现象蔓延的趋势。"永久覆盖与绿色植被覆盖"项目就是这些项目中的一个特例，实施的目的是降低已被错误地开发的，易发生土地退化的边际耕地上的水土流失。"(Vaisey et al., 1996)

4. 营造防护林

营造防护林长期以来一直被认为是降低加拿大草原3省发生水土流失问题的有效措施。防护林带网包括国家防护林带与农场防护林。乔木与灌木具有较强的水土保持能力。国家的近期目标是把乔木与灌木放在农业生产体系中进行综合考虑，实现农林网一体化建设。加拿大农业与粮食部与大草原地区农场复垦管理局的防护林中心通过开展农林复合系统的研究、先进林业技术的推广以及向大草原农民推荐适地苗木等工作，提高农林复合系统的环境和经济效益。

5. 加固河岸

为了保护牲畜、野生动物、人与灌溉用水资源，以及河岸分散区域的生态健康，首要任务是加强土壤保护和采取有效管理河岸的措施。实施保护这些有价值河岸地区生态系统的措施很多：

(1) 重建恢复植被；

(2) 围栏管理放牧；

(3) 建立区域外灌溉系统；

(4) 营建多年生植被缓冲区等。

在过去的几年中，通过不同程度的宣传与应用，这些措施在实践中得到了完善，同时联邦政府、省级政府以及非政府组织在多种项目实施中大力支持采用这些方法。

6．牧场管理

在过去的30～40年中，牧场管理有了很大的进步。最初，在放牧季节，牲畜被放在同一个牧场进行放养。而今天，牲畜被有计划地放在多个围栏内轮流放养。这种管理牧场的方法是把人工牧场与天然牧场相结合，不仅要考虑牲畜的产量，而且还要关心生态健康、野生动物以及河岸管理等问题。发生这种变化的原因归功于农民能够获得更多的信息，且在他们的生产体系中能够看到环境状况良好的牧场和丰厚的饲草料。最初有项目支持他们在耕地上建立起实施放牧的体制，但是现在，实施的项目更注重于帮助生产者实施总体规划。

7．养分管理

目前，人们最关心的问题是养分管理问题。牲畜与农作物养分管理是农业政策中的重点，也是农业管理工作中的主要事项。当今，研究和推广的重点是以可持续发展的理念经营管理牲畜，确保牲畜粪便不污染水域，作为肥料安全返回农耕地。在农作物生产中，尽管化肥与无机肥对农作物生长十分有效，但是防止肥料有害物不渗入地下也是十分重要的。农民给农作物施化肥与无机肥投入成本很高，所以他们必须进行经济效益分析，认真仔细控制资金投入量。农民可以参考经过对不同条件下精确施肥量与施肥方法的成果，依据农耕地环境确定准确的施肥量以及采取正确的施肥方法。虽然各级政府都有不同形式的管理养分的立法规定，并且还有一些项目支持农民采用与实施这些规定，但是最主要的措施还是要进行科学研究和深入推广新技术。

参考文献

Agriculture and Agri-Food Canada. 2005. National Farm Stewardship Program, Beneficial Management Practices Paper.

Busby, F. E. 2005. The 1930s Dust Bowl of the Great Plains, USA (this volume)

Hilliard, C. Reedyk. S. 2000 Agricultural Best Management Practices, Regina Prairie Farm Rehabilitation Administration, Agriculture and Agri-Food Canada.

Vasey, J.S., Weins, T.W. and Wettlaufer, R.J. 1996 The Permanent Cover Programme - is Twice enough? *Soil and Water conservation Policies successes and Failures*. Papers presented at a conference held in Prague, Czech Republic. September 17, 17020 1996

Wang Sen 2002. Fighting dust storms: the case of Canada's Prairie Region. In: Yang,Y. Squires, V. and Lu, Q (eds) Global Alarm: Dust and Sandstorms from the World's Drylands. UN, Beijing pp. 77-107

Thomas, D.S.G. 1997 (ed). *Arid zone Geomorphology - Process, form and Change in Drylands*. Second edition, Chichester, John Wiley & Sons

第四篇

国际防治土地退化的最佳实践

4

12 干旱地区土地退化评估 ——综合生态系统方法的应用案例

[1]C. Licona Manzur, F. Nachtergaele, S. Bunning, P. Koohafkan

摘要

为了实现《联合国防治荒漠化公约》关于提高防治土地退化能力的目标，启动实施了干旱地区土地退化评估项目。该项目的目的是为了获得包括传统知识与现代科学知识在内的最新生态、社会、经济与技术信息，指导干旱地区制定综合的与多部门合作的管理规划。本文详细阐述了干旱地区土地退化评估项目，列举了干旱地区土地退化评估方法与综合生态系统管理方法的关系，指出了干旱地区土地退化评估的原则、方法及其取得的成绩。

要点

1．干旱地区土地退化评估7步法是在综合多种国际流行的土地退化评估方法、吸收一些国家的经验基础上创建的。这种方法综合了生物物理学和社会经济学中研究土地退化的内容，认为社会经济问题也是土地退化的推动力。该评估方法论还认为地方土地退化评估工作应当利用现行制度，关注干旱地区生态系统的产品结构和生态服务，与土地所有者一起探索出能及时监测土地退化的标准化方法。这种方法还认为人类是大多数生态系统整体的一部分，强调了要及时发现威胁生物多样性的直接和间接原因，指出了要迅速采取相应政策和管理干预措施。

2．方法论的重要部分是鉴别“热点地区”和“亮点地区”。在干旱地区土地退化评估系统中，“热点地区”是指那些土地退化十分严重、对地区内外造成一定的危害或产生深远影响、需要快速改善或实施保护行动的地区；同时还包括那些土地环境脆弱、易受退化威胁的地区。“亮点地区”包括没有发生严重土地退化灾害的地区，自然条件下或现在实施可持续管理措施下土地生态系统稳定的地区，或经过土地保护行动后已成功恢复或正在恢复的地区；还包括发生过轻微退化的地势较低地区以及过去发生土地退化十分严重但经过治理成功恢复的地区。

3．干旱地区土地退化评估的方法一直处于不断的改进中。这种方法正在不同环境条件下的试验点国家进行试验和案例研究。与完善干旱地区土地退化评估的方法有关的案例研究已经在埃及、肯尼亚、南非、马来西亚、墨西哥和乌兹别克斯坦实施过。试验点国家阿根廷、中国、塞内加尔通过采用干旱区土地退化评估的方法，一直在进行研究实践工作，同时也强化了这3个国家的组织协调能力。

一、概述

干旱地区土地退化评估（LADA）项目的主要目标是在一定的空间与时间范围内创建能评估

[1]联合国粮食及农业组织，农业部土地与植物营养管理局，罗马

与量化自然、区域、环境恶化程度、土地退化对生态系统的影响、河流域、干旱地区碳贮存的工具和方法。项目也是为了提高能够建设、设计与规划防治土地退化措施和建立土地可持续利用与管理方法的国家、区域乃至全球的评价能力。总之，干旱地区土地退化评估为具有发展动力的国家推进《联合国防治荒漠化公约》(UNCCD) 实施全球范围内评估工作的进程、积极开展扶贫工作以及正确解决发展的问题奠定了良好基础。世界粮食峰会、21世纪议程和世界可持续发展峰会分别研讨了如何协调《联合国气候变化框架公约 (UNFCCC)》与食品安全、可持续农业与乡村发展的关系。

二、干旱地区土地退化评估方法原理

土地退化包括生物物理的、社会经济与时空尺度的退化。然而，规划行动与投资控制土地退化是为了提高社会经济水平、保护干旱地区生态系统。因此，建立一个在一定的时间和可变的范围内包括社会经济和生物物质元素的土地退化评估系统是十分必要的 (Reynolds 和 Stafford Smith, 2002)。

当今，在世界上应用了多种土地退化评估方法和技术 (Lantieri and Young, 2001, Van Lynden and Kuhlman, 2002; Mahler, 2003; Nachtergaele, 2003; Ponce-Hemandez, 2002; Sonneveld, 2002; Lantieri, 2003)。大多数评估方法只是评价土地退化的风险，而没有分析土地退化的态势以及造成土地退化的社会经济或者说政治驱动原因。例如，对土壤侵蚀的评价只是说出它的危害的程度 (全球土壤流失方程或变量)，而没有分析与观察土壤受侵蚀的根源。评估地区风险与评价地区受土地退化实际影响程度是截然不同的两件事。

在 2002 年 10 月，召开了干旱地区土地退化评估的技术工作研讨会，会上综合了多种国际流行的土地退化评估方法，吸收了一些国家的经验，探讨开发出了评估干旱地区土地退化的 7 步法。这 7 步法是干旱地区土地退化评估方法论的基础 (图 12-1)。

这种方法综合了生物物理学和社会经济学中研究土地退化的内容，认为社会经济问题是土地

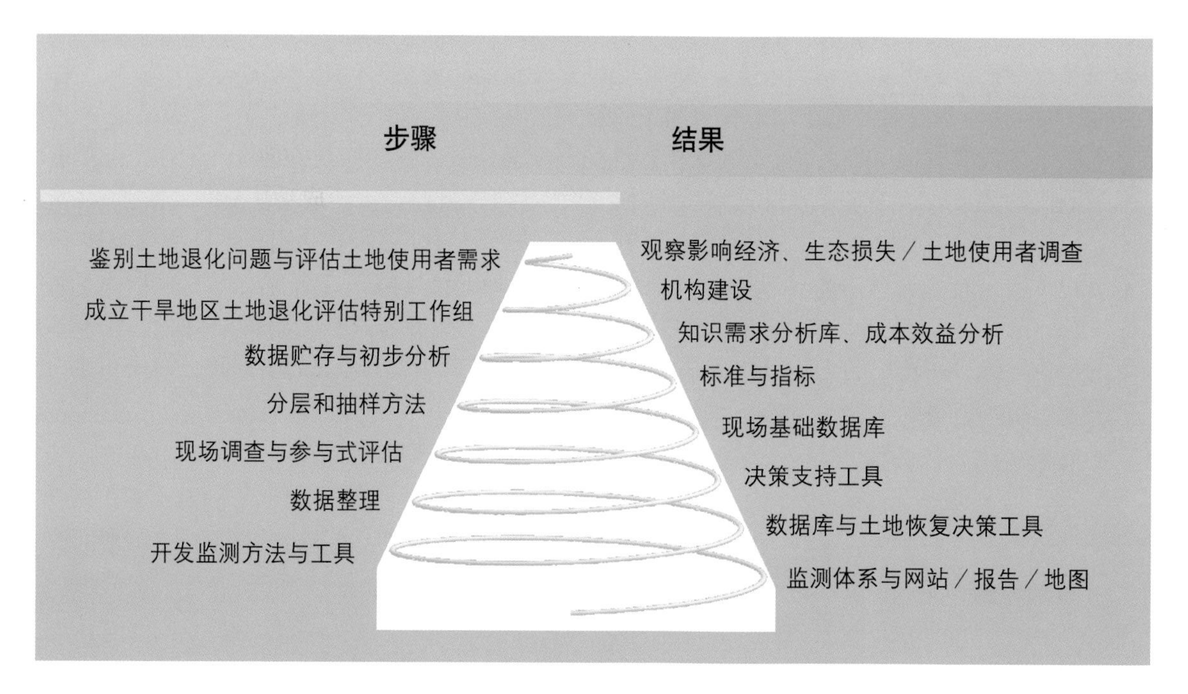

图 12-1 干旱地区土地退化评估方法

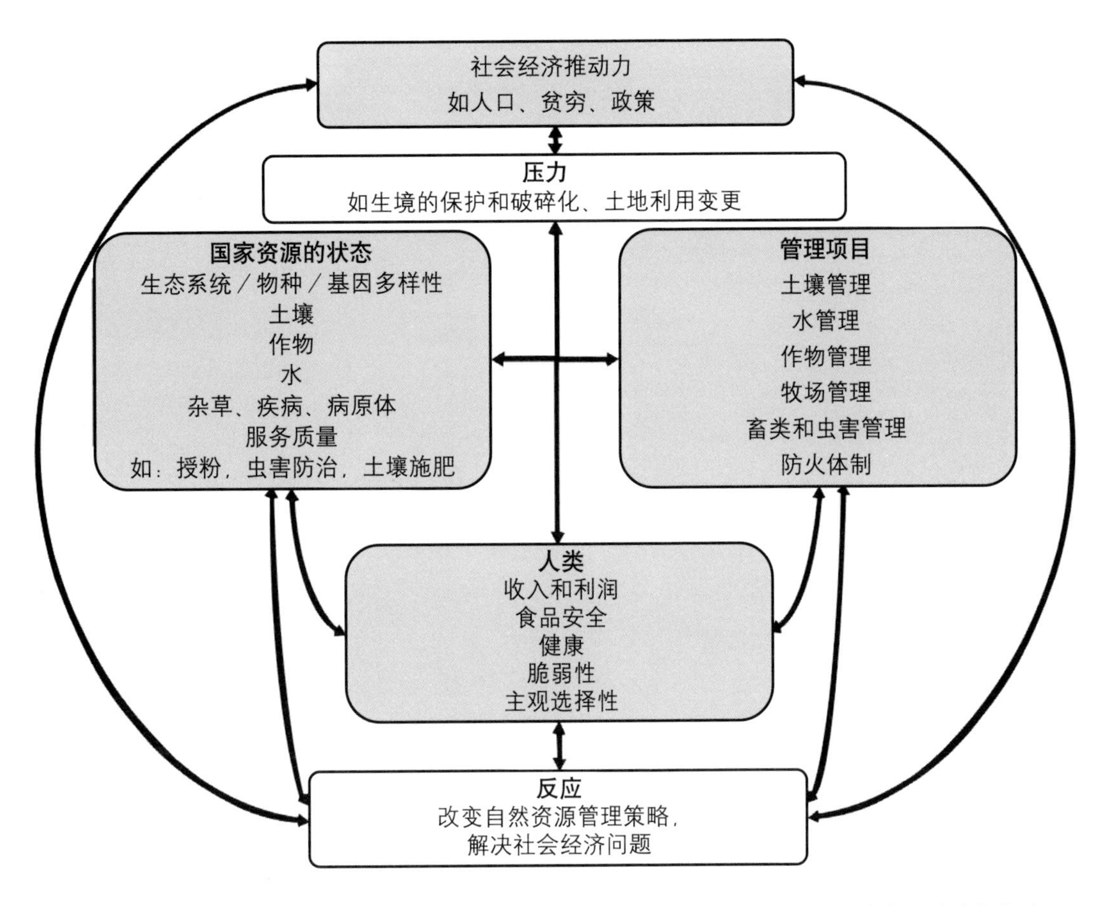

图 12–2　干旱地区土地退化评估的方法基础“动力—压力—状态—影响—反应”框架

退化的推动力。干旱地区土地退化评估方法也提出了本地土地退化评估工作应当利用现行制度，关注干旱地区生态系统的产品结构和生态服务，与土地所有者一起探索出能及时监测土地退化的标准化方法。这种方法还认为人类是大多数生态系统整体的一部分，强调了要及时发现威胁生物多样性的直接和间接原因，指出了要迅速采取政策和管理干预措施。干旱地区土地退化评估把综合生态系统管理方法应用在基层地区、农业生态区(Koohafkan，Antoine，1999)和国家层面上。

干旱地区土地退化评估方法应用了乡村参与式评估法、专家评估法、土地测量法、遥感与地理信息系统技术、模型理论以及其他的当代国内外最新信息处理技术与数据生成技术。

为了更准确地分析了解国际、国家、地区层面上的土地退化过程，干旱地区土地退化评估方法采用了“动力—压力—状态—影响—反应”(DPISR) 框架 (Dumanski，1994)。“动力—压力—状态—影响—反应”框架 (图 12–2) 描述了动力对环境产生压力，而这些压力又引起状态和条件的变化。这些变化又影响着社会经济的政策与生物物质的属性。

在任何指定时间内，建立评价动力、压力和生态系统状态的指标体系是干旱地区土地退化评估方法的一项重要内容。在一个国家确定的指标，在另外一个国家由于环境的不同而不能用，所以把生物物质的指标与社会经济的指标综合起来应用是一项十分困难的工作。在执行干旱地区土地退化评估项目的第一阶段，进行的大量工作就是建立一套通用的指标体系。表 12–1 和表 12–2 列举了应用干旱地区土地退化评估方法第一阶段确定指标的一些例子。不同的国家或地区可依据其自身的需要考虑确定具体的指标。

方法的重要部分是鉴别“热点地区”和“亮点地区”。在干旱地区土地退化评估系统中，“热

表 12–1 干旱地区产品

产品	指标	方法	来源
饲料和家畜	家畜产量 土地条件 植物/生物状况	遥感+调查 SODA+调查 遥感+调查	ILRI, FAO ISRIC, WOCAT Lantieri 2003
粮 食	农作物产量 旱灾 土地利用(投入) 肥力降低 灌溉土地(生产)	DESK/卫星 遥感/卫星 调查/卫星 养分平衡 遥感/卫星	FAO/IIASA FAO, WMO IFPRI, FAO et al FAO, IFPRI FAO/Kassel
薪炭材	薪炭材生产区 木质植物 传统能源利用	遥感+调查 遥感+调查 调查卫星	USGS/JRC2000 IEA
淡 水	水的数量和质量 湿地特征 水体	调查/卫星 卫星/遥感 遥感/调查	FAO Ramsar

注：IRS =遥感
SODA =土壤退化评估
ILRI =国际家畜研究所
FAO =联合国粮食及农业组织
ISRIC =国际土壤参考信息中心
WOCAT =世界水土保持方法与技术协作组织
IIASA =国际应用系统分析协会
WMO =世界气象组织
IFPRI =国际食物政策研究所
USGS =美国地质调查局
JRC =联合研究中心
IEA =国际能源组织
Ramsar =拉姆萨尔湿地公约

点地区”是指那些土地退化十分严重、对区域内外造成一定的危害或产生深远影响、需要快速改善或实施保护行动的地区；同时还包括那些土地环境脆弱、易受退化威胁的地区。“亮点地区”包括没有受到严重土地退化威胁的地区，自然条件下或在实施可持续管理措施后土地生态系统稳定的地区，经过土地保护行动后已成功恢复或正在恢复的受退化危害过的地区；还包括发生过轻微退化的地势较低地区以及过去土地退化发生十分严重但经过治理成功恢复的地区。

国家政府是应用干旱地区土地退化评估方法的主体。依据现有丰富的样地调查框架统计资料，建立的国家评估体系为开发与推广不同区域（国家、区域乃至全球）的干旱地区土地退化评估体系奠定了坚实基础。

干旱地区土地退化评估方法应用到不同国家、不同环境时，采用的评估方法不同，但是评估方法的原则是基本相同的。具体的原则是：

表 12−2　干旱地区服务系统

服务	指标	方法	数据
生物多样性保护	植物多样性	调查	IUCN; WWF
	土壤生物多样性	调查	
	保护区	DESK	UNEP-WCMC
	乡土鸟类	DESK	Birdlife International
碳贮存	植物贮存	DESK	USGS
	土壤潜在贮存	DESK	FAO, ISRIC
	火灾和生物自燃	遥感	ESA, NOAA
旅游休闲	旅游人数/收入	统计	WTO
社会稳定性	乡村生活稳定性	调查	
	移民	调查	

注：IUCN＝世界自然保护联盟
WWF＝世界自然基金会
UNEP＝联合国环境规划署-世界保护监测中心
USGS＝美国地质调查局
FAO＝联合国粮食及农业组织
ISRIC＝国际土壤参考信息中心
ESA＝美国生态学会
NOAA＝美国国家海洋及大气管理局
WTO＝世界贸易组织

（1）参与式；
（2）可变性和循环性；
（3）允许在不同尺度上使用；
（4）以先进的科学技术为基础；
（5）尽可能吸收传统知识；
（6）关注重点——干旱地区生态系统的产品与服务；
（7）多学科；
（8）灵活的可适应不同区域与国家的具体情况；
（9）应用一致的定义与概念；
（10）易于质量控制（Ponce Hernandez，2002）。

三、干旱地区土地退化评估 7 步法

虽然图 12−1 概括了 7 步法的主要内容（Nachtergaele，2004），但是《干旱地区土地退化评估指南》方法论部分更加详细地阐述了 7 步法（Kaohafkan，et al，2003）。根据不同地区土地退化评估的连续性与细致和准确程度，重复使用这 7 步进行干旱地区土地退化的评估工作。

1．第一步：准备阶段

评估准备阶段的工作是提出两个报告：①国家土地退化过程报告；②土地退化影响产品与服务报告。依据报告所得的经验，要特别强调干旱地区土地退化对经济的影响。

2．第二步：成立国家项目“利益相关者”工作组与干旱地区土地退化评估特别工作组

根据准备阶段提出的报告，政府、非政府组织、农业协会、新闻媒体、国际与地区团体人士可以与国家工作组一起讨论国家土地退化问题。这样做有利于准备对观察到的与土地退化有关问题开展调查工作，有利于评估土地退化给经济、环境与社会造成的影响程度，还有利于确定优先解决经济、环境与社会问题中的那一项。在这一阶段，还要了解使用者的需要，尤其是各个层面改变决策所需要的信息产品。

国家土地退化特别工作组成员由所有与项目相关的“利益相关者”代表、工作组网络成员和技术人员组成。它是一个权力实体，具有准备工作计划与财务预算等职能。

3．第三步：数据贮存与初步分析

这一阶段的主要工作是收集与整理所有与土地退化相关的可利用的社会经济与生物物理的数据信息（包括遥感数据）和知识。用这些数据信息和知识评估可利用信息的质量以及识别主要数据的误差。

评估为国家制定收集另外数据以完善主要数据的缺陷的规划奠定了基础。

这一阶段工作给土地造成的了压力、加重了土地退化程度、直接影响了人们生活、土地生产力。接下来，也要评估防治土地退化所采取的措施。这个数量“动力—压力—状态—影响—反应”图表能够成为应用数学模型和统计方法建立起来的基础决策支持系统的工具。

4．第四步：分层和抽样方法

每一个国家的标准化区域都是依据农业系统、社会经济状况以及生物物质条件划分的。这种分层主要是依据一项或几项组合：农业生态区域、行政管理区、土地利用（农业系统）、流域或土壤与梯田的数据库而形成的。

(1) 在这一阶段，应用了遥感和相关的数字化高程模型技术。探讨出了土地覆盖植物变化值和净产值产生的结果或标准化植物检索表；

(2) 依据上两个阶段收集整理的指标，鉴别出“亮点地区”和“热点地区”；

(3) 分别为“亮点地区”和“热点地区”制定国际标准化区域抽样战略，同时也为包括快速评估乡村、现场测量（形成监测土地图表的基准线）、农民调查以及深入分析试验点等工作确定了计划；

(4) 抽样样本数量随着干旱地区的复杂程度和面积大小的不同而变化，但是最好样本数量平均要多于200个（可根据国家土地面积确定）。这些样本数量对统计工作是非常重要的。

5．第五步：现场调查与评估

这一阶段要进行的工作是先对评估地区的“利益相关者”进行调查，然后进行实地评估。通过快速评估与调查乡村（生计），能够收集到反应社区与家庭状况的真实数据（包括土地退化的原因、影响、不同社会经济组织对土地退化的认识）。社会经济调查还需要借助以下手段完成。

(1) 对现场有限的生物物质指标进行实际测量（有机碳、电传导、生物多样性指标、污染）；

(2) 土壤现场视觉评估工具在抽样技术中的应用（VS-FAST）(Benites and McGarry, 2004)；

(3) 依据最新的世界水土保持方法及技术纵览（WOCAT）项目指南（FAO，2001）以及农民与政府防治土地退化的技术与方法的评估，描述全国范围内的生物物质（土壤、植被与水）状况。

6．第六步：数据整理与跟踪

建立国家环境信息中心，以系统的方法整理第5步收集的数据，然后按照用户需求，提取和生成数据信息。建议建立国际标准，满足区域与国际统一协调的信息要求。为了给防治土地退化

工作提供可供选择和参考的信息，应该采用数量经济学、统计学和决策支持系统的模型对数据进行分析。虽然能用“动力—压力—状态—影响—反应”模型，但是最好与生物物理与社会经济的信息进行综合。这一步的工作包括建立一个协调的、定量的和生物物理的土地退化评估与国家环境观察分析系统。

决策与政策制定者应以图文并茂的报告，小册子和地图公布分析结果。对于私人企业，分析结果应该详细介绍土地价值与土地恢复的技术经济条件和选择；对于农民协会，分析结果（信息、可知程度与培训材料）应该阐述当地的土地退化的状态、原因和效果。这些信息应该放在公共媒体上，有利于当地农民和社区组织与政府部门之间进行沟通与交流。

行动决策不仅要依靠国家干旱地区土地退化评估结果；还要考虑到变化的资金、人力和技术资源，国家政府和“利益相关者”授权土地的价值与优先使用用途，以及风险和危害等因素。为了确保考虑到所有的因素和解释相关问题，土地使用者和参加评估工作人员要保持交流与沟通。参加土地退化评估的工作人员应该把对国家优先行动和战略的评估放在第一位，尤其是它们能产生的潜在影响。这样，土地退化评估人员才有可能参加制定防治土地退化的政策、优先行动、战略，执行控制和恢复“热点地区”项目，推广“亮点地区”研究结果，建立监测和预警体系。

7．第七步：开发监测工具

分析前几个阶段收集与整理的信息以及一些附加（如营养平衡）的信息后，能够建立起对国家与地区进行预测和展望前景的基本模型模拟工具。同时这些工具又能表现出收集的信息，还能搭建起土地退化原因、状态与影响之间的量化关系。

这一阶段最重要的是建立一个评价不同选择产生不同社会与经济影响的方案。穆力菲尔(mollifier)模型（Keyzer and Sonneveld,1998）能够综合生物物质和社会经济参数，可以应用这样的模型解决非定性问题。在地方、区域和国家层面上，国家特别工作组的宣传与使用者的反馈信息更有利于进一步细致修改完善评估方法。这里要注意反馈信息也是来源于对农场的快速调查。

四、使用干旱地区土地退化评估方法用户得到的成果与最佳管理方法的选择

1．对于决策和政策制定者

需要有综合性强并且图文并茂的报告、小册子与地图。主要内容：

（1）每一个地区退化的态势和风险；

（2）影响产品生产与服务质量的定量指标；

（3）预测在一定的空间与时间范围内土地退化发生的可能性，制定出未来解决土地退化给产品和服务带来不利影响的方案；

（4）在不同层面上，能够采取应急措施（国家政策、恢复方案）。

2．对于私人企业

综合文本要详细描述国家土地补助、恢复与开垦的技术与经济限制和措施选择（投资灌溉、混和农业与林业、植树造林，农作物多样化、引进新农作物），同时要把这些技术措施设计在防治土地退化工作进程中，包括吸引私人企业投资经营产品和提供服务的宣传工作中。这些文本还要给社会团体，尤其是农民协会指出可以立即开展防治土地退化工作的地区。

3．农民协会

文本中不仅要有信息、知识和培训的内容，而且还要有阐述在目前条件下和前景预测中，土地退化的态势、原因与影响程度。同时，指出适宜改善土地环境的措施、投入成本以及可能找到的投资渠道。这些内容也要与国家的文本联系起来有利于加强与政府机关对话的能力，以及提高

与政府部门之间的谈判交流能力。

尽管评估结果包含了以行动为中心的结论与建议，但是这些对使用者来说仍停留在选择阶段。因为，对于一个地区而言，有多种防治和恢复土地退化的可行性方法和措施。接下来采取的行动不仅要依据国家干旱地区土地退化评估项目结果，而且还要考虑其他因素：

（1）资金、人力与技术资源能够真正启动与推进防治土地退化工作；

（2）政府部门与“利益相关者”由于考虑到政治、社会、文化或历史原因，把资金与优先权投向被指定的不同类型的土地上；

（3）影响力不同的组织对风险和危害洞察分析结果也不相同。

参加土地退化评估那些人为国家正确确定优先发展项目和战略规划做出了贡献。具体地说，他们评估的结果为不同地区制定适宜本地区的防治土地退化方案起到了积极作用。然而，更高的期望是他们参与制定防治土地退化的政策、优先权和战略工作。同样，他们应该积极参加研究与建立控制、恢复、开垦“热点地区”土地退化项目；探讨总结“亮点地区”实施项目治理的经验与教训；推动创建监测与警报系统的工作。这样的工作能够确保实施干旱地区土地退化评估项目后，国家、地方政府与社会团体能够采取适宜的政策、战略与行动规划开展防治土地退化工作。

五、干旱地区土地退化评估项目背景

1．方法论和指导原则

干旱地区土地退化评估项目起源于2000年12月罗马的一次调研。研讨会上制定了详细工作计划，选定了3个国家进行试验（阿根廷、中国、塞内加尔）。2002年1月制订了战略规划原则。先后起草了大量论述有关生物物理、社会经济数据的来源，评估土地退化和荒漠化的方法，以及地区状态指标（社会、经济与组织机构）的文章。

2002年10月举办了关于指标体系的电子邮件会议。这次会议列举了应用在4个层面上可供选择的指标：全球、国家、地区，流域、乡村和农场。干旱地区土地退化评估项目最后确定的指标都来源于这次会议，所以这次会议显得十分重要。指标应该是鲜明的、具体的、可测量的、可实现的、相互关联的和有时间限制的。例如，在干旱土地上，耕种导致土壤有机物的流失就是一个简单重要的元素。土壤有机物的流失使土壤肥力严重下降，干旱地区土壤保水能力也随之衰弱。对于牧场而言，地被植物覆盖率的多少是评价它优良的最重要元素。地被植物覆盖率被列为全球层面指标之一，其他的就没有被列入。为了确定干旱地区土地退化评估项目推荐指标的有效性，可以把这些指标与“沙漠链”（DESERTLINK）推荐的指标进行对比。

技术研讨会为规划干旱地区土地退化评估试验研究工作和开发评估方法搭建了平台。同时把试验点国家扩大到埃塞俄比亚、墨西哥、纳米比亚、南非和泰国。项目第二阶段（2004～2008年），争取在全球推广应用干旱地区全球土地退化评估方法。

六、全球干旱地区土地退化评估

最初，在干旱地区土地退化评估的第一阶段没有考虑建立全球干旱地区土地退化评估项目（GLADA）。直到最近，应用近期信息资料对全球土壤退化进行评估后，才启动这个项目。短期内，全球干旱地区土地退化评估项目还是要采用干旱地区土地退化评估的方法，但是要补充提高植被覆盖率（现场调查）指标项目。长远时间内，干旱地区土地退化评估项目应该建立一个从全球层面到地方层面能够彼此交流信息的机制。这项机制有利于提高地方层面（国家）和全球层面评估的质量。

1．试验方法

干旱地区土地退化评估的方法一直处于不断的改进中。这种方法正在不同环境下的试验点国家进行试验和案例研究。与完善干旱地区土地退化评估的方法有关的案例研究已经在埃及、肯尼亚、南非、马来西亚、墨西哥和乌兹别克斯坦实施过。试验点国家阿根廷、中国、塞内加尔通过采用干旱地区土地退化评估的方法，一直在进行研究实践工作，同时也强化了这3个国家的组织协调能力。

塞内加尔在应用干旱地区土地退化评估的方法时，国家环境中心编辑出版了一本报告。内容包括：

（1）识别潜在“利益相关者”；

（2）建议调查“利益相关者”需要的信息；

（3）研究国家层面与地方层面受荒漠化影响的产品和服务，实施《联合国防治荒漠化公约》国家行动计划；

(4)描述了塞内加尔与西部非洲实施干旱地区土地退化评估项目总的战略思考(不同层面组织结构的职责、活动、实施、协调与质量控制)。

塞内加尔建立了国家土地退化网络和多学科特别工作组。通过这些努力，他们已建立起了协调收集与整理数据的组织机构。数据信息包括：不同层面应用遥感技术和地理信息系统所需的“压力—状态—影响—反应”指标。其他两个实验点国家按照干旱地区土地退化评估的方法正在试验中。综合整理这些数据能够做出土地状态趋势评估图（1988～1999年）与土地状态植物覆盖率图（1988～1999年）。同时，生成土地状态变化矩阵，找出“热点地区”与“亮点地区”以及对地方评估的结果。另外重要的收获是提高了当地专家与多学科工作组合作的能力。

根据这个试验点的研究，干旱地区土地退化评估的方法需要进一步地改进完善。干旱地区土地退化评估项目应该继续探寻普通术语、数据收集、分析与共享概念，以及一套通用的指标；区分“热点地区”与“亮点地区”；促进选择最佳措施，解决地方、国家、区域和全球层面的土地退化问题。

2．区域研讨会

另外，举办了总计51个国家参加的3次土地退化区域研讨会。会上，参会国家分别做了国家防治土地退化报告。3次会议都在准备出版论文集（非洲论文集已经出版，加勒比海论文集已经定稿，亚洲论文集正在起草）。2004年《世界土壤资源报告》中能够见到这3本论文集的内容。

3．信息产品与网址

信息产品包括：干旱地区土地退化评估说明书（4种文字）与干旱地区土地退化评估视觉中心(http://lada.virtualcentre.org/pagedisplay/dislay.asp)。它包含了干旱地区土地退化评估项目的基本信息、项目文本、700多篇论文。此外，这个中心允许国家网站和互联网连接。还有一个单独的AGL干旱地区土地退化评估网址(http：fao.org/ag/agl/agll/lada/default.stm)。这个网址上有会议电子邮件信息与正在开发的其他产品(全球干旱地区土地退化评估项目)；700兆容量关于沙漠化的光盘信息库与相关网站链接的信息。

七、结论与建议

(1)在干旱地区土地退化评估的第一阶段，干旱地区土地退化评估方法就一直在开发研建中，这项工作延续到第七阶段。干旱地区土地退化评估方法主要是以国家为中心形成的，同时也包括了许多地方评估方法。这7步方法应用在试验点国家后，发现这种方法是有效的和适用的。

（2）基本的全球干旱地区土地退化评估项目也已经启动。

（3）51个国家已经对土地退化的状态、原因和影响进行了不同程度地评估。

（4）3个试验点国家已经试验了干旱地区土地退化评估方法的一部分或全部。他们能够成为区域或全球干旱地区土地退化评估网络，并且支持其他国家参与干旱地区土地退化评估项目。

（5）大量的网址与文本信息已经生成。全球可通过网络直观地了解到干旱地区土地退化评估项目的动态，提高干旱地区土地退化评估项目的知名度。

（6）如果在全球范围内实施干旱地区土地退化评估项目，那么它将为区域与国家层面确定优先投资项目提供可用的数据信息。

参考文献

Adams, C.R. and H. Eswaran, 2000. Global land resources in the context of food and environmental security. pp. 35-50 in "Advances in Land Resources Management for the 20th Century". 655 pp. eds. S.P. Gawande et al. New Delhi: Soil Conservation Society of India

Dumanski, J. 1994. Proceedings of the international workshop on sustainable land management for the 21st century. vol. 1: workshop summary. The organizing committee. international workshop on sustainable land management. Agricultural Institute of Canada, Ottawa

Benites, J. and D. Mcgarry, 2004. Visual soil field assessment tools. In preparation FAO, Rome

FAO, 2001. World overview of conservation approaches and technologies II. Land and Water Digital Media Series # 9. FAO, Rome.

FAO. 2003. Data Sets, Indicators and Methods to Assess Land Degradation in Drylands. World Soil Resources Reports 100. Food and Agriculture Organization, Rome.

FAO/ISRIC, 2002. Guidelines for the Qualitative Assessment of Land Resources and Degradation. AGL/MISC/33/2001. FAO, Rome. ftp://ftp.fao.org/agl/agll/docs/misc33.pdf

Keyzer, M.A. and Sonneveld, B.G.J.S., 1998. Using the mollifier method to characterize datasets and models: the case of the Universal Soil Loss Equation. ITC Journal 1997 (3/4): 263-273

Koohafkan, P. and J Antoine, Use of GIS and Agro-ecological zoning in land resources planning andmanagement, FAO, Rome June 1999.Koohafkan, A.P. , D. Lantieri, and F. Nachtergaele. 2003. Land Degradation Assessment in Drylands (LADA) Guidelines for a Methodological Approach. FAO www.fao.org/ag/agl/agll/lada/bckgrdocs.stm

Nachtergaele, F. (2003). Land Degradation Assessment in Drylands : the LADA project, in Land Degradation. L. Montanarella and R.J.A. Jones (eds). EUR 20688 EN, 324pp. Office for Official Publications of the European Communities, Luxembourg

Lantieri, D., 2003. Potential use of satellite remote sensing for land degradation assessment in drylands: application to the LADA project. FAO, Rome.

Ponce-Hernandez, R., 2002. Land degradation assessment in drylands. Approach and development of a methodological framework. http://www.fao.org/ag/agl/agll/lada/emailconf.stm

Reynolds, J., Stafford Smith, M. (eds.), 2002. Global desertification: Do humans create deserts? (Dahlem Workshop Report No. 88). Dahlem University Press: Berlin, 438 pp.

Schuijt, K., 2002: Land and water use of Wetlands in Africa: Economic values of African Wetlands. IIASA Interim report IR-02-063.

Wood, S., K. Sebastian and S.J. Scherr (2000) Pilot *Analysis of global ecosystems*. World Resource Institute. ISBN: 1-56973-457-7

13 发展保护性农业、减缓土地退化、改善生态环境

[1] D. McGarry

摘要

保护性农业是防治土地退化和扭转生产力下降局面的最有效农业生产方式。保护性农业基于4项重要的基本原则：①消除或减少用机械耕种土地；②采用农作物残留物覆盖地表；③利用轮作与覆盖农作物，减少害虫和病害，恢复土壤活力；④严格限制交通工具随意在耕地上行驶，采用精细农业生产方式。

保护性农业主要吸收了保护资源的理论与方法，努力实现提高土壤、空气、水的质量以及为野生动物创造良好栖息地的目标。本文阐述的概念与原理对中国西部地区防治土地退化具有一定的借鉴意义。

要点

1．预防与控制土地退化具有十分重要的挑战性。具体有：①如何通过改变农业措施减缓与控制土地退化；②如何提高农民、农场、乡镇的社会经济环境；③如何保护与提高各个层面的环境（田地、农场、县、省、国家与全球）。

2．早期减缓土地退化成功率低的主要原因是：①自上而下的方法；②过多依赖于科技与物理评估、战略与方法（比如，建立像梯田、防风林一样的物理结构）；③各部门独立，彼此之间缺乏有效协调执行项目或战略的机制；④在制定计划和决策中，较少地考虑土地所有者或真正“利益相关者”的利益。

3．成功实施保护性农业的关键在于建立实现可持续的与经济效率高的农业各要素的协同体（生物物质、经济社会、人力资源）。综合生态系统管理与保护性农业相结合，努力提高农业生态效益。

一、概述

至今，世界各国大约在9000万公顷的土地实施保护性农业（CA）（表13−1）。表13−1数字表明世界上越来越多的农民与国家愿意应用保护性农业的原则与方法。如果保护性农业的原则被采用的话，实践已证明不仅可以在不同层面上得到生态系统效益，而且也是十分有效的和成功的。尽管世界上有采用综合生态系统管理方法防治土地退化取得成功的例子，但是据我所知，它还没有像保护性农业那样取得如此明显的成绩。

因此，这篇文章首先调查保护性农业在实施综合生态系统管理中的潜在作用与地位；然后，

---

[1] 澳大利亚昆士兰州政府，自然资源科学
E-mail: mcgarrd@nrm.qld.gov.au

表 13-1 不同国家的免耕土地面积（Rolf Derpsch，www Site）

单位：公顷

国家	免耕土地面积（2001/2002年）
美国	23 700 000
巴西	21 863 000
阿根廷	16 000 000
加拿大	13 400 000
澳大利亚	9 000 000
巴拉圭	1 500 000
印度北部、巴基斯坦	1 500 000
玻利维亚	417 000
南非	300 000
西班牙	300 000
委内瑞拉	300 000
乌拉圭	288 000
法国	150 000
智利	130 000
意大利	80 000
哥伦比亚	70 000
墨西哥	50 000
加纳(10万农民)	45 000
其他国家(估计)	1 000 000
总计	**90 093 000**

定义与解释保护性农业的主要概念和方法；综合协调系统内部元素，有利于实施保护性农业，获得更多与更广阔的生态系统效益；最后列举了在不同环境条件下采取保护性农业的实例；指出了要依据生物物质与社会经济因素，确定应用农业保护的范围，识别可得到的多种不同类型的效益。

二、保护性农业的概念与方法

保护性农业由一系列的概念和方法共同组成。它不仅减缓土地退化的效果，而且在许多情况下也改善了土地的健康与质量；提供了动态的、全球范围的、基于农业政策的、实践的与可实施的方法。保护性农业不仅给当地农业生产带来大量的直接效益，而且也为社会经济与环境创造了许多财富。具体的效益详见表 13-2，包括提高并保证产量，增加农民收入，减少燃烧释放二氧化碳的燃料，提高土壤碳贮存水平与碳汇量，减低化肥、除草剂、杀虫剂的使用量，减少劳动力需求量。在推广使用农业保护方法时，要对当地农民、农用产品（化肥、除草剂等）以及农业咨询技术人员进行教育培训。经过培训后，农民更加积极采用农业保护方法。这样就更有利于地方政府开展防治土地退化工作。

因为保护性农业并不是惟一改变农作物生产的方法，所以环境可持续发展也就暗含了保护性农业的思想。环境可持续发展改变了农业传统的单一经营的思想模式，提倡全面、系统地发展农业的模式，采取农作物综合轮作，增加地表覆盖农业剩余物，综合管理虫、草与病害，合理使用化肥，有效利用降水量，加强流域管理和解决其他环境问题（Derpsch and Benites，2003）。

保护性农业实际上可以应用在所有植物种植中（一年生植物、园艺植物、果树与树木等）。保护性农业可以比喻为装有农业措施的一个“篮子”——农民从中选择适宜他们的“最好的”。为

表 13–2　实施保护性农业取得的直接与间接效益实例

	直接效益
1. 改善土壤管理	（1）提高土壤肥力 （2）增加土壤有机物 （3）提高土壤聚集力 （4）提高水利用率 （5）减缓土壤紧实度 （6）恢复土壤生物活性 （7）降低土壤侵蚀
2. 农产品的增加和多样化	（1）粮食保护 （2）增加生态与市场弹性价格幅度
3. 降低成本和劳动力数量	（1）农业活动的多样化增加了经济安全、社区发展和缓解贫穷的力度 （2）降低时间要求 （3）减少农业劳动力 （4）减少拖拉机使用量，提高拖拉机使用寿命 （5）使用低型号的拖拉机
	间接效益
1. 增加水体安全度	（1）控制地下水、保护井水和河水及溪流 （2）净化水流进江河及大坝 （3）降低水处理成本
2. 减少污染	（1）减少化学产品使用量 （2）减少长期使用除草剂的量 （3）减少燃料消耗
3. 生物多样性保护	（1）提高农场与生态系统健康弹性 （2）提高土壤和环境多样性
4. 缓解荒漠化	（1）提高水利用率 （2）增强土壤肥力 （3）提高土壤生物活动量 （4）改善土壤表面聚集力
5. 减缓全球变暖	减少耕作、增加免耕地、减少拖拉机使用时间、提高土壤碳汇量，降低二氧化碳释放量

了得到更多的收获和更高的利润，一定不能盲目追求使用“最流行的措施（方法）”；而要从长远考虑，选择的措施在保证土地可持续利用的前提下，追求高产量、大利润。保护性农业措施的灵活性与多样性要求农民一定要有创造性，才能选出“最佳”的措施（方法）。保护性农业能够被开发创造出实现《联合国防治荒漠化公约》、《联合国生物多样性保护公约》与《联合国气候变化框架公约》目标的多种措施与方法（Benites *et al.*，2002）。

然而，这并不是说保护性农业能够解决农业的所有问题（Derpsch and Benites，2003）。推广保护性农业也受到许多限制，比如投资资金量大，尤其是对农民的教育培训；还有体制、所有权与习惯法的约束，比如习惯法允许牲畜吃掉作物残留物。在农作物与牲畜混合系统中，需要控制施肥与放牧，而不是在收割后的庄稼地上放牧。有些方式限制了保护性农业措施的应用，使它变得更为复杂，比如特殊农作物生长需要一定量的降雨量。

保护性农业的目标是取代那些产生土地退化问题的传统农业措施。需要或修改的4项农业措施是：

（1）传统的耕种方式，尤其是通常的犁耕（翻种）与耕种（机器耕地）。

（2）通过耕地、或燃烧的方式移开或合并农作物剩余物。

（3）农作物单一耕种，而不是轮作（暂停种植）。

（4）随意使用田间农用器具，如拖拉机、收割机、播种机等。

这些生产方法至今在世界许多地方广泛使用，也是传统的“一代传一代”的土地管理模式。正因为如此，农民才错误地认为这些生产方式是适宜的。实际上，传统的生产形式已经严重地破坏了土壤内部结构和外部环境。这种传统(以耕种为中心)的农业生产方式增加了土地投入量(化肥、农药等)，一般会导致土壤侵蚀、土壤内部营养与碳贮存量快速下降、农作物产量降低也较快。无论区域，还是国家，都广泛地存在着土壤侵蚀与其他外部社会环境问题（贫困人口增加、过多依靠救济资金）(Dwmanski，2004)。此外，土地退化、土壤侵蚀和过度耕作，增加了空气中二氧化碳集聚量，直接影响全球气候的变化。

具有较强社会效益的土地、水和环境通过实施保护性农业，得到了许多效益。保护性农业的主要元素有：

（1）免耕（或减少耕种）。

（2）认真细心管理作物残留物，应用剩余物与采用农作物轮作方式保持覆盖耕地，增加有机碳含量与土壤多样性，降低植物病害。

（3）适当使用化肥、农药（仅按土壤改良与农作物所需）。

（4）精确应用农田机械，不同环境的田地，采用不同的机械；精确使用杀虫剂、化肥与除草剂。

正确应用每一项元素，对实施保护性农业是非常重要的。农业保护系统的“动力”不是仅关注某一个特定限制因素，而是协同解决所有约束问题。同样，保护性农业采用综合的方法不仅为农民创造了财富，也为社会、经济生态系统创造了多种效益。效益包括：降低水污染与土壤侵蚀，降低了土地长期依靠化肥、农药与农机的程度，增强环境管理能力，提高土壤质量与水利用率，减少矿物燃料，减低温室气体排放。另外，保护性农业提高了粮食产量，减轻贫困，改良农作物，改善农产品与畜牧产品质量；尤其是保证了干旱地区粮食产量，为市场提供了大量农产品与畜牧产品。对于普通地区而言，减少耕种就等于节约了劳动力、节省了时间；这对于爱滋病感染地区是十分重要的。

全球已经有大量文献报道与其他类型的资料分析阐述了实施农业保护的成功和失败。世界各地也多次举办了保护性农业国际研讨会。从以下会议中，可以了解到国际上对保护性农业研究的广度与深度。1998年，“关于保护耕地的国际研讨会”在津巴布韦首都哈拉雷召开；2001年，“第一次农业保护世界大会” 在西班牙首都马德里召开；2002年，“现代化农业国际研讨会”在乌干达召开；2002年，“保护性农业——在缺水地区，采用小麦与棉花轮作，确保小麦产量稳定增长国际研讨会”在乌兹别克斯坦首都塔什干召开；2003年，“关于农业保护第二次代表大会”在巴西 Foz do lguacu 召开；2004年，“关于农业保护的第四次国际会议”在俄罗斯 Lipetsk 召开，主题是“保护性农业技术，增加农民经济利益，确保土地环境健康”。成千上万代表参加了这些会议，并发表了大量文章（FAO，2002）。

成功实施保护性农业的关键在于培训与指导农民，使他们能够应用简单的土地评估技术，选择采用最有效的保护性农业措施；实现以“确保土壤健康，提高农作物产量”为目标的长期农业可持续发展模式。成立农业培训学校，组织农民培训班，给他们讲授联合国粮食与农业组织的“干旱地区土地退化评估项目”开发的“田间土地评估工具”（VS-Fast）的内容，使他们学会这种即简单又实用的鉴别土壤性状的方法，有利于他们在农业生产实践中更广泛地应用前人或已成功农民积累的经验。培训过程中，一定要重视和强调农民要采用“免耕方法”，必须坚持长期学习“免耕方法”理论，掌握发展动态。培训农民的最好老师是在经济、社会与生态相同地区从事农作物生产的、积累了一定经验、取得了成功的农民。

实施保护性农业的许多国家中，分别成立保护性农业的农民组织，开展推广宣传保护性农业的活动。从地方、区域到国家与国际的不同层面，都分别成立了像“APDC ——巴西 Cerrado 区域的免耕农民协会”一样的区域组织；以及像“美国农业可持续发展协会联盟”与“阿根廷国家免耕协会”一样的国家组织。

保护性农业详细规定了主要元素的内容：比如，免耕、地表覆盖作物残留物、精准农业、认识与了解保护性农业、增加措施与多种效益的协同性。另外，充分认识到没有任何一种保护性农业措施适宜于各种环境是十分重要的；因此农民不是选择或衡量哪一种措施更重要，而是首先要了解掌握当地的环境状况，采用能降低成本、减少化肥农药使用量、实现可持续发展的保护性农业措施。

1．免耕

停止（减少）耕作能够得到农业、环境等多方面效益。“免耕”是保护性农业的“奠基石”，是能够在大农业系统和小农业系统都可以采取的措施。免耕是除了播种或注入肥料外，不再搅动土壤。肥料可与播种同时进行，也可以在播种前或出苗后进行，可施入土壤中，也可以撒施于地表。土壤表面有机物逐渐增多，降低土壤侵蚀；增加农作物产量，同时也增加了覆盖地表的作物残留物；土壤有机物出现了同化与分解现象。土壤表面逐渐形成了有机覆盖物。这些有机覆盖物最终转变成稳定的土壤有机物质。免耕对于降低传统农业耕种方式造成的直接与间接的损失是十分有效的，尤其是在控制土壤侵蚀、减少有机物损失量、降低生物多样性、减少地表径流等方面。由于免耕能够产生大量农作物残留物，因此不但可以覆盖地表表面，还能够改良土壤结构，改善有机物状态，提高水利用率，增加生物多样性与养分循环。

世界各地极力推广采用保护性农业措施防治土壤水土流失（Crovetto，1996；Coughenour & Chamala，2001）。然而，免耕还能够对土地质量与健康以及周边环境创造出更多的效益。因为水是保证农作物生长和收获的关键，所以在干旱与半干旱地区，努力增强免耕土地的渗水能力与蓄水能力是最重要的，非耕地较大提高了土壤质量和健康状况。在半酸性和酸性地区，最重要的是改善水渗透和水贮存，以保证作物的生长和产量。免耕土地上农作物可利用地表水量比传统耕种方式提高了28%（Radford *et al*.，1995）；依据蚯蚓的洞穴、以及粪便数量，可以推断它的数量增加了4倍（McGarry *et al*.，2000）。

另一件比较重要的事情是免耕方式比传统耕作方式使用各种类型拖拉机与其他农机器具的数量大大地减少。有记载，免耕方式种植甘蔗使用拖拉机与其他农机器具的数量和消耗的燃料比传统耕作方式分别减少了50%与30%（Braunack *et al*.，1999）；还有记载，免耕方式在南美洲和美国消耗燃料数量比传统耕作方式减少了75%（Landers *et al*.，2001）。进一步地说，免耕方式还减少了矿物燃料物，降低了温室气体排放量（Robert，2001）。由于免耕方式使用小型拖拉机并且使用寿命长，因此减少了开采铁矿量和钢铁生产量。免耕方式产生的环境效益包括：降低盐碱化、河流的富营养化与农药污染（Dumanski，2004）。由于免耕方式大大改善了土壤结构、生物多样性、有机物状态、以及土壤水渗透力与蓄水力，所以这种方式对缓解干旱、保证生物产量、增加地表覆盖物、防治土壤侵蚀和解决其他环境问题有十分重要的作用。

一般情况下，采取免耕方式的农民对保护和稳定土壤资源的重要性具有较高的认识（Landers *et al*.，2001）。他们热切关注与倡导实施保护性农业有关的生物与环境指标，比如，①增加地被覆盖物；②减少地表径流；③净化河流；④增加农作物残留物；⑤减少耕地活动；⑥提高土壤有机物含量；⑦增强防治土地退化能力（Balesdent *et al*.，2000）。

在采用与实施免耕方式时充分了解土地状态是十分必要的（Derpsch，WWW site）。农民购买一台播种机后，就可以进行免耕土地了。然而，这仅仅是采用免耕程序的第7步（表13-3）：

表13-3　成功实施保护性农业的10个步骤

1．提高对土地管理系统的认识，尤其是在控制杂草上
2．分析土壤状况（目的是保持土壤营养平衡状态）
3．避免土壤有较差的排水系统（或首先投资建立一个良好的排水系统）
4．平整土地
5．降低土壤紧密度
6．尽可能多地生产覆盖物
7．购买一台播种机具（适宜土壤条件的）
8．先从10%的土地开始（掌握了免耕技术后，再增加土地面积）
9．采用农作物轮作，使用成熟的绿色农作物残留物
10．时刻准备学习最新的免耕知识与技术

为了成功采用免耕方法，避免失败，农民在开始前需要对免耕方面知识有充分的了解与掌握，必须考虑到影响免耕的各方面因素。如果不严格遵守10个步骤，产生免耕方法失败的可能性较大；农民会因为失败责备这种新的农业耕作系统，而不去查找对新系统各方面知识掌握不足这一重要的原因。

2．农作物残留物的保留、覆盖与农作物轮作

保护性农业的主要原则是应用农作物残留物覆盖地表以及采用农作物轮作等方法确保土地在农作物生长期间与休耕期间表面都有残留物覆盖。

这种方法的重要性在于土地上面有持久的农作物残留物覆盖，更有利于防治水土流失。目标是增加土地生物多样性、土壤有机物含量，提高土壤健康与活力水平。目的是补充与增加自然土壤生物多样性与创造一个通气性好、易于接受、固定和供应植物用水的微环境；增强营养循环能

力；减少杂草对光和水的竞争，控制杂草数量；分解与降低污染物。农作物轮作、植物间作能使不同作物连续生长，延缓收割，实现土地循环利用的目标。

另外，成功应用农作物覆盖物的关键是使用特殊的田间工具，必须用这样的工具清理厚厚的覆盖层，为实施免耕创造条件。最重要的田间工具是滚筒刀割机，它被用来铺平土地表面农作物残留物。这一项工作尤其在巴西与Paragury被认为是控制前期植物再生长的最佳手段。滚筒刀割机价格低，一般地区都能制造生产，有的地方农民可以自己制造。中型拖拉机或牲畜（牛或马）都能牵引滚筒刀割机工作，同时还大大减少了免耕土地使用除草剂的数量。当然设计这种工具是十分重要的。滚筒刀割机中的刀不能割到生长的农作物，而要压平残留物和压碎秆秸，以阻碍该植物内水分循环。还有一点需要注意的是滚筒刀割机的刀不能锋利，否则，刀一旦划在地上，地面产生一道豁痕，提高了杂草的发芽率，松弛了土壤，导致水土流失现象的发生。

3．精细农业（精细耕作）

免耕方式与“控制交通”相结合是最符合精细管理田间环境工作需求的（Dumanski，2004），它能为私人农场、区域、国家等不同地区产生多种环境效益。精细农业不仅包括“控制交通”，还包括根据土壤营养需求量确定施化肥量，采用定点喷洒药剂方法控制杂草生长。“控制交通”限制了农用机具在土壤上通行的次数，降低了土壤的紧密度，改善了土壤结构，增强了土壤水的渗透力，加快根系的生长速度；从大的方面讲，它还更好地保护了湿地、水体、栖息地与河流流域的环境。因为精细农业能够降低成本、提高工作效率，所以它被广泛应用在要求投入较高的地区。

依据营养需要使用不同化肥阻止杂草的生长，提高土壤组成和土壤结构。有效地保护了湿地、水体、生境。在高投资系统里，准确的处理能改善操作的有效性，降低了投入成本。

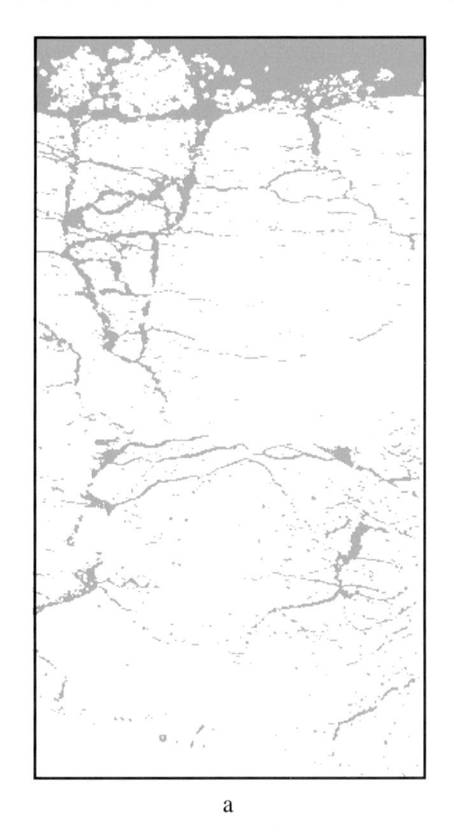

a

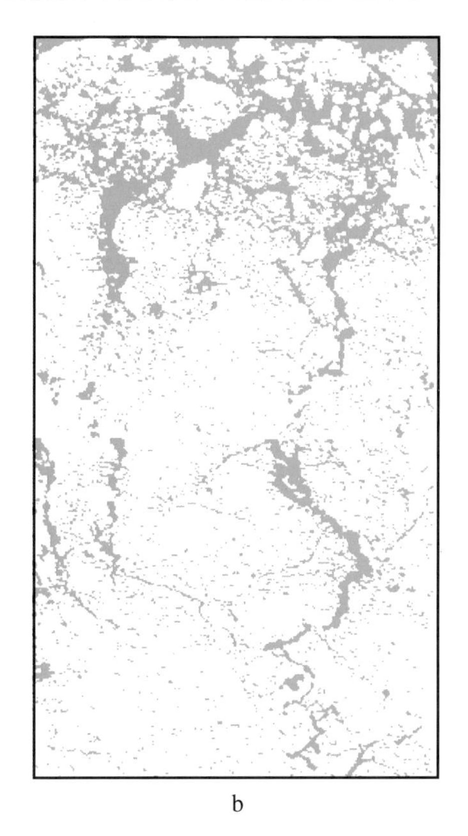

b

图13-1　Vertisol棉花田控制交通影像图　a.交通区域图（0～24厘米深），土壤紧密为板状结构；b.相邻植物苗床土壤图（0～22厘米深），苗床土地有裂缝与上层表土多孔（McGarry，1996）

现在人们把“控制交通”（CT）作为免耕方法实现土地综合与可持续管理的另一项重要措施。目前，农民在各种区域内强调使用最多的关键词是“效率”。提高水的使用效率是实现“效率”的最主要目标。长期车轮压的地面上，土壤紧实，水不易渗入土壤，导致农作物难以生长（图13-1）。这种现象若发生在干旱与半干旱地区，那么，农作物就会死掉。

由于雨水更易渗入到未被压实的土壤里，所以“控制交通”还能防治坡地土壤流失，减少地表水径流，改善土壤结构。如果在实施“控制交通”工作中，能够减少农机具在同一地方走压的次数，那么就意味着提高了播种、喷洒与收割的效率（Blackwell 1998）。一个农民还告诉作者，一个雨季采用“控制交通”技术，不仅取得了经济效益，而且还提高了环境质量（除草剂使用量减少了25%）。另外，“控制交通”技术限制了农机器具的使用量，提高了他们的使用效率，减少了50%田间机具能源需求量（Tullberg，1998）。一项对3年期经过喷灌的棉花田研究表明，采用“控制交通”技术种植的棉花田，不仅能提高棉花产量、降低准备苗床的成本，还能为棉农增加11%的收入（Hulme *et al*.，1996）。

三．保护性农业实例

本文列举了2个在不同的环境中采用保护性农业生产方式的例子。就生物物质与社会经济因素而言，提出了保护性农业在世界范围内适宜的区域，以及取得多种不同类型的效益。

第一个采用保护性农业生产方式的例子是来自摩洛哥（Mrabet，2002）。摩洛哥具有典型的干旱土地、年平均降水量低（340毫米）、降水量波动大、农作物种类少、牲畜数量少、农作物产量低、自然资源不断退化等特点。摩洛哥72%的土地年均降水量少于400毫米。贫瘠的土壤加上雨量缺乏，致使大面积农田干裂，农作物枯萎，牲畜死亡。人们已经认识到导致摩洛哥大面积土地退化、植物衰减的主要原因是传统的自然资源管理措施与执行的政策，因此迫切需要开展从传统农业向保护性农业转变的工作。

试验结果表明，采用农作物残留物覆盖地表的免耕耕作方式大幅度提高了土壤休耕时的保水率，与传统耕作方式比，提高了10%～28%。另外，进一步的试验工作还表明，具有农作物残留物覆盖地表的免耕方式比传统耕作方式更有利于减少土壤水蒸发量，尤其是在土壤表面层。由于免耕方式提高了水分的利用率，因此农作物产量比传统耕作方式的农作物产量增加了。农作物残留物中仅有30%作为牲畜的饲料，其余的全部用在覆盖土地表面上。5年的研究结果表明（直到2002年），保护性农业生产方式在生产粮食方面比传统耕作方式更具有弹性和可持续性。这一点在干旱年份表现的最为明显。在干旱年份里，保护性农业生产方式能够生产出粮食，而传统耕作方式则颗粒无收。在研究工作的3年中，有1年保护性农业生产方式的土地生产的粮食超过国家年产量（1吨／年），而传统耕作方式的土地生产的粮食远低于这种水平。最重要的区别还在于保护性农业生产方式采用农作物残留物覆盖地表提高了土壤蓄水能力（尤其是在休耕期间）。进一步的研究结果还表明，长期采用保护性农业生产方式不仅能提高土地表面土壤的稳定集聚度，而且还把土壤有机碳的水平提高了13.6%。但是，同期传统耕作方式的土壤有机碳水平则没有提高。

第二个采用保护性农业生产方式的例子是来自赞比亚（Aagaard，2003）。这个例子涉及到的农场一般都是规模小、自主经营的独立农场。农场主要采取手撒种子、人工锄地的传统农业生产方式。赞比亚传统农业生产方式（犁耕种土地）长期以来一直是造成土地水土流失、快速土壤酸化的主要原因；土地环境的破坏迫使农民进入森林，造成了城镇周边森林的过度采伐。另外，在一定区域内，土地退化十分严重，致使成千上万公顷的粮田变为荒地；大量农民涌入森林，采伐森林，建立家园，制造新一轮的退化循环。

传统农业生产方式中有5项措施被认为是导致土地退化的主要原因：

（1）燃烧农作物残留物；
（2）用牛耕地；
（3）用锄铲地；
（4）传统的“用锄耕地”。

这些措施的结果是在干旱年份里，土地上几乎不能生产粮食；大雨过后产生涝灾；杂草丛生。由于粮食产量低，导致粮食供应不安全、影响当地农产品贸易。严重水土流失，致使农民放弃土地，举家离去。

对采用传统农业生产方式的农民而言，新的保护性农业生产方式最重要的元素组成是：
（1）保留农作物残留物（不再烧）；早期准备（农机具、种子、化肥）土地，在雨季前完成；
（2）精心设计蓄水量；
（3）准确施入化肥量；
（4）种植时间；
（5）播种位置；
（6）控制杂草。

采用农作物轮作方式，尤其是应用豆科作物进行轮作。专家建议每一年田地农作物中至少有30% 豆科植物。豆科植物是蛋白质的最好资源，并能够为下一茬农作物提供更多的氮。

采用保护性农业生产方式的农民都获得了短期、中期与长期效益。第一年农作物产量就增加了一倍。赞比亚 Maize 产量提高了至少 75%，棉花提高了 60%。即使在降雨较少的季节，农民也获得了较高的产量。土壤肥力在增加，杂草数量在减少，农民从经济作物中得到了更多的收入（棉花、大豆与向日葵）。随着农作物产量的快速增加，农民减少了土地种植面积；节约了大量能源，节省了控制杂草、收割与土地准备的时间。当人们采用保护性农业生产方式有土地可耕种时，他们就不会离开家园，而持续地努力工作创造美好的未来。

参考文献

Aagaard, P. (2003). *Conversation Farming in Zambia. Conservation farming handbook for hoe farmers in agro ecological I and II flat culture*. Conservation Farming Unit, Zambia. pp. 46.

Balasdent J, Chenu C, Balabane M. (2000). *Relationship of soil organic matter dynamics to physical protection and tillage*. Soil and Tillage Research 53:215-230.

Blackwell P. (1998). Customised controlled traffic farming systems, instead of standard recommendations or “tramlines ain't tramlines”. *In Second national controlled farming conference*, pp.23-26. Eds J N Tullberg and D F Yule. Gatton College: University of Queensland.

Braunack M V, Peatey T C. (1999). *Changes in soil physical properties after one pass of a sugarcane haulout unit*. Australian Journal of Experimental Agriculture 39:733-742.

Coughenour C M, Chamala S. (2001). *Conservation tillage and cropping innovation - constructing the new culture of agriculture*. Ames, Iowa: Iowa State University Press. 360 pp.

Crovetto C. (1996). Stubble Over the Soil - the vital role of plant residue in soil management to improve soil quality. Madison, WI, USA: American Society of Agronomy.

Derpsch, R. (2004). Personal WWW site; www.rolf-derpsch.com

Derpsch, R., Benites, J.R. (2003). *Situation of Conservation Agriculture in the world.* 2nd Global Congress of Conservation Agriculture, Foz do Iguassu, Brazil (August 2003). Vol. 1, p. 87-90.

Dumanski P. (2004). *Conservation Agriculture: Mitigating and Reversing Land Degradation.* A GEF proposal; submitted to OP # 15, Sustainable Land Management, with relevance to Land Degradation, Climate

Change, and Biodiversity.
FAO (2002). The Conservation Agriculture Working Group Activities 2000 - 2001. Food and Agriculture Organization of theUnited Nations, Rome, 2002, 25 pp.
Hulme P J, McKenzie D C, MacLeod D A, Anthony D T W. (1996). An evaluation of controlled traffic with reduced tillage for irrigated cotton on a Vertisol. Soil and Tillage Research 38:217-237.
Landers J N, de Freitas P L, Guimaraes V, Trecenti R. (2001). The social dimensions of sustainable farming with zero tillage. The Third International Conference on Land Degradation, Rio de Janeiro, 17-21 September, 2001.
McGarry D. 1995. The optimisation of soil structure for cotton production. In Challenging the future: Proceedings of the World Cotton Conference-1, Brisbane, Australia, February 1994. pp. 169-176. Eds. G A Constable and N W Forrester. Melbourne, Australia: CSIRO.
McGarry D, Bridge B J, Radford B J. (2000). Contrasting soil physical properties after zero and traditional tillage of an alluvial soil in the semi-arid tropics. Soil and Tillage Research 53:105-115.
Mrabet, R. (2002). Conservation Agriculture: for boosting semiarid soil's productivity and reversing production decline in Morocco. In, International Workshop on Conservation Agriculture for Sustainable Wheat Production with Cotton in Limited Water Resource Areas. 14 -18 October, 2002, Tashkent, Uzbekistan.
Radford B J, Key A J, Robertson L N, Thomas G A. (1995). *Conservation tillage increases soil water storage, soil animal populations, grain yield and response to fertiliser in the semi-arid subtropics*. Australian Journal of Experimental Agriculture 35:223-232.
Robert M. (2001). Carbon sequestration in soils - proposals for land management. Rome: FAO. 67 pp.
Tullberg J. (1998). Controlled traffic: progress and potential. In Second national controlled farming conference, pp. 1-5. Eds J N Tullberg and D F Yule. Gatton College: University of Queensland.

第五篇

综合生态系统管理实践——国际案例研究

5

14 美国大盆地生态系统管理

[1]F. E. Busby

摘要

生态系统管理是综合不同专业知识的规划管理方法及管理自然资源的一种过程。这一过程非常灵活，可运用到解决任何重要的环境、社会、经济及政治问题中，并试图解答人们从不同方面对生态系统提出的问题。生态系统管理避免了规划管理、决策和措施单一而导致资源破坏、环境恶化等严重问题的发生。生态系统管理的应用范围很广，可以包含众多个体或其组成的大片区域，也可以是包含少数个体或组织的小片区域。本文根据已在美国开展并成功应用于改善美国大盆地内大部分区域管理现状的生态系统管理项目，来确定综合生态系统管理的原则与概念。

要点

1．生态系统管理是一个重复性规划过程，包括：①组成要素的识别与约束；②机会与问题的鉴别；③信息采集；④确定目标；⑤制定决策；⑥规划实施；⑦规划评估。

2．生态系统管理项目成功的关键在于监测。对于生态系统管理项目而言从已实施管理实践中吸取经验是十分必要的。根据监测获得的信息，来解决项目管理中发现的问题。所吸取的经验可成为解决其他地区项目管理的知识信息库，用以解决实施项目管理时所发现的问题。

3．生态系统管理有3大原则：当生态系统出现不能解决的问题时，进行生态系统管理才是适当的也是必要的。难以解决的问题包括：①生态系统的某一组分出现机会与问题时；②一个个体或团体采取的措施无法利用生态系统中出现的机会或解决问题时；③除非将所有问题均考虑在内，否则无法解决环境、社会、经济及政治因素所涉及的问题时。

4．其他主要原则：①无论是“非正式”的还是“官方”（选举或指派的）组织的领导人都必须参加生态系统管理；②制定实施规划的当地人要成为生态系统管理过程中的积极参与者；③当地人有与外来人或团体共同合作的意愿；④生态系统管理工作组制定的规划必须明确任务、使命、目标及措施；⑤规划要确保当地人的环境利益，同时还要保证社会和经济利益；⑥将会议上制定的工作计划落到实处。

5．失败是有可能的。无论我们有多么完善的规划，在实施生态系统管理项目时，都有可能无法实现人们所预期的全部效果。有可能导致项目失败的原因有多种，主要包括：①技术上的不完善；②无法克服的政策障碍；③项目参与人员受挫并最终放弃；④某些参与者只为自己谋私利，不为大家利益着想，因此而放弃计划；⑤某些参与者有不诚实的行为；⑥参与者不能持续努力工作。

[1] 美国犹他州罗根市，犹他州立大学自然资源学院
E-mail: feebusby@cc.usu.edu

6．生态系统管理是一个永无休止的过程，应将生态系统管理视为一个过程而不是终点。参与者应知道生态系统管理的工作成绩可能需要10年以上的时间，才能表现出来。一旦成功，这一过程将成为参与者用来经营管理其他生态系统的有效方法。

一、概述

生态系统与生态系统管理的定义有许多。在本文中，生态系统定义为：它是包括环境、社会、经济及政治在内的地球的一部分。而人类对此系统运行的了解仅停留在初级阶段，因此，我们需要进一步研究生态系统，提高对其的认知水平，这种研究的出发点和基础是建立在我们自身已有知识结构与水平上。生态系统通常以生态分界线来划分，如候鸟大陆飞行线，大范围社会经济区域或分水岭。生态系统的“分界线”取决于资源管理的范围及关键的管理要素。当人类将生态系统中出现的或可能出现的问题统一在系统的范畴（层面）内解决时，实施生态系统管理才是最为适当的。

我认为生态系统管理是一个复合型、多层次的规划过程（图 14–1）。它包括：

（1）组成要素的识别与约束；

（2）机会与问题的鉴别；

（3）信息采集；

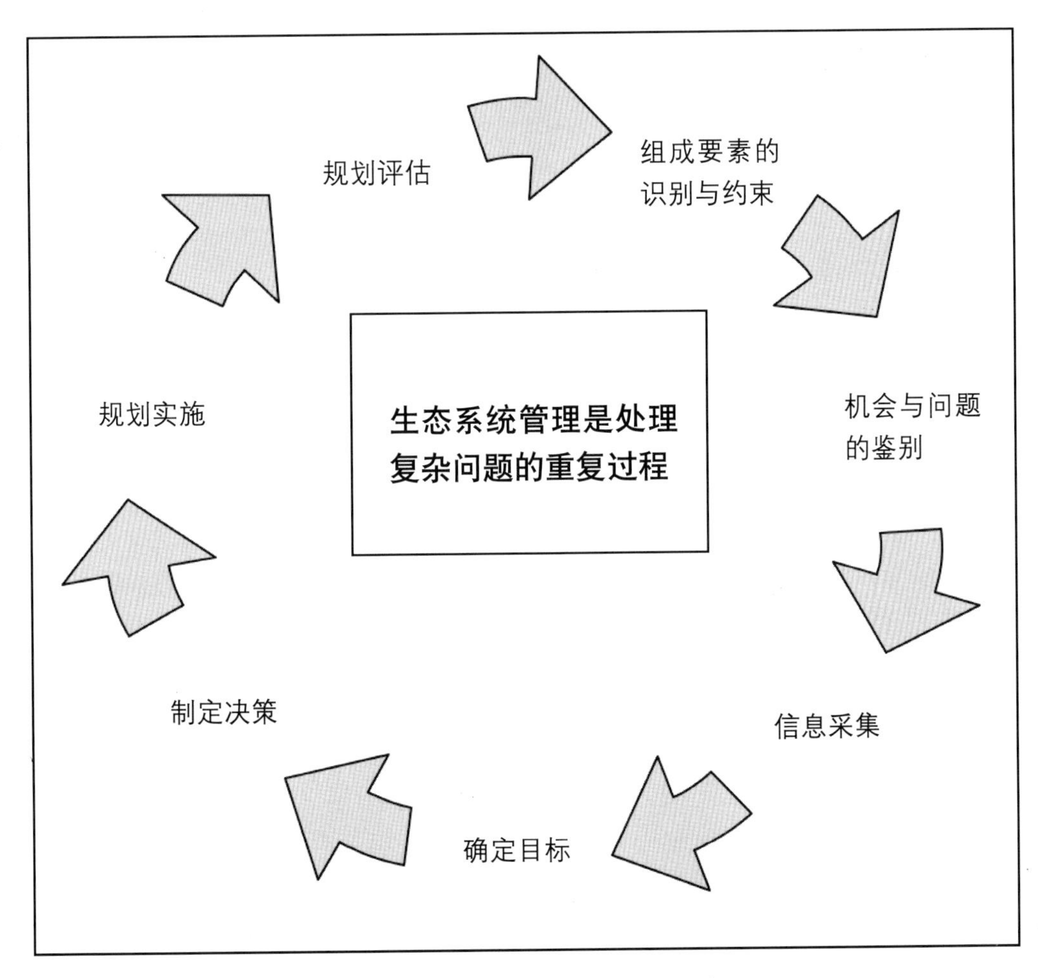

图 14–1　生态系统管理步骤及过程

（4）确定目标；

（5）制定决策；

（6）规划实施；管理规划。

生态系统管理最大的优点是能够解决规模大、复杂程度高的环境、社会、经济与政治的综合性问题。这种问题用常规规划和管理方法是难以解决的。因为，生态系统管理采用更为全面的方法来管理资源，解决生态、社会、经济和政治问题；相比传统管理只关注单一资源开发、或者局限于几个有影响的群体时，经常发生管理失误造成严重的后果；生态系统管理大大降低了出现严重问题的可能性。

实施生态系统管理规划的关键在于监测。这种监测可从已实施管理实践中吸取经验。根据监管获得的信息，可以随时发现问题、调整管理规划。总结和吸收某个管理规划所取得的经验，将会为解决其他地区的问题提供技术支持。然而，每一项生态系统管理规划都会因时间、地点及环境与人文条件的变化而发生改变，所以正确与错误会伴随着实施生态系统管理规划工作的始终。我们必须依照管理对象的需求来建立和实施生态系统管理规划。

解决所有自然资源管理问题，必须把生态、经济、社会及政治问题考虑在内。如同科学家或技术人员那样，我们也应帮助任何人解决生态及经济问题。社会（家庭或邻里关系）或政治（与政府的关系）方面的问题则较为复杂。因为，个体或团体在决定是否同意我们的技术咨询时，受社会政治条件的约束或激励因素的限制，所以，我们解决社会与政治的问题是十分必要的。采用生态系统管理理念解决自然资源管理问题与传统方法一样，也要考虑到生态、经济、社会及政治等因素。但是，生态系统管理方法面对的机会（变化）与问题的复杂性以及利用机会与解决问题方法的复杂性远比自然资源管理的传统方法复杂得多。

本文要讨论的是促进美国生态系统管理发展的条件和推动力。在本文的讨论中，通过从美国大盆地案例研究中得到的经验，指出生态系统管理获得成功需要坚持的一系列原则。

二、美国大盆地

美国大盆地位于犹他州哇萨奇山系（Wasatch Mountains of Utah）及加利福尼亚州内华达山脉(Sierra Nevada Mountains of California)之间。几乎整个内华达州都在大盆地之内，还包括犹他州西部、爱达荷州南部及俄勒冈州东南部。由于山脉分隔，出现了许多盆地与峡谷，因此被称为“盆山相间”地区。气候、土壤、及植被也因受海拔、坡度及坡向的影响而各不相同。大多数峡谷和山脉都是南北走向，垂直于盛行风，也就是说地形对每个山脉的降水量起着主要作用。海拔越高，降水量越多。山脉西面的峡谷则为干旱地区。山上的年降水量在600毫米以上，而峡谷的年降水量仅为75～200毫米。大部分的降水来源于降雪，因此，适于植物生长的湿度条件大多在冬天形成，以供植物春天生长之用，山上积聚的雪成为夏季农业生产及其他生产活动的水源。

大盆地内的水不注入海洋，而是流入湖泊，在此处积聚或蒸发。一年四季大部分时间，盆地内湖泊都处于干旱状态。从山上随水流下的盐分均沉积在了湖内的峡谷底部。由于湖泊一年中的大部分时间都处于干旱状态，且为多盐土壤，因此寸草不生。干旱湖泊附近峡谷底部数百万公顷的土地上，生长的植物都是耐盐植物，如落叶滨藜（*Atriplex confertifolia*）等。海拔较高地区（1500～2400 米）的土壤由于未积聚盐分，因此生长着盆地大型山艾树（*Artemisia tridentate tridentata*）与黑山艾树（*A. nova*）。大型山艾树（*A. tridentata vaseyana*）通常生长在海拔3000米的高山上。此外，杜松（*Juniperus osteosperma*）及矮松（*Pinus edulis*或*P. monosperma*）通常生长在海拔约2000～2400米的山上。海拔在2000～2700米的山上则生长着众多的灌木丛，如毛蔓青冈（*Quercus gambelii*）及大型北美大齿槭（*Acer grandidentatum*）。在山顶（4000米以上）生长着各种树木，包括白杨（*Populus tremuloides*）、英国针枞（*Picea engelmannii*）、柔松（*Pinus flexilis*）及美国黑松（*Pinus contorta*）。在山上有众多的自然及人工湖泊与低洼地可以用来存贮由雪融化成的水。山上的雪融化成水，汇聚成小溪，在小溪旁由于土壤湿度良好形成了河岸区。当然，大盆地内还有各种各样的植物群落及大片草、杂草、灌木、以及由上述植物（乔木）所形成的森林。这里只是为了本篇文章，而简单介绍了此区域生长的主要植物。

除了这些本土生长的植物种群外，很多地方还侵入了外来植物物种。旱雀麦草（*Bromus tectorum*）是一年生草本植物，已成为大盆地的严重入侵种。这一植物几乎分布在所有的山艾树及杜松种群中。如果某地的植物种群被打乱或发生野火，它就会很快地成为该区域的主要植物，从而阻止其他大多数植物物种的生长。因此，在大盆地内，生态系统管理的主要任务就是抑制旱雀麦草的扩散与生长。

山上还生长着大量具有商业价值的树木。这些树木的使用范围和价值因距离遥远而受到限制。木材的主要用途是用于铺设枕木或采矿时用作支撑木。从经济上讲，采矿业是大盆地区域内的最主要工业，旅游业也紧随其后正在蒸蒸日上地发展。牧业也占有一定的位置，比其他工业占地面积大。一般来说，原住民都是大牧场的场主。

生态系统管理案例研究主要是针对大盆地内的牧场主进行的。他们有的拥有自己土地、有的则是向其他土地所有者或向两个国家土地管理部门——土地管理局（BLM）与林务局租用土地，进行放牧。大盆地内土地所有制与居住模式决定了大多数牧场主必须在其私有和土地管理局及林务局所有的土地上同时经营牧业。美国有一种极强的“私有财产权”的观念，因此政府制定出了使用与管理私有财产的计划与政策。土地管理局与林务局分别制定了在其控制的土地上如何放牧的管理条例。所以，一位典型的牧场主，至少需同时执行并遵守 3 种管理条例（或奖罚）——私有土地、土地管理局与林务局所属土地的管理条例。

三、国家环境法律“促进”综合生态系统的发展

牧场主和林场主要遵守私有土地、土地管理局与林务局所属土地的3种管理条例，而且更重要地是还要严格遵守两部至高无上的国家环境法律，一部是《国家环境政策法案》（NEPA）。虽然，这部法案没有直接说它是国家保护环境的政策，但是，它确是政府用于把要采取的规划（行动）通知公民、预测规划对环境的影响、同时允许公民评价实施规划效果（是否利大于弊）的政策。“民众评价”可在公开会议上进行，也可以写信给当地执行法律的行政部门或向法院提起诉讼要求采取法律手段停止规划的实施。美国环境保护组织已经利用这一法案停止或改变了土地管理局或林务局提议的一些行动规划。这一法律手段是大盆地案例研究的重点内容，是环境保护组织对土地管理局执行《国家环境政策法案》情况评估发起的一次挑战。评估结果是同意犹他州向北部牧场主发放许可证的作法。环境保护组织称《国家环境政策法案》的评估没有充分解决放牧产生的环境危害问题，并要求停止发放给牧场主许可证。因为牧场主主要是在土地管理局的土地上进行放牧，所以如果牧场主不能得到放牧许可证，那么他们就不可能有效地经营畜牧业。

另一部是《濒危物种法案》（ESA）。该法案用于确定处于濒危或受威胁的物种，并为其提供保护及实施物种恢复的规划。实现规划的主要目是进一步改善与管理物种栖息地的环境。该法案由其主管机关国家海洋渔业局与美国鱼类和野生动植物局（FWS）负责执行。因为《濒危物种法案》与大盆地的陆地生态系统有直接的关系，所以美国鱼类和野生动植物局负责在大盆地区域实施《濒危物种法案》。

美国最著名的《濒危物种法案》项目是一个与保护斑点猫头鹰（*Strix occidentalis caurina*）有

关的项目。斑点猫头鹰的栖息地是在华盛顿州和俄勒冈州的花旗松（*Pseudotsuga menziesii*）原始森林中。一旦某一物种被列为濒危保护动植物，则太平洋西北岸的所有部门均需根据法案规定实施保护政策，即不仅要保护斑点猫头鹰赖以生存的生态系统，同时还要保护斑点猫头鹰。有效保护斑点猫头鹰就需要保护斑点猫头鹰的栖息地——300多万英亩[2]的森林。禁止采伐森林或从事其他影响斑点猫头鹰物种数量恢复的行为。然而，限制采伐森林使得这一地区的经济陷入困境，直接影响那些从事伐木业或与之相关行业人员的生活。

另外，在大盆地内还发现了艾草榛鸡（*Centrocercus urophasianus*）。但不幸的是，艾草榛鸡的数量多年来持续减少。这种情况是由多方面原因造成的，但其中的主要原因还是由于栖息地的丧失。艾草榛鸡赖以生存的山艾树生态系统的健康状况急剧下降，取而代之的则是仅有山艾树或旱雀麦草组成的生态系统。环境保护组织已要求美国鱼类及野生动植物局将艾草榛鸡列为濒危物种。如果将其列为濒危物种，那么土地管理局、林务局及其他国家部门将采取与斑点猫头鹰相同的保护措施对艾草榛鸡进行保护。当然也有可能采取限制放牧而非禁止采伐的措施。因此，艾草榛鸡也被视为“大盆地内的斑点猫头鹰”。

四、大盆地生态系统管理案例研究

本文中的案例研究并不是针对整个大盆地，而是盆地内较为典型的自然与人组成的一个群落。本案例研究盆地北部地区，面积超过16.5万公顷，海拔超过2000米，降水量从峡谷底部的200毫米上升至山上的600毫米。尽管夏季7、8月份也会出现雷雨天气，但绝大多数的降水都来源于冬天的降雪。冬季，人们一般居住在海拔较低且干燥寒冷、植物生长季节短的地区。这一地区的草都是用山上流下的小溪水灌溉而生长的。

本案例研究区域曾发生过了艾草榛鸡数量的减少，且有调查文件证明其数量的变化。艾草榛鸡数量下降主要原因是栖息地的减少，而栖息地减少的主要原因是以往的过度放牧。栖息地的减少与艾草榛鸡数量的下降也正是环境保护组织质疑土地管理局发放放牧许可证的原因。此外，还有另一个原因就是河岸地区土地贫乏。环境保护组织认为只要艾草榛鸡数量仍十分少、以及河岸地区的土地依然贫乏，两种情况发生的主要原因是过度放牧造成的，就应该限制放牧。

在案例研究地区以及大盆地内其他地区，大多数牧场主们都要遵守私有土地所有制规定、土地管理局与林务局制定的法律条例以及国家法律法规。总之，这些条例和法规威胁着他们的生产和生活方式。因此，生态系统管理方法中需考虑到环境、社会、经济及政治因素。下列各项列举了我在大盆地案例的研究中发现正在被应用的生态系统管理原则。相信这些原则可适用于其他地区。表14-1列举了全部生态系统管理原则。

1．生态系统的某一组分出现机会或问题时，进行生态系统管理是适当的也是必要的

这并不意味着大盆地内的生态系统管理工作不能被分为数个工作单元，而是为了更好地解决艾草榛鸡栖息地减少及由此引起的生境和管理边界的问题。如果艾草榛鸡被列为濒危或受威胁物种，则工作区域有可能要覆盖整个大盆地了。本文中要讨论的案例研究所涉及的区域并不仅是此时正在进行的众多管理项目之一，同时还关注了艾草榛鸡栖息地的改善以及其他众多问题。

2．一个个体或团体采取的措施无法利用生态系统中出现的机会或解决问题时，进行生态系统管理是适当的也是必要的

在本案例研究区域及大盆地的其他区域内，牧场主发现了自身或土地管理局都无法解决的问

[2] 1英亩＝4047平方米

表 14-1 生态系统管理的原则与概念

生态系统管理的原则与概念
1．当生态系统的某一组分出现机会或问题时，进行生态系统管理是适当的也是必要的
2．一个个体或团体采取的措施无法利用生态系统中出现的机会或解决问题时，进行生态系统管理是适当的也是必要的
3．除非将所有问题均考虑在内，否则无法解决环境、社会、经济及政治因素所涉及的问题时，进行生态系统管理是适当的也是必要的
4．无论是“非正式”还是“官方”（选举或指派）组织的领导人都必须参加生态系统管理
5．制定实施规划的当地人要成为生态系统管理过程中的积极参与者
6．当地人有与外地人或团体共同合作的意愿
7．生态系统管理组制定的规划必须明确任务、远景、目标及措施
8．计划要确保当地人的环境利益，同时还要保证社会、经济利益
9．将会议上制定的工作计划落到实处
10．失败的可能性总是存在的
11．监测与评估生态系统管理计划与措施
12．生态系统管理是一个永不停止的过程

题时，他们不会坐下来为保护艾草榛鸡制定方案或设计一个新的放牧系统。对于这些问题，人们考虑的角度总是各不相同的。因此，生态系统管理需要考虑到来自不同层面、不同群体的人们所想到的所有问题。

3．除非将所有问题均考虑在内，否则无法解决环境、社会、经济及政治因素所涉及的问题时，进行生态系统管理是适当的也是必要的

由于大盆地地区土地所有制的复杂情况和相互依存关系，艾草榛鸡的栖息地无法得到改善，又无法增加艾草榛鸡的数量时，应实施生态系统管理。此过程既能维持牲畜放牧，又能保证牧场主经济效益，以及其他团体的经济与社会效益。

在得知土地管理局发放放牧许可证的决议受到质疑，且有可能以后不允许发放时，人们开始担心牧场及小型农场社区的未来发展。从执行措施的实际目的看，限制在土地管理局的土地上放牧也就意味着停止这一地区内牧业的发展。如果长期实行这一措施，会导致当地土地利用由经营牧场转变为房地产开发，以及室外娱乐设施的增加，而这些对于艾草榛鸡生态系统也会造成负面影响。

针对这些担心，农场社区的领导人组织可能受到潜在影响的牧场主开会，提出对这一措施的共同应对的方案。有两种方法可供选择：①聘请律师与环境保护组织就其质疑土地管理局发放放牧许可证一事提起诉讼；②接受环境问题的事实，并提出解决问题的方法。对于究竟采取哪种方法，他们一直持续争论了两三个月。

4．无论是“非正式”还是“官方”（选举或指派）组织的领导人都必须参加生态系统管理

在讨论是对环境组织提起诉讼、还是努力寻找其他解决办法时，自然就产生了领导人。“非正式”领导人一般都是当地有一定威望牧场经营者。私有牧场主在本案例研究中较为普遍。私有牧场主拥有大量财产与土地。为了提高牲畜与野生动植物的价值，牧场主实施了多年改善牧场环境的规划。艾草榛鸡数量明显增加，牧场既可获得牲畜放牧带来的收益，又可从经营野生动植物业务中（捕猎或野生动植物观赏）获得收入。这样的个体在社区组织中是受尊敬的一员，但邻近的牧场主不把这样的人视作是他们的同类人，因为他们经营牧场的手法与那些牧场主不相同（他们的土地或多或少都来自土地管理局的土地）。所以，他们以此为理由来解释为什么不这样做的原因。受尊敬的个体牧场经营者被官方领导人（县委会委员）确定为一个楷模，同时以个体牧场主经营的牧场为典型例子，向其他牧场主推荐他的做法。成功的个体牧场经营者及其牧场的改革成果也使县委会委员们充满信心，并进一步说服其他牧场主和任何愿意共同解决牧场环境问题的农场主参加到生态系统管理规划中。然后，选举产生官方（正式）领导人。一些牧场主马上同意接受官方（正式）领导人的领导。随着时间的推移，社区内所有的牧场主都同意接受官方（正式）领导人的领导。

5．制定实施规划的当地人要成为生态系统管理过程中的积极参与者

当大盆地内的艾草榛鸡数量与栖息地急剧下降时，必须制定相应的解决办法。当地人，特别是拥有土地的牧场主们，必须直接参与到生态系统管理过程中来。规划区内的牧场主们与其他地方的牧场主或农民一样独立。他们希望能以他们自己认为合适的方法来经营他们的牧场。但由于面临禁止在土地管理局的土地上放牧的威胁，也就意味着他们再也无法经营放牧时，他们才意识到依靠自身的力量是无法解决这些问题的。因此，他们决定放弃独立经营的想法，来和大家共同寻找并实施解决问题的方法。

6．当地人有与外地人或团体共同合作的意愿

牧场主们即使有了县委会领导的支持也无法独立解决这些问题，因为他们既不能代表所有相关的决策人，也没有解决问题所需的全部专业技术知识。因此，另外3个组织人员的加入是非常重要的——土地管理局、犹他州野生动植物资源管理部（DWR）以及环境保护组织的代表。土地管理局的参与是十分必要的，因为他们控制的土地在《国家环境政策法案》评估范围内；而犹他州野生动植物资源管理部的参与是因为根据犹他州法律规定，他们的责任就是保护与管理野生动植物资源。环境保护组织的个人或团体的参与也非常重要，因为他们可确保“外部”利益——规划与措施有利于环境健康，而不是仅有利于社会、经济或政治因素。但牧场主们对与环境保护组织机构或代表合作一事并不十分赞同，而反之亦然，皆因他们彼此间矛盾已积聚多年。但现在，牧场主、土地管理局、犹他州野生动植物资源管理部及环境保护组织的一些成员都要共同参与进来，因为规划带来的利益远比他们过去的分歧重要的多。每个参与到生态系统管理过程中的成员一致同意，他们的目的就是改善艾草榛鸡栖息地，争取使其不被列入濒危及受威胁名单中。共同合作既可使艾草榛鸡受益，又可实现其他目标，这样要比被美国鱼类和野生动植物局把艾草榛鸡列为濒危及受威胁动物而采取强制的保护措施好得多。

另外，重要的一点是环境保护组织参与规划的人员肯定是组织内受尊敬的成员，而不是那些起诉土地管理局的《国家环境政策法案》评估决策的人。这样做至少有两点理由：①目前，牧场主们对和他们的对手共同参与生态系统管理过程都还没有足够的信心；②环境保护组织自身认为他们的工作就是监测这一过程（且如果未能获得预期效果还将提起诉讼），而不是积极地参与寻找解决问题的办法。生态系统管理理论中的关键就是要求所有参与者都要积极的参与到规划中来，而时间会证明生态系统管理的成果是显著的。

7．生态系统管理工作组制定的规划必须明确其任务、前景、目标及措施

制定规划是一项十分复杂的过程，并且花费时间较多。规划制定后，还需每一位参与者同意。只有获得一致意见后，才能实施规划。这一过程是考验参与者共同合作能力的一个良好的时机。

8．规划要确保当地人的环境利益，同时还要保证社会和经济利益

在生态系统管理过程中，找到可使各方受益的机会是鼓励人们参与的重要动因。案例研究项目中，许多人认为改善艾草榛鸡栖息地及增加艾草榛鸡数量，是这一过程追求的主要目标。因此，牧场主们认为继续放牧的机会是他们最主要的目标。此外，由于邻近牧场多年来实行合理的牧场经营方法，不仅使牲畜与野生动植物受益，而且还可获得收入。这促使牧场主要进一步改善经营管理牧场的方法。

9．将会议上制定的工作计划落到实处

如果人们感觉到生态系统管理过程仅局限于会议或口头时，就会对其失去兴趣，特别是牧场主及环境保护支持者们更希望看到实效。加强具体工作力度才能得到改善大盆地生态系统的实际成果。由于大片土地都正进行生态系统管理，因此这一过程将是一项巨大的工程，且有可能无法同时在整个区域内采取适当的管理措施。但应首先建立一个示范项目，这样参与者们可以集中精力来对其进行管理，再将取得的经验与有效的方法在大范围内推广与实施。示范项目成功的关键，一是要解决好环境、社会、经济及政治问题；二是要应用生态系统管理原则。仅在个人农场或牧场上实施一个项目（灌木丛管理或牧场播种）是无法证明管理的有效性。

案例研究项目选择了土地管理局的土地作为示范项目区。这块土地包括有6家牧场主独立经营的土地。这6家的土地既有私人拥有的也有土地管理局控制的，并且都存在着环境问题（如：退化的河岸区、草料减产、艾草榛鸡栖息地的改变以及数量的减少）。牧场主们也是迫于生计而努力地经营着牧场。在当地牧场保护专家、牧场主、土地管理局、犹他州野生动植物资源管理部、环境保护者以及其他组织的共同努力下，在研究项目区域内建立了执行管理规划。规划包括对土地设置围栏及进行水资源建设，以提高对牲畜的管理水平。这样河岸区及内陆地区的条件才能得以改善。降低山艾树密度以提高牧草的产量和改善艾草榛鸡栖息地。进行牧场播种、种植多种植物、牲畜饲养与保护艾草榛鸡的生存都是非常重要的。

利用地理信息系统数据库中的土壤及其他信息，规划确定最佳的围栏设置、水资源建设的位置以及最适合种植植物的场地。同时，规划还需当地土地管理者参加，希望他们向不了解情况的参与者提供信息，如侏兔（*Brachylogies diaphoresis*），是该地区另一种潜在受威胁动物。因此，在对侏兔生存区域进行了详细的调查后，犹他州野生动植物资源管理部决定对该区域进行保护。修订后的规划减少了约40%的山艾树管理与牧场播种的土地面积。管理规划工作及最后结果的改变使得参与者们避免了因无意识行为后果而导致对侏兔保护区域的损害，但同时又改善了艾草榛鸡的栖息地。

示范规划项目的主要内容就是牧场主们开始实施新的经营规划。他们把各自的牲畜集合成群，放在用围栏围成的6块牧草地中饲养。在这之前，牧场主们仅在他们“各自”的土地上放牧饲养。仅这一项改变就已符合了生态系统管理过程的要求，因为不同的管理方式（不同种牛、繁殖季节、健康检查项目等）降低了牧场主们共同合作的机会。

规划一通过，就开始了对山艾树的管理与播种，但仅限在私有土地上。因为在政府部门利用《国家环境政策法案》对规划可能产生的影响进行评估后，土地管理局才允许在它控制的土地上设置围栏或是建设水资源。该项评估花费了一年多的时间才完成。而在这期间内，生态系统管理工作组织承担了很大的压力，因为如果不能在土地上设置围栏和建设水资源，则无法实施规划好放牧系统，也就无法实现预期改善环境条件的效果。而且，如果无法在土地管理局的土地上进行山艾树管理与播种，则无法完全改善艾草榛鸡的栖息地，更不可能增加艾草榛鸡的数量。

把牲畜圈养也是随着规划的通过而展开的。放牧人需把牲畜赶到预定的地点放牧，但由于还未能设置围栏与进行水资源建设，生态系统管理工作组需要支付放牧产生的费用。

10．失败的可能性总是存在的

无论规划有多完善，实施一个生态系统管理项目，总有可能无法达到人们所预期的全部效果。有可能导致项目失败的原因很多，但主要包括：

（1）生态系统管理技术不完善

放牧系统设计有可能被证明无效。虽然与过去相比，我们现在更了解放牧管理，但仍存在很多不可预见的情况。因为大多数的放牧管理系统都无法实施或被监测。我们虽然有一些包括种类、数量、应用季节、以及动物分布的数据，但却很少有信息能帮助我们在其他区域上设计出一套完善的管理系统。虽然示范项目中开展的放牧系统依靠于邻近牧场的成熟的管理方法，但这只是我们目前预期的最佳方案。如果无法取得预期效果，则该系统仍有可能会对这个地区造成土地的破坏、对牲畜饲养产生负面影响、降低牧场主的收入并使艾草榛鸡的栖息地质量变的更差。

（2）无法克服的政策障碍

另一种可能就是由于担心法律诉讼，土地管理局不能在控制的土地上实施围栏与水资源建设项目。如果无法在土地管理局的土地或私有土地上实施这些项目，则牧场主们将无法把牲畜聚集在一块牧草地上进行放牧饲养，从而影响牧群的产量；同时也会严重地影响参与者对项目的信任度。土地管理局依据《国家环境政策法案》在夏季完成了项目评估后，最终决定同意实施该项目。而原来对土地管理局的《国家环境政策法案》评估结果提起诉讼的环境保护组织又对土地管理局的这一决定提起诉讼。但当地土地管理局负责人拒绝了该申诉。在本文起草的同时，环境保护组织又向国家土地管理局办公室提起申诉，使本项目被暂时搁置。如果仍然被拒绝，则该环境保护组织不会向联邦法院（或站在土地管理局一方的法院）提起诉讼。而该区域在度过一个温和的冬天后，在第二年的放牧季节（5月、6月及10月）开始前就可以实施项目。

（3）项目参与人员受挫并最终放弃

如果有任何问题阻止该项目于下一个放牧季节开始时实施，则参与的牧场主们会因项目受阻而退出。

（4）某些参与者只为自己谋私利，不为大家利益着想，因此而放弃计划

如果土地管理局在各种申诉或法律诉讼中获胜，则牧场主们有可能借口称是被胁迫才同意共同合作的，从而退出项目。

（5）某些参与者有不诚实的行为

牧场主有可能会在实施生态系统管理过程中，使环境保护组织认为他们有意改善牧场状况、河岸区状态及艾草榛鸡栖息地条件，而实际上他们只是想争取时间直至环境保护主义者离开。待他们离开后，这些牧场主又会放弃项目，像过去一样按自己的方法经营牧场。

（6）参与者不能持续努力工作

正如上文提到的，如果参与者不相信他们的努力会有效果，就会变的气馁，从而放弃实施项目。由于大盆地生态系统管理的研究案例地区土地所有制的格局复杂，所以像土地管理局这样的联邦政府部门进行管理是十分必要的。国家级、州级以及地方县级土地管理局的正确领导积极推动了生态系统管理工作的开展。但是如果领导权发生变化，实施项目的工作成绩可能会因此而逊色。未来领导人可能不会看重、甚至实施这一项目。

（7）如果艾草榛鸡被美国鱼类和野生动植物局列为濒危及受威胁动物，就不会允许本项目继续实施

如上文所述，《濒危物种法案》是一部国家法律，因此美国鱼类和野生动植物局被授权可实施一切对保护及增加濒危及受威胁的动植物数量的措施。实施某项措施需经过长时间密集的调查研究后，才可进行。一旦艾草榛鸡被列入濒危及受威胁的野生动物，项目区或其他所有被划定为艾草榛鸡栖息地的一切土地管理活动都必须延期或停止。

11．监测与评估生态系统管理规划与措施

监测与评估程序中必须包括生态系统管理组成中十分重要的环境、社会、经济及政治问题。任何一项问题的改变都会导致规划的变更。因此，必须对正在进行的生态系统管理过程进行监测与评估，以确定过程是否符合预定目标。一旦确定过程不符合预定目标，则首先应考虑预定的目

标是否正确。这个目标也许无法实现，或无法在原来预期的时间内达到。如果发现目标不正确，则应立即更改或调整。如果目标被确认是正确的，则需对应用的方法进行评估与改进。生态系统管理工作组要记录实施项目取得的经验教训，以便与他人共享。

某些机构组织已承诺会协助监测与评估本案例研究的示范项目区。一些大学院系及其学生参与到收集和分析数据中。收集的信息在生态系统管理工作组织内共享，以便所有参与者都能了解到相关信息。具体地说，由于人们了解土地管理局制定的政策和遵守政策的程度不同，所以在项目实施中应用政策的程度也不同。如上所述，根据规划过程收集到的信息有利于逐步完善一些正在应用或将被应用管理措施的工作。

12．生态系统管理是一个永不停止的过程

应把生态系统管理视为一次旅程，而非目的地。本文中的大盆地生态系统管理项目才刚刚起步。目前，该项目已实施了3年，参与者预计实施这一项目约需用大约10年的时间。一旦项目取得成功，这一过程将成为参与者用来经营管理其他生态系统的有效方法。

五、结论

生态系统管理的实施为大盆地地区与周边地区的人们提供了众多潜在的环境、社会及经济利益。但是，设计生态系统管理过程必须考虑到所有受到影响的相关者，给他们提供鉴别机会与解决问题的希望，同时要为每个人谋利益。在不同组织间，建立起彼此信任的关系是一件十分不容易的事情，要求不同组织采取某项行动所需要的时间远远多于个人采取行动的时间，所以，生态系统管理的成本较高。如果生态系统管理工作组一直能得到政治的支持，那么他们就能取得实施过程的一致意见。这就为成功地实施环境保护规划奠定了坚实基础。但是，如果把实施生态系统管理与不理智行为给每个人带来的巨大损害和资源退化使当代人与后代人在这片土地上永久失去生产能力相比，进行生态系统管理的成本又不高。大盆地生态系统的案例研究将会成为人们积极创造美好未来和拥有丰富资源的最佳典范。

15 综合生态系统管理的立法方面
——澳大利亚墨累-达令河流域

[1] Ian Hannam

摘要

本文分析了综合生态系统管理(IEM)在完善环境法和制定防治土地退化政策以及实现自然资源可持续利用中的基础作用。阐述了综合生态系统管理（IEM）在创建防治土地退化、可持续利用自然资源的环境法律与政策中所起到的基础作用；详细分析了综合生态系统管理成为国际环境法部分内容以及把它应用到国家防治土地退化的环境法律体系中的缘由；提出了综合生态系统管理作为立法的基本要素可成为识别国家防治土地退化环境法律的能力一种方法。通过把澳大利亚东南部墨累－达令河(MDB)流域的法律和制度体系的建设作为案例进行研究，描述了综合生态系统管理在国家－州环境法律管理自然资源中的特性。最后，本文诠释了墨累－达令河流域的环境法律与中国－全球环境基金干旱生态系统土地退化防治伙伴关系的法律部分要求实现目标的相关性。

要点

1．综合生态系统管理起源于生态科学。它是一个多元素的管理方法，与人类社会学、经济学、生态学、法律和政策有着密切的关系。

2．实施综合生态系统管理需要多部法律（立法体系）：环境规划法、土地管理法、农业法、水土保护法、林业法、流域管理法、污染控制法、环境影响评价法和文化遗产保护法。

3．实施综合生态系统管理，这些法律中需要多种不同立法元素：目标和意图、管理和体制安排、教育、土地管理、科学研究、社区参与、解决纠纷。

4．墨累－达令河流域立法通过综合自然资源管理（INRM）把综合生态系统管理原则应用在综合流域法律中。

5．中国－全球环境基金干旱生态系统土地退化防治伙伴关系可应用墨累－达令河流域的经验：

（1）具有综合生态系统管理规则的国家综合自然资源管理法律框架的概念。

（2）将国家的综合生态系统管理法律与其他国家的环境法联系起来（水土保持法、防治

[1] 环境法与政策专家，中国－全球环境基金干旱生态系统土地退化防治伙伴关系，亚洲开发银行，
地址：北京复兴门内大街156号，北京国际招商大厦D座7层亚洲开发银行，邮编：100031
E-mail: ihannam@adb.org；Jason Chai协助整理论文，环境法律实习生，
中国－全球环境基金干旱生态系统土地退化防治伙伴关系，亚洲开发银行，
地址：北京复兴门内大街156号，北京国际招商大厦D座7层亚洲开发银行，邮编：100031
E-mail: jason.jh.chai@gmail.com

沙漠化法、草原法、水利法）。

（3）将国家的综合生态系统管理法律与各省的法律联系起来。

（4）起草国家－省综合自然资源管理协议（概括综合生态系统管理标准、实施过程，制定国家－省综合生态系统管理规划措施）。

（5）应用流域行动规划（盐碱度、生物多样化、洪水管理、防治侵蚀）。

（6）综合性的社区参与规划。

6．中国目前状况需要实施综合生态系统管理方法：

（1）没有"综合法律"，可采用综合生态系统管理方法。

（2）没有特定的"流域管理"法律。

（3）广泛的国家法律（《森林法》、《土地法》、《水利法》）。

（4）实现综合生态系统管理的整体能力较弱。

（5）立法趋势是从国家到省级逐渐减弱。

7．中国－全球环境基金干旱生态系统土地退化防治伙伴关系的工作方向：

（1）评估现有法律实施综合生态系统管理的能力。

（2）完善立法程序，通过实施中国－全球环境基金干旱生态系统土地退化防治伙伴关系，把综合生态系统管理方法融入到立法体系中。

（3）根据综合生态系统管理概念重新起草特定的法律。

（4）在黄河法的起草工作中引入流域管理法案模式。

一、概述

本文阐述了综合生态系统管理（IEM）在创建防治土地退化可持续利用自然资源的环境法律与政策中所起到的基础作用；详细分析了综合生态系统管理成为国际环境法部分内容以及把它应用到国家防治土地退化的环境法律体系中的缘由；提出了综合生态系统管理作为立法的基本要素可成为识别国家防治土地退化环境法律的能力一种方法。通过把澳大利亚东南部墨累－达令河（MDB）流域的法律和制度体系的建设作为案例进行研究，描述了综合生态系统管理在国家－州环境法律管理自然资源中的特性。最后，本文诠释了墨累－达令河流域的环境法律与中国－全球环境基金干旱生态系统土地退化防治伙伴关系的法律部分要求实现目标的相关性。

二、综合生态系统管理

生态系统提供了生命赖以生存环境的服务，比如水、氮和碳的全球循环。人类的活动与行为（森林的过量采伐、农业的垦荒、基础设施建设、矿物燃料的燃烧，以及大量生物的燃烧），一直对维持生态系统的结构和功能的生物、化学和物理过程产生了深刻影响。在这方面，全球环境基金（GEF，2000）定义的综合生态系统管理一直被用在一些国家防治土地退化的战略中，作为建设可持续经营土地的一种方法。综合生态系统管理一直被应用在实施中国－全球环境基金干旱生态系统土地退化防治伙伴关系的环境战略框架中。中国－全球环境基金干旱生态系统土地退化防治伙伴关系定义综合生态系统管理为："全面正确处理生态系统功能和服务（例如：碳吸收和贮存、气候稳定和流域保护以及医药产品）与人类社会、经济和生产系统（比如：农作物生产、游牧和牲畜的围栏饲养以及供应的基础设施）之间的关系的一种办法。"

中国－全球环境基金干旱生态系统土地退化防治伙伴关系又进一步指出，"综合生态系统管理认为人与自然资源是相互依存的，有着千丝万缕的关系。而不是按着独立的方式，对待每一种资源。为了获得生态、社会与经济的效益，综合生态系统管理提供了包含生态系统所有元素在内的一种解决问题的方法。”过去，解决人类活动对生态系统影响问题经常采用不变的单一部门管理的方法。这种方法导致了政府部门责任、环境法律和政策的破碎。中国一直应用这种类型的方法管理干旱地区，再加上自然资源系统之间的关系和相互作用以及与人的相互关系作用一直被忽视或重视程度不够，所以从未得到理想的效果(Hannam and Du，2004)。所以，迫切需要采纳一个包括综合的、所有相关部门参与的管理系统。综合生态系统管理的概念是建立这一管理系统的有效方法，因为它认识到了人与自然资源的关系（亚洲开发银行 2004，Bennett 2004)。

自然资源管理项目在澳大利亚墨累－达令河流域实施后，取得了许多宝贵的经验。这些经验有利于进一步深入洞悉如何应用综合生态系统管理优化那些为了维持或恢复生态系统结构和功能，追求生态、经济和社会效益最大化所采取的行动（环境与遗产部，2004a，Squires，2005)。如果中国能吸收墨累-达令河流域在环境法律和政策体系中采用综合生态系统管理方法获得的经验和教训，将有助于中国制定防治干旱地区土地退化的长期规划(Hannam and Du，2004)。

三、综合生态系统管理和法律

自20世纪90年代早期开始，综合生态系统管理概念就一直被应用在制定环境法律的工作中。虽然，还没有发现一部法律全部采用了综合生态系统管理的方法，但是它的思想已被应用在解决大量环境问题的国家或州级层面的法律体系建设中。这样的例子有很多。比如：澳大利亚就是应用综合生态系统管理的方法管理墨累－达令河流域的生态系统（Hannam and Boer，2002)。

1．综合生态系统管理的立法方面

综合生态系统管理的定义洞悉了什么样类型的立法资料与管理这个概念相关。细分到各个要素时，每个要素可以作为“立法体系”内实施综合生态系统管理要求的特定法律和立法组织类型的一个指标。立法体系的定义是实现综合生态系统管理的必要法律与立法资料的综合体。立法体系为阐释生态系统的功能和服务与人类社会、经济和生产系统之间的关系提供了一个综合分析方法。人们已经认识到直接或间接地依赖着自然资源（如土地、水和森林），与他们的关系是密不可分的。综合生态系统管理不是孤立地对待每种资源，而是把生态系统中的所有要素放到一起，以期产生多重效应。一部法律要有效地防治土地退化或解决其他环境问题，必须包含这些环境问题的立法与体制要素(Hannam，2003)。所谓要素可能是一个原则、一条建议规则，或是以现有或修改后的方式行使立法机制的行为（法定职能、行政职能）。一个要素可以单独使用，也可以与立法机制或原则一起使用。它能够以立法保护的行为促进实现土地可持续利用的目标。

四、案例研究：澳大利亚墨累－达令河流域

墨累－达令河流域位于澳大利亚东南部，面积1 061 469平方千米，约占国土总面积的14%。这个流域是指澳大利亚最长的河流－墨累－达令河流域。澳大利亚政府、6个主权州[2]中的4个（昆士兰州、新南威尔士州、维多利亚州和南澳大利亚州）和1个地区（澳大利亚首都地区）（以下统称为“州”）及大约200个地方政府部门联合管理墨累－达令河流域。墨累－达令河流域主要生态系统包括东部冷湿高地的雨林地区、东南的温带油桉丛地区、东北的亚热带地区和西部偏远平原的炎热干燥的半干旱和干旱地区。墨累－达令河流域是澳大利亚最重要的农业产区，农产品产值占国家农业总产值的41%。澳大利亚农业用水的70%用于灌溉墨累－达令河流域的土地。

[2] 澳大利亚的每个州与中国的每个省（自治区）不一样，它的每个州在保护与管理环境中起到重要的作用、并承担主要的责任。

欧洲殖民统治时期，流域的物种有85种哺乳动物、367种鸟类、151种爬行动物、24种蛙类和20种淡水鱼。至今，只有35种濒危鸟类和16种濒危哺乳动物。据估计，流域内至少有3万块湿地（环境与遗产部，2004a）。

1．综合生态系统管理的主要问题

墨累–达令河流域的农业由大规模发展导致这一地区发生了许多严重的管理问题。这些管理问题已经严重威胁着流域的生态系统和农业产业的长期发展（墨累–达令河流域委员会，2004a）。

（1）土地退化

墨累–达令河流域的农业和垦荒地区发生了多次不同类型的土地退化问题。这清楚地表明对已建立的许多土地管理措施的执行是不可持续的（墨累–达令河流域委员会，2004b）。土地退化的主要形式是：风侵蚀、水土流失、养分降低、土壤结构破坏、盐分提高、水蒸发和生物多样性丧失。

（2）养分流失

流域的干旱地区是养分和沉积物输出的主要地区（墨累–达令河流域委员会，2004b）。地表养分与沉淀物的非自然流动一般会导致流域上游地区和中游地区的养分与沉淀物流失。这些养分最后聚集到下游流域（河床和水道）。从经济上讲，对养分和沉淀物流失的补偿效益低，尽而又加重了对下游流域产生的恶劣影响。鉴别养分流失和沉淀物移动的源头，并建立长期解决控制流失的方案对墨累–达令河流域未来实现健康环境是十分重要的。

（3）水管理

墨累–达令河流域委员会已经制定了给各州相对公平地分配现有水资源的规则。《墨累–达令河流域协定》又进一步规定了这些原则（墨累–达令河流域协定，1992）。依据《墨累–达令河流域法案（1993年）》，各州共享水资源这一规定已具有了法律效力。各州分别采用了不同的方法给用水单位和个人分配水。

自20世纪初，墨累–达令河流域就开始抽水灌溉农田和把水用作他用。但是，从20世纪50年代以来，抽水容量增加幅度较大。尽管大量抽水灌溉农田提高了经济与效益，但却给河流和湿地的健康蒙上阴影。墨累–达令河流域委员会已经开始从河流进行分水工作，以使水向更加平衡发展的方向流动（墨累–达令河流域委员会，2004c）。

（4）资源利用情况

流域管理优先选择的工作是确定可供选择土地的用途和为牧场主与具有大面积土地的农场主提供最佳的管理措施。这项工作要求具有一定的可持续地平衡流域自然资源和土地使用与乡村环境、经济和社会需求关系的知识和管理经验。为了保持农业生产力的发展水平，采取的主要措施是有效地管理土地和水资源以及推广应用优良的土壤管理技术。当人们认识到自然资源分散管理阻碍了可持续应用土地开发措施的步伐、导致农业生产力水平逐渐下降时，综合自然资源管理就成为了协调各州共同努力工作的一个重要部分(Bellamy, 2002)。在这一点上，地方社区组织广泛推广使用综合生态系统管理原则，作为管理农业土地、保护主要生态系统功能、提高生物多样性的手段。

五、管理墨累–达令河流域的立法和体制

在20世纪80年代，墨累–达令河流域自然资源开始呈现出了大规模的退化现象（墨累–达令河流域委员会，2004b）。但是，当时管理流域的体制主要是5个州政府各自管理，相互间没有综合规划。国家政府对流域的作用是微乎其微的，国家政府认识到了迫切需要增加国家、州与乡村社区之间的合作。恢复流域的生态系统后，在1998年1月批准同意了《墨累–达令河流域协

定》，成立了墨累－达令河流域委员会。当人们普遍认识到流域的有效管理需要进一步加强所有主要“利益相关者”之间的合作后，很快就建成了一个支持采用综合管理办法的行政体制机构网络。先后创建了墨累－达令河流域部长理事会（MDBMC）和墨累－达令河流域社区顾问委员会（MDBCAC）。随后，一些组织机构把州、地方政府以及社区团体（例如，“关爱土地”组织）统一起来，协调领导。1998年的《墨累－达令河流域协定》和1993年的《墨累－达令河流域法案》成为了管理墨累－达令河流域的国家立法框架的核心。应用这两部法规，建立了墨累－达令河流域的管理体制。

1．墨累－达令河流域部长理事会

墨累－达令河流域部长理事会负责实施墨累－达令河项目（MDBI），是国家政府与州政府之间的行政管理机构。这个项目为解决墨累－达令河流域内涉及到的共同利益问题提供了有效的方法（Scanlon，2003）。它的作用还在于全面考虑与可持续利用水、土地和其他环境资源有关的共同利益问题，制定解决问题的政策，提出和批准实现可持续利用水、土地和其他环境资源目标的正确措施。墨累－达令河项目是世界上最大的综合流域管理项目（墨累－达令河流域委员会，2004d）。

2．墨累－达令河流域委员会

墨累－达令河流域委员会是墨累－达令河流域部长理事会的执行和运作机构。它负责全面管理流域系统，并向部长理事会通报在流域内发现的水、土地、生物多样性和其他环境资源有关的问题。墨累－达令河流域委员会是一个自治组织，同时向政府和墨累－达令河流域理事会负责；帮助理事会开发公正、有效和可持续利用流域自然资源的措施，并协调各级政府部门实施这些措施。它也执行墨累－达令河流域部长理事会的政策和决策。与合作伙伴——政府、委员会和社区团队合作，开发并执行综合管理墨累－达令河流域的政策和项目。这一合作方法体现了政府－社区合作关系的重要性。这种方法有利于参与者和当地人们共享利益和技术，使他们能共同参与到制定政策和开发方法以及解决问题的工作中。

3．墨累－达令河流域社区顾问委员会（CAC）

墨累－达令河流域社区顾问委员会是经墨累－达令河流域委员会正式任命的社区顾问团体。它的成员一般都是具有丰富的自然资源管理知识与经验。社区顾问团体网络遍布整个流域。墨累－达令河流域社区顾问委员会的任务是向部长理事会提出合理化建议，向流域社区提供适用技术信息。在人们普遍认识到“社区参与有利于更加有效地解决流域内水、土地和环境问题”后，社区顾问团体才建立起来的。

六、地方政府部门

在墨累－达令河流域内，大量的地方政府部门站在实施国家政府战略工作的第一线，负责控制直接影响土地稳定性和水质质量以及流域健康和水土资源活动。地方政府部门与其他层面的政府部门、地方社区组织合作，共同制定、实施环境政策和规划。地方组织发起的目的在于宣传和防治不同类型土地退化项目例子有很多（墨累－达令河流域委员会，2003）。例如，在昆士兰州，地方规划项目中已经应用了流域综合管理方法。昆士兰州地方政府协会通过制定指导方针支持地方政府在综合流域管理中发挥重要作用，并积极推动流域综合管理方法的广泛应用。在南澳大利亚州，1997年实施的《水资源法》提高了地方政府在水资源管理工作中的地位。这项法案授权地方水管理委员会修订流域发展规划。修订工作成为制定流域规划过程的一部分内容。在维多利亚州，规划条款要求地方政府在制定综合发展规划时，必须充分考虑地区土地和水资源管理战略。

1．社区团体——“关爱土地”组织

“关爱土地”运动是以社区组织为主实施墨累－达令河流域战略的主要过程。“关爱土地”组织是独立于政府之外、全部依赖于社区参与的一个组织。它鼓励土地管理者齐心协力共同解决现存的和潜在的土地退化问题。“关爱土地”组织的活动是以社区组织工作为基础的，动员个人积极参与社区组织，促进社区工作联盟，鼓励采用可持续耕作方式（Carey and Webb，2001）。各级政府鼓励和支持采用这种参与式方法。它是澳大利亚提高自然资源管理水平、实施土地利用和环境政策的最有效措施（Squires，2005）。

七、墨累－达令河流域立法体系

墨累–达令河流域的自然资源管理立法体系包括国家和州政府管理的法律体系。这个立法体系得到了国家和州自然资源管理战略的多方支持。它能够协调众多法律共同努力实现墨累–达令河流域生态系统管理和可持续土地利用管理的目标。墨累－达令河流域部长理事会、流域委员会、流域社区顾问委员会为实现这一目标在体制协调结构上起到了核心作用。在这一方面，通过结合国家－州的法律、国家－州的自然资源管理战略以及其他不同的政策和跨辖区或“共同边界”的条例，实施综合生态系统管理工作（Scanlon，2003）。

1．国家法律

《澳大利亚宪法》赋予了国家政府通过立法管理环境的权力（Branson，1999）。宪法赋予环境的最重要立法权力之一是利用资金的权利。国家政府可以利用资金的权利向各州提供资助和相关拨款。以下法案是对墨累－达令河流域管理具有重大意义的国家立法法案。

（1）1991 年《自然资源管理（资金援助）法案》

这个法案规定了澳大利亚自然资源管理的资金使用和行政管理，是墨累–达令河流域国家资金的主要来源渠道。在这一点上，它促进了实现法案规定的可持续发展生态的原则相一致的有效、可持续、平等管理的目标，进一步开发和利用自然资源管理的综合方法。法案还促进了社区、行业和政府之间在自然资源管理上的合作，并建立了彼此间的伙伴关系，尽而为制定和实施可持续利用资源的政策、规划和措施，在体制与机制上提供了保障。这个中央资金管理系统带给墨累－达令河流域的主要利益是资助那些要求用统一的办法制定地区土地管理的标准、解决国家–州层面上的自然资源保护与利用冲突的问题的具体组织部门。

（2）1993 年《墨累－达令河流域法案》

1993 年《墨累－达令河流域法案》规定联邦政府、新南威尔士州、维多利亚州和南澳大利亚州达成有关利用与保护墨累–达令河流域水、土地和其他环境资源的协议。协议的目的是“有效、可持续地利用墨累–达令河流域水、土地和其他环境资源，推动和协调有效规划和管理工作。”它要求墨累－达令河流域委员会在制定重大决策前，应考察各种各样的开发对流域的水土质量、生物多样性和其他资源的影响，以及公众的看法。

（3）1994 年《国家环境保护委员会法案》

《国家环境保护委员会法案》通过给国家和州级政府规定环境责任，赋予了《政府间环境协议》的法律效力。委员会为空气、水、土壤或噪声污染确定了国家环保标准，并确保国家和州级政府的重大商业决策与市场条件和环保计划相一致。法案规定了严格的咨询程序确保管理者和收益群体，包括行业、环境集团、政府机构、非政府组织以及公众有参与环境决策程序的平等机会。

（4）1997 年《澳大利亚自然遗产信托法案》

这个法案建立了澳大利亚自然遗产信托基金。部分基金来自一家大型国有企业，用于支持保护、维修和更新澳大利亚的自然资源基础设施工作，尤其是墨累－达令河流域。基金主要用途是环境保护、农业可持续发展和自然资源管理。它也建立了由环境和遗产部部长和农业、渔业与林业部部长组成的自然遗产部长委员会，自然遗产信托顾问委员会是根据《澳大利亚自然遗产信托法案》成立的专家委员会，向部长委员会提出有关信托目标和合作协定的有效建议。各州之间达成合作协议，制定信托基金援助条款，确立环境保护、自然资源管理和农业可持续发展的合作框架。合作协议是以自然遗产信托项目为中心建立的。国家政府利用合作协议，确保各州制定和实施环保和可持续发展的政策和方针与国家的环境战略和优先行动相一致。

（5）1999年《环境与生物多样性保护法案》（EPBCA）

2000年7月16日实施的《环境与生物多样性保护法案》给国家环境法律体系带来了翻天覆地的变化。它为保护生物多样性建立了新的国家环境法律体系，从而使澳大利亚能够进一步履行国际环境协议的义务。《环境与生物多样性保护法案》大体分为两部分。它的实质部分是在国家环境六件重大事情的基础上，建立了环境影响评估体系；其他部分概述了保护生物多样性和保护重要环境地区（如墨累－达令河流域）的方法和机制。最重要的是《环境与生物多样性保护法案》包含了许多能使公众正式参与制定环境决策活动的机制（World Wide Fund for Nature，2000）。

2．州法律

因为《澳大利亚宪法》限制了联邦政府以国家利益为主制定环境保护法的权力，所以州政府在保护和管理环境工作中的责任和作用就更加重大了。

（1）新南威尔士州

新南威尔士州是墨累－达令河流域人口最多、生物物种最丰富的地区。它有一系列保护和管理所有形态陆地和海洋生态系统以及限制土地使用活动的法律。2002年，建立的新立法体系改善了州内综合自然资源管理的合作和协调机制。立法体系包括了2003年实施的《自然资源委员会法案》，确立了州级生态标准和目标；以及2003年的《流域管理机构法案》，建立了实施综合生态系统管理标准、目标原则和规划机制。流域行政管理部门负责制定墨累－达令河流域综合管理规划，确立优先工作的重点是管理自然资源（新南威尔士州环境保护局，2003）。综合管理规划必须与国家和州层面的环境目标和政策相一致，才有资格得到国家自然资源管理资金的援助。国家政府制定资金援助标准，根据地方社区与流域行政管理部门共同开发的地方和区域土地管理项目提供援助资金额。

（2）昆士兰州

19项州议会法案间接地影响着墨累－达令河流域管理工作。昆士兰州自然资源局执行实施大多数法案。2000年的《水法案》和1999年的《植被管理法案》构成了昆士兰州环境保护法律制度的主体。

（3）南澳大利亚州

1997年《水资源法案》规定了南澳大利亚州主要立法框架，确定了海洋和陆地生态系统综合管理的政策和规划内容。流域与水管理理事会（CWMBs）制定的水管理规划为综合与改善生态系统管理提供了重要方法。1993年《建设法案》规定了土地管理和土地开发的活动，建立了土地开发规划与评估体系。土地开发使用前，必须得到相关规划部门的批准。1997年《水资源法案》授予了流域与水管理理事会修订开发规划的权力。理事会就可以利用这个权利确保新的土地使用活动与流域管理目标和战略相符合。1993年《环境保护法案》允许环境保护部门发现环境质量有问题时，要制定出保护环境的相应政策。

（4）维多利亚州

1994年《流域与土地保护法案》与其他环境法案相结合，共同管理维多利亚州的自然资源。这些环境法案包括1970年的《环境保护法案》、1988年的《自愿保护动植物法案》、1989年的《水法案》。根据《流域和土地保护法案》和《水法案》设立了流域行政管理部门，主持自然资源管理的所有活动。维多利亚州流域管理委员会负责管理这些部门。

八、国家行动规划与战略

在国家层面上，已经设计了许多支持实现国家环境立法的目标、指导各州项目实施的自然资源国家行动规划与战略。国家行动规划与战略为有效管理墨累-达令河流域自然资源也制定了资金援助规划和启动了教育培训项目(Squires，2005)。

1．国家遗产信托组织

自然遗产信托组织自1997年成立以来，成千上万的社区团体得到了用于环境与自然资源管理项目的基金。在实施的最大环境救助规划时，澳大利亚政府认识到基层工作的重要性与社区支持的必要性。因此，信托组织的大量基金用于资助环境和自然资源管理项目。它的使命是确保改善自然资源条件、提高水质质量、河区环境健康、植被管理，减少土壤侵蚀。在社区的大力支持下，通过向社区、地区和国家或州层面提供环境保护行动援助资金，信托组织立足长远、创造了解决墨累－达令河流域乃至澳大利亚全国所面临环境问题的有效、协调途径。

2．《政府间环境协议》

《政府间环境协议》是促进国家与州层面协调管理自然环境的一种机制（环境和遗产部，2005b)。它为各级政府间搭建了更好沟通的桥梁，有利于建立统一的管理国家与州层面的环境标准。

3．《盐碱度与水质的国家行动规划》

《盐碱度和水质的国家行动规划》表明了解决墨累－达令河流域地区旱地盐碱度和水质退化问题的迫切性。它的目标是动员各地社区能够协调、预防、稳定和扭转影响干旱地区可持续发展的旱地盐碱度恶化的态势（环境与遗产部，2004c)。它的目的是致力于保护生物多样性、改善水质质量；确保农业、城市与工业建设不会造成土地的盐碱度的增加或破坏自然环境。

（1）《综合流域规划》

地方社区组织按照国家和各州政府制定的标准与目标框架，在墨累-达令河流域建立了《综合流域规划》。每项规划都是根据对自然资源问题及地方社区在流域或地区层面上优先工作的内容进行分析后制定的。各州与地方政府制定具体的工作计划、能力结构和行政管理体制，支持《综合流域规划》的实施。重要的是《综合流域规划》还指出了墨累－达令河流域哪里存在土地与水源利用恶化的实质性问题，哪里需要解决干旱地区盐碱度和水质恶化问题，哪里还存在一些降低地方社区生存能力的潜在因素。考虑到这些问题在全国范围内的严重性，尽管国家已投入大量资金，但是为了推动和执行《综合流域规划》的步伐，及国库为此遭受的巨额费用，国家政府还是向各州提供了一定数量的补偿金（墨累－达令河流域委员会 2004，c、d)。

九、中国综合生态系统管理现状

中国西部干旱与环境脆弱地区的土地退化是与过去政策不得当和土地耕种方式相对落后有关的。土地退化现在直接影响着中国接近1/4人口的生存与生活环境(Hannam and Du，2004)。然而，近几年中国政府日益关注环境问题，并采取了一系列治理环境的措施，启动实施了多项“生态建设”项目。尽管中国政府投入了大量人力与物力（包括西部大开发战略）解决干旱地区生态问题，但是还存在着一些对有效防治水土流失、环境退化工作执行的障碍。比如，中国至今还没有完整的防治土地退化的法律体系(Asian Development Bank，2004；Hannam and Du,2004)。

防治土地退化工作进展缓慢的一个主要因素就是水利部、国家林业局和农业部分别各自执行和实施相关法律、国家的政策和项目。许多防治土地退化与恢复生态的法律及政策不能协调执行，导致或加剧了土地退化的步伐。许多例子可以说明这一点：退耕还草（牧场），加大限制在边缘地区放牧的力度；转移与疏散人口密度大地区的人口；加快缺水地区工业发展步伐；农业灌溉的过度发展；低价水并未刺激农民采取高效节水方法。尤其是土地利用的转变（围栏）与移民政策给环境造成了重大影响。在干旱地区缺乏农业保护措施，造成土壤养分不足，土壤结构、土壤有机物和土壤含碳量的衰减，致使过度径流和风蚀。这些都是造成干旱地区生态系统稳定性的全面下降的主要原因。

十、墨累－达令河流域管理体制中适合中国－全球环境基金干旱生态系统土地退化防治伙伴关系的部分

澳大利亚自然资源管理综合方法的发展是一个渐进过程，既有创新又有失败（Squires，2005）。探寻一种综合的有效方案解决墨累－达令河流域地区自然资源退化问题，促使国家和州政府也积极寻求一种基于国家、州和地区之间合作和协调的解决方案。值得注意的是，墨累－达令河流域管理体制中的许多立法和管理战略都值得中国借鉴，以利于早日提高中国干旱地区环境管理水平。

1．综合自然资源管理法律（INRM）

借助综合生态系统管理的规则，中国在干旱地区若实施综合自然资源管理法律和体制框架，那么就解决了现行部门分散、层层分级管理方法的弊病。“国家综合生态系统管理法律”和其他现行环境法律结合起来，可以创建一种协调执行《水土保持法》、《沙漠化防治法》、《草原法》和《水利法》等法规的机制。它也为综合生态系统管理制定了结构框架，消除了以重复和冲突为特征的各部门分散管理的弊端。

另外，通过把“国家综合生态系统管理法律”与省级自然资源保护法规相结合，可以制定出一些详细的解决当地具体土地退化问题的执行规则。目前，一些国家环境法的标准和原则很少涉及到省级层面。理想的是具体实施的法规应该比国家制定的法律更为详细，建立具有地方特色的自然资源恢复和生态系统保护的法规执行程序。建立与综合自然资源管理法律相关的国家、省级层面的综合自然资源管理协议，确立适用于各个层面的、统一的实施综合自然资源管理的步骤；制定综合生态系统管理标准；启动实施国家和省级层面的综合生态系统管理行动规划。中国也可以采用防治江河流域盐度增多、生物多样性降低、洪水泛滥和水土流失的有效行动规划，作为综合法律和制度系统的一部分内容进一步加强自然资源管理工作。

2．社区参与

中国在干旱地区应该建立协调社区参与规划。澳大利亚有效防治土地退化的经验就在于开展自然资源恢复工作时，突出强调了社区团体组织广泛参与的益处。社区“关爱土地”组织参加土地保护运动，提高意识，发挥各自防治土地退化的技能。参与式活动包括集会和户外活动，自由交流土地管理信息、资源保护和耕作技术（植树造林）、植被和湿地保护技术；相互促进新农业管理技能与提高监测土地和水质质量的能力。

不可持续农业生产方式是导致中国大面积的土地退化的主要原因之一。社区参与可实现信息资源共享，协调保护农业行动，大大提高管理土地和水资源水平。

十一、中国－全球环境基金干旱生态系统土地退化防治伙伴关系的工作方向

首先，应该在国家与省级层面上对执行综合自然环境管理框架的中国现行环境保护法律体制的实际能力做出一个全面评估。从评估结果中，可发现现行的综合框架中存在着环境法律条款之间相互冲突、重复和不足的现象。这些不仅可作为建立新的环境立法程序的基础（以综合生态系

统管理的理论为基础)，也可作为全国和地方进一步加快环境立法改革的基础。可以预测，中国在综合生态系统管理原则下重新起草相关自然资源管理法律，是防治干旱地区土地退化管理的最佳方法（Hannam and Du，2004)。为实现这一目的，中国已经开始准备制定黄河流域水、土地资源管理的法律框架（Asian Development Bank，2004)。

十二、结论

对澳大利亚墨累－达令河流域案例分析研究后，得出了规划开发防治土地退化和管理环境的综合自然资源管理方法的经验与教训。①管理范围包括整个地区及其生态系统（流域），超出了单一生境类型、保护区和政治或行政区域的界限；②由于人类需求已经严重地干扰了生态系统的稳定性，所以在建立自然资源管理项目时，要把经济和社会因素融入到生态系统管理的目标中；③由于生态系统是动态的，所以管理规划要具有灵活性和适应性，能根据新的信息和经验进一步设计和修改立法与技术管理战略。中国要把综合自然资源管理方法应用到干旱地区，就需要加大自然资源分配与土地利用规划技术和责任的透明与量化程度；解决问题的重点是满足干旱地区环境条件下的社区需求、发展经济、降低新的发展项目给环境造成的间接损失；还需要建立新的监测和通报机制，及时报道干旱地区生态系统管理和生物多样化保护的状态。在发展综合自然资源管理方法的新模式中，要把从实施生态系统管理和生物多样性保护的战略中得到的现实的与潜在的利益，按着尽可能多的原则分配给“利益相关者”，否则他们会按现行土地利用政策继续破坏干旱地区的自然生态系统。

参考文献

Asian Development Bank, 2004, *Financial Arrangement for a Proposed Global Environment Facility Grant and Asian Development Bank Technical Assistance Grant to the Peoples Republic of China for the capacity Building to Combat Land Degradation Project*. Asian Development Bank Report, Beijing,, China, p 11.

Asian Development Bank, 2004, *Strategic Planning Study for the Preparation of the Yellow River Law*, TA-PRC 3708.

Bellamy J et al. 2002 *Integrated Catchment Management: Learning from the Australian Experience for the Murray-Darling Basin - Overview Report*, Murray Darling Basin Commission p 5, http://www.mdbc.gov.au/naturalresources/icm/icm_aus_x_overview.html.

Bennett, G. 2004. *Integrating Biodiversity Conservation and Sustainable Use: Lessons Learned from Ecological Networks*. IUCN, Gland, Switzerland, and Cambridge, UK. vi + 55 pp.

Branson, C, 1999, *The Environmental Protection and Biodiversity Conservation Act 1999- Some key constitutional and administrative issues*, The Australasian Journal of Natural Resources Law and Policy Journal article on environmental power, 33-45, 35.

Cary J & Webb T. *Landcare in Australia: Community Participation and Land Management*, Journal of Soil and Water Conservation, Fourth Quarter 2001; 56, 4, pp 274-278, 274.

Department of Environment and Heritage, 2004a, *Murray Darling Basin*, Canberra, Australia, available at http://www.deh.gov.au/water/basins/murray-darling.html.

Department of Environment and Heritage, 2004b, *Intergovernmental Agreement on the Environment*, Canberra, Australia, available at http://www.deh.gov.au/esd/national/igae/.

Department of Environment and Heritage, 2004c, *National Action Plan for Salinity and Water Quality*, Canberra, Australia, available at http://www.deh.gov.au/commitments/wssd/publications/salinity.html.

Department of Environment and Heritage, 2004d, Murray Darling Basin, Canberra, Australia, available at <http://www.deh.gov.au/water/basins/murray-darling.html>

Global Environment Facility, 2000, GEF Operational Program #12 Integrated Ecosystem Management, Nairobi, Kenya, available at http://www.gm-unccd.org/FIELD/Multi/GEF/OP_12.pdf.

Hannam, I.D and B.W. Boer, Legal and Institutional Frameworks for Sustainable Use of Soils: A Preliminary Report, IUCN, Gland, Switzerland and Cambridge, UK. Xvi+88p.

Hannam, I. 2003, A Method to Identify and Evaluate the Legal and Institutional Framework for the Management of Water and Land in Asia, The Outcome of a study in Southeast Asia and the People's Republic of China, Research Report 73, International Water Management Institute, Colombo, Sri Lanka, p 14.

Hannam, I.D, and Du Qun, 2004, 'Environmental Law Reform to Control Land Degradation in the People's Republic of China: A view of the legal framework of the GEF-PRC Partnership Program', the 2nd Colloquium and Collegium of the IUCN Academy of Environmental Law 4-8 October 2004, Nairobi, Kenya.

Murray-Darling Basin Agreement, 1992, Commonwealth of Australia.

Murray Darling Basin Commission, 2003, Information F3 Working with Local Government, available at http://www.ndsp.gov.au/Pdfs/tools_pdfs/F3.pdf.

Murray Darling Basin Commission, Land and Its Changing Use, 2004a, Australia, available at http://www.mdbc.gov.au/education/encyclopedia/land_use/land_use.htm.

Murray Darling Basin Commission, Land Degradation, 2004b, Australia, available at http://www.mdbc.gov.au/education/encyclopedia/naturalresources/env_issues/land_degradation.htm.

Murray Darling Basin Commission, Water Use, 2004c, Australia, available at http://www.mdbc.gov.au/education/encyclopedia/water_use/water_use.htm.

Murray Darling Basin Commission, the Murray-Darling Basin Initiative, 2004d, Australia, available at http://www.mdbc.gov.au/about/governance/overview.htm.

Murray Darling Basin Commission, Integrated Catchment Management in the Murray- Darling Basin 2001-2010: Delivering a sustainable future, Canberra Australia, available at http://www.mdbc.gov.au/naturalresources/icm/3624_ICMPolStatement.pdf.

New South Wales Environmental Protection Agency, State of the Environment Report 2003, Sydney Australia, available at http://www.epa.nsw.gov.au/soe/soe2003/chapter4/chp_4.1.htm#4.1.51.

Scanlon J, 2003 *The Murray Darling Basin Initiative-Australia*, Applied Integrated Water Resources Management, 2.

Squires, V, 2005, *Integrated Ecosystem Management: Australian experiences in prevention and control of land degradation in dryland ecosystems*, Proceedings International Integrated Ecosystem Management workshop, Beijing, 1-2 November 2004.

World Wide Fund for Nature (Australia) and Humane society International, 2000, *Public Participation under the EPBC Act*, Canberra, available on the internet at http://www.wwf.org.au/content/fact sheets.htrn.

16 巴基斯坦环境规划与管理
——一个值得思考的新方法

[1] Parvez Hassan

摘要

随着时间的推移，生态系统管理作为一种有发展前景的“工具”，越来越多地引起了规划者与决策者的密切关注。本文介绍了巴基斯坦在环境规划和管理工作中的经验，探索如何应用综合生态系统管理等一些新方法解决行政、立法和司法相对落后问题。

要点

1. 在经济发展至上的背景下，国家制定的政策往往不重视环境问题。法律缺乏完整性而且相互抵触，这个严重问题使环境难题不能在整体上有计划地得到解决。然而问题不止于此，法律框架的建立与之相比更为困难。总之，法律没有责任去增加生态效益，也没有责任从集合性观点去解释生态系统，法律的力量在于对危害所造成损失加以补偿，更在于预防危害。

2. 政府对商业利益的关注，薄弱且相抵触的法律机制，以及司法过程中的内在限制，所有这些法律的、政策的、社会经济的、生态的种种因素汇集在一起都表明对于环境的政策与管理需要更多的新方法。综合生态系统管理脱离了单一的管理过程，而转向了重视管理、科学、适应以及利益冲突的缓解这样一个参与性过程。它为制定环境政策与管理措施提供了一个开放式的方法。

3. 关注多个“利益相关者”的参与也很重要，国家与地方环境部门不得不应付行政官僚体制中的一个额外的层次，即权力日益增强的地方政府。

一、千年挑战

进入21世纪，当我们对世界环境状况进行思考时，产生了一种极其不安的感觉。尽管已经建立起了包含政治、科学和法律学科在内的生态学，但是对这些进步的感觉还是瞬间既失的。全球气温升高、冰盖消退、河床干枯和海岸侵蚀，给人类敲响了警钟。人类的家园、生存的空间遭到了前所未有的生态灾难。然而，人类对环境资源的过度索取与采用的干扰生态系统稳定性的政策和经营行为，造成土地退化、生物多样性降低、洪水泛滥等严重的自然灾害；那么人类就要反思行为、改进措施、探求解决环境问题的方案。同时，人类也在保护自然环境的许多领域中取得了很大的成绩，积累了宝贵经验。我们从森林到海洋管理过程中认识到，更多地关注社区，满足社区“利益相关者”与合作伙伴的需求是解决环境问题的关键。最近，世界保护联盟（IUCN）的首席科学家杰弗（Jeff McNeely）指出：

[1] Senior Partner, Hassan (Advocates), PAAF Building 7D Kashmir Egerton Road, Lahore, Pakistan, 巴基斯坦环境法协会理事长 (President, Pakistan Environmental Law Association)

20世纪中叶，生态科学家通常关注的是“自然生态系统”，而不把人类作为干扰自然生态系统的重要元素；到了20世纪末期，在制定生态规划战略时，就明显地把人的思考与资源设计结合起来，更加重视人的行为。

随着时间的推移，生态系统管理作为一种有发展前景的“工具”，越来越多地引起了规划者与决策者的密切关注。令人鼓舞的是中国正处在追求采用这种新观点、新方法的前沿。这次在北京举办的综合生态系统管理国际研讨会，旨在吸收总结了国际上不同地区的综合生态系统管理的经验，同时也是中国政府积极准备采用综合生态系统管理方法的一个例证。中国－全球环境基金干旱生态系统土地退化防治伙伴关系是全球环境基金在世界上第一个实施的防治土地退化合作伙伴关系。全球环境基金在2002年10月召开成员国会议上通过了中国－全球环境基金干旱生态系统土地退化防治伙伴关系。在2003～2012年期间，全球环境基金将为符合中国－全球环境基金干旱生态系统土地退化防治伙伴关系条件的后续项目提供总计1.5亿美元的资金，用于支持采用综合生态系统管理方法解决环境问题。这项伙伴关系的实施不仅对中国环境建设是一件大事，而且也会成为全球环境管理案例中的一个新的篇章。

今天，我的目的是向各位介绍巴基斯坦在环境规划和管理工作中的经验，探索如何应用综合生态系统管理方法解决行政、立法和司法相对落后问题。对于发展中国家而言，社会经济的发展是首要关注议题之一。巴基斯坦人口的持续增加已经给资源造成了严重的压力。2004年统计，巴基斯坦人口数量已经超过俄罗斯，成为继中国、印度、美国、巴西和印度尼西亚之后的世界第六人口大国。人口增多给土地造成了极大的压力，而且还由于商业利益驱动使得生态环境良好的土地被开发为各种建筑用地。更不幸的是巴基斯坦的环境保护政策相对落后，已经导致了大范围地区的环境遭到了严重破坏。近年来，在巴基斯坦发生了两件骇人听闻的忽视环境保护的例子：一个在国家北部主要丘陵风景区（Murree）；另一个是在卡拉奇的红树林区建设居住区。

二、商业利益驱动之路

2004年5月，旁遮普（Punjab）政府不顾林业局的强烈反对和工程技术人员的劝告竟然广告销售林地，开发建设Murree新城。这一决定不仅降低了森林覆盖率，而且还使人们面临土地退化、水土流失与山体崩塌的危险。1998年，瑞士研究项目委员会的一份报告中明确指出政府行为的重要性：

在一个森林严重匮乏的国家，政府在保护森林资源的工作中起到决定性的作用。当不允许私人企业采伐一颗树木时候，而国家却为发展城市而牺牲大量森林资源，人们会怎样看待这样的行为？

相同的忽视生态退化的错误决定是信德（Sindh）政府把卡拉奇Easter Back Waler的130英亩土地卖给卡拉奇港口信托房地产开发集团(the Karachi Port Trust Co-operative Housing Society）用于房地产开发。实际上，印度河三角洲地带的红树林是世界上最大的干旱气候下的红树林区，也是世界上生物量与生物多样性最为丰富的湿地之一。就是这样的地区，被那些追求暂时经济利益的政府官员给另作它用。“主要城市发展的非政府组织”的一份特殊报告失望地指出，巴基斯坦政府征用土地的作法具有深刻的历史背景：

长期以来，巴基斯坦政府官员和政治家们创造了一种属于巴基斯坦人民的土地，为了少数人的利益想卖就卖的文化；法律屈服了，人民的基本权力遭到了践踏。这些行为不仅导致了经济落后，环境优美的景色消失殆尽；而且还正在极大地破坏着城市与海岸的环境。比如，卡拉奇港口与Qasim港口淤泥充塞，阻碍了国家经济的发展；更不用说环境问题已经严重影响了200万人赖以生存的海洋渔业的发展。

Murree新城开发项目与卡拉奇Easter Back Waler的红树林用于房地产开发项目都表明在保护国家生态财富免受灾害性打击的时候，联邦与省级环保部门经历了一次惨痛的失败，他们肩负着保护国家主要生态财产免受自然灾害攻击的使命。然而，不能把过错归咎于环境监视者，实际上是政府的价值取向发生了变化，认为发展经济工作优先于环境保护工作。例如，国家住房政策（2001）在提高经济增长、加快国家建设方面起到了十分重要的作用。

根据国际标准，建设部门是经济发展的推动力；建设战略在为经济、社会活动与可持续发展创造必需的物质环境方面是非常重要的。总之，建筑业是劳动密集型行业，需要大量劳动力，并能给建筑工人带来较多的收入。因此，建筑业也被视为国家经济健康发展的晴雨表。

结果，政府确定房地产业是一个优先发展的产业，出台了大量支持发展的经济补助与减免税收的政策，但是政府在制定政策机制时没有把经济发展放到生态系统中整体进行平衡考虑。在国家其他行业规划中，也是把经济发展作为主要内容来考虑。纺织业是巴基斯坦国家工业部门中的支柱产业。2005年政府颁布的《纺织业前景》中提出了要采取的一些有价值的举措。然而，尽管依靠化学原料生产的纺织业是工业污染的主要发源地，但是《纺织业前景》文件中也没有提到任何解决相关环境问题措施。在银行部门，巴基斯坦国家银行优先借贷给购买私人轿车的消费者。政府这样鼓励个人购买轿车，而没有制定出解决由于缺乏发达国家公共交通路网、大量汽车造成空气污染的可怕问题的政策。

三、立法缺陷

虽然在经济发展至上的背景下，国家制定的政策往往不重视环境问题。虽然政府对生态事业缺乏政治意愿和责任感，但问题不在于缺少法律。实际上，1997年《巴基斯坦环境保护法案》是环境立法框架的一个好例子，制定了一个高级别的政策执行机构——巴基斯坦环境保护委员会，成立了与委员会相对应的联邦、省级层面的环境保护部门。

然而，需要指出的是立法体制存在着大量的缺陷（比如必须提出并解决环境管理法律的适应性的问题）。正如威尔森等（Wilson *et. al.*,）曾经警告那样，如果复杂的立法机制没有被有效地利用，那么这些机制就会产生副作用：

实际上，除了建立适宜的法律和制度框架以外，环境法律的有效执行对发展中国家是一项巨大的挑战。分析结果证明，无效的法律比没有法律产生效果的更差。现在给人们留下的印象是现存的法律制度对解决环境管理问题的收效甚微。

尽管在1997年《巴基斯坦环境保护法案》与它的补充条例中已经规定了环境影响评价标准，但是当政治与商业经济动机起主要作用时，环境政策法规就形同一纸空文；即使是执行，也就简单地走过场。沃格（Vogel）认为，除了来自于外部压力所产生的危害外，作为英国前殖民地的巴基斯坦行政文化具有许多来自于英国那种环境管理体系的消极特征，对于环境管理而言，这也是普遍存在的困难，他谈到：

……缺乏法令诉讼截止期、勉强起诉、强调与产业合作而不是强制执行、制定的法规原则性不强且分散，一个世纪以来还仍然保留着具有英国控制污染方法的特点。

法律缺乏完整性而且不适宜，这个严重问题使环境难题不能在整体上有计划地得到解决，然而问题不止于此，法律框架的建立与之相比更为困难。香港在环境管理中遇到的一些困难，巴基斯坦同样也遇到过（Bachner）：

……香港对于自然资源的管理一直采取一种实践性的方法，这种方法没有前摄性，因而对生态问题的解决往往采取一种零敲碎打的方式，而缺乏综合处理的能力。现行政策没有全面管理生态系统；忽略了有必要采用综合的方法防治与恢复生态系统，仅仅规定了禁止危害一定物种与栖息地的法规。生物多样性包括生命现象的所有集合，包括遗传多样性、物种多样性与生态系统多样性。当保护濒危动植物时，有效的生态管理战略是要保护自然本身。

总之，法律没有责任去增加生态学效益，也没有责任从集合性观点去解释生态系统，法律的力量在于对危害所造成的损失加以补偿，更在于预防伤害。

四、诉诸法律

在巴基斯坦，司法系统一般都有关于防止短视所造成的生态破坏的特殊记录。在我以前的文章里，探讨了南亚公共利益诉讼的起源与发展，以及司法系统在打破民事诉讼程序障碍后，要完成的社会主要目标：

南亚司法体系作为可持续发展的法律保护者，具有领导地位。这不仅在于具有明显领导地位的司法实权，而且也在于它作为一种强有力的方法，对预防法律纠纷具有程序约束力。这种司法体系方法的两个明显特征是生态敏感度与为所有公民搭建起了可以到法庭上为自己辩护权力的桥梁。

正如门斯奇（Menski）提到的，在许多情况下，公共利益诉讼与传统民事诉讼有很大的差别，主要表现在：

首先，原告填申请表以后可以自由出入法庭，法院可以接受书面申请，而不用经过正式程序；第二，申请诉讼人的范围更加广泛，而不仅仅局限于那些受害人；第三，法庭的程序是通过审查而变化的、而不是墨守成规的，他们倾向于非标准化；最后，赔偿体系是不同于我们通常认为的“普通”申请，他的目标常常在法律监督下实施，目的是为了得到较大的公平程度。这就是诉讼的程序。

Hussian 描述的系统是：

公平原则下，司法案背离其原有的程序，法庭在对事件进行调查时，从法官记录到专家审核和法律委员会鉴定的各种技术和方法着手，设计发现事实真相的创造性新方法。记录是最初的事实依据，提供复制应该作为口供的反驳依据，然后法庭再考虑口供的真实性。

在案例中涉及了审判程序，尽管巴基斯坦法院有可依赖的辩护人支持系统，但他们是政府规划者和管理者的附属者。一个方法是发出禁止令，反对土地利用的非法变更，另一个方法是解决复杂问题，如垃圾站的选址。发起人被任命为法庭承认的委员会主席，调查所有的事情，从煤矿污染，到净化空气和拉合尔城控制固体废物体制。尽管委员会在收集和整理基础数据中起到重要的作用，但本质上法院是为解决不公平而设立的。复杂性政策管理问题是指解决技术分析、公平与执行的政策中所遇到的困难。

五、需要新方法

政府对商业利益的关注，薄弱且相抵触的法律机制，以及司法过程中的内在限制，所有这些法律的、政策的、社会经济的、生态的种种因素汇集在一起都表明对于环境的政策与管理需要更多的新方法。综合生态系统管理摆脱了单一的管理过程，而转向了重视管理、科学、适应以及利益冲突的缓解这样一个参与性过程。它为制定环境政策与管理措施提供了一个开放式的方法。专家（McNeely）认为：

> 生态系统管理为制定土地利用方案奠定了基础，同时满足了经济和环境的需求，提出了依据科学、监督、经济和"利益相关者"共同参与而制定管理措施。就自然所产生的生态系统服务功能而言，人们需要对其进行参与式管理，其范围从严格保护一直到控制获取行为。对于生态系统的一些区域，需要进行严格保护，以防止人们持续不断地从其中获取服务资源；而另外的一些区域可能需要人们改变农业、林业或者渔业的生产方式。例如，在陆地景观中，对污水的重复利用可以保持水域不受影响或者保护湿地功能。

生态系统管理最为明显的特征是具有灵活的解决方案和"利益相关者"的共同参与：

> 在生态系统未来的建设与发展中，生态系统管理的成功在于建立合作组织、土地所有者、组织团体、个人和公司的伙伴关系，要求各领域部门、私人企业、非政府组织、科学家和土地所有者之间合作，促进资源管理组织的基本变革和经营方式改变。利益相关者包括现代法律或传统土地所有制下所认可的任何个人和团体，他们有权进入和拥有生态系统。在他们的行为和投资具有共同利益的情况下，若想获得成功，他们必须在计划和执行管理制度时进行充分地合作。

关注多个"利益相关者"的参与也很重要，国家与地方环境部门不得不应付行政官僚体制中的额外的层次，即权力日益增加的地方政府。随着全球化发展，2000年巴基斯坦政府制定了分权计划，现在已经被省级立法机关以地方政府条例形式颁布为法律。这是一个三级政府结构的体系（依次为联邦 union、区 tehsil 和县 zila），各级行政机构均对各级选举产生的民意代表负责。

事实上，综合生态系统管理的效益已远远地超越了地方政府的行政范围。对于政府部门所管辖的地区而言，灾害管理比任何事情都重要。2004年初，巴基斯坦第二大城市——信德省的海得拉巴（Hyderabad），30 多人因为饮用受污染的印度河水而死亡。印度河流域的曼加尔湖（Manchar Lake）是亚洲最大淡水湖，也是信德省部分地区冬季用水的水库。当巴鲁奇斯坦（Baluchistan）、旁遮普（Punjab）、上信德（Upper Sindh）所排放的污水流入到该湖当中，上述悲剧就发生了。政府部门缺乏协调机构，无论是灌溉部门（负责维护大坝和限定水流），还是城市的水利与卫生部门都没有及时采取正确解决问题的措施。

政府综合规划和灾害管理方法一直是历史上非常薄弱的环节，2003年8月，卡拉奇（Karachi）港口 MV 塔斯曼海灯塔（MV Tasman Spirit）的地基倒塌，26 000 吨原油流入海洋，导致了巴基斯坦历史上最大的一次海洋环境污染。发生灾难的主要原因是政府对于此事处理反应不积极，国家也没有处理意外事故的预案，缺乏防治污染及其内部协调部门。由于没有执行 1990 年的石油污染、储备与反应国际公约，使得所有事情变得一团糟。

当然，巴基斯坦一些与综合生态系统管理相关的积极事件也应该受到关注。通过应用像综合生态系统管理方法的整体方法解决自然资源管理问题在巴基斯坦北部地区认为是最佳的政策。尽管法律禁止狩猎，但是濒危动物数量仍在减少。因此，如果要保护濒危动物，就要为狩猎者制定出不从事狩猎活动也能创造财富的规划。世界自然基金会（WWF）与巴基斯坦共同制定遵循可持续发展原则，给狩猎者颁发许可证书，对他们进行动物保护教育。结果，不仅为濒危动物长期生存创造了经济条件，而且也进一步地保护了野生动物的栖息地。

迄今为止，在巴基斯坦的法律和行政管理范围内，虽然我们一直认为综合生态系统管理是重要的，但是印度河流域边界的环境问题同样也是十分重要的。幸运的是，1995年《湄公河流域协议》(Mekong River Basin Agreement) 开始关注1960年《印度河水条约》(Indus Waters Treaty)把印度河流域分为印度流域与巴基斯坦流域而产生的环境问题。两国之间很难讨论印度河常设委员会在印度河上游建设大坝所产生的生态影响。然而，令人鼓舞的是国际法规定河流跨越的国家必须严格遵守环境保护规定。河流所在国必须从流域整体出发考虑补偿经济活动给环境带来的生态成本。

第六篇

综合生态系统管理实践——中国案例研究

6

17 厦门市海岸带综合管理的理论与实践[1]

[2]李海清

海岸带综合管理是20世纪70年代国际上开始兴起的一种对沿岸水域和陆地进行综合管理的模式。它是一个用综合观点和方法对海岸带的资源、生态、环境的开发和保护进行管理的动态过程。1993年，全球环境基金与联合国开发计划署提出并开始实施东亚海洋环境与管理项目，厦门被列为海岸带综合管理示范区。通过海岸带综合管理的方法，解决海洋管理上存在的问题，为发展中国家创造一个经济发展与环境保护相协调的可持续发展模式。

经过10多年的努力，厦门已成为世界上著名的海岸带综合管理范例城市，海洋资源得以协调开发，用海矛盾得到有效缓解，非法用海、不合理的围垦带来的环境与资源破坏得到治理；海洋环境得到有效保护，生态环境得到改善，经济蓬勃发展，为发展中国家提供了经济和环境协调发展的可借鉴模式。

一、厦门海岸带综合管理采取的主要措施

1．领导坚强有力

(1) 领导高度重视。市领导亲自管理， 成立了常务副市长牵头、其他副市长参加的海洋管理与协调委员会；

(2) 各方积极参与，形成各涉海部门、科研院所和公众共同参与的上下一条心的局面。

2．建立完善国家法律体系下的地方性海洋法规框架

(1) 充分利用经济特区的地方立法授权，将《海域使用管理暂行条例》这一财政部和国家海洋局的部门规章上升为当地的一类法律，为海岸带综合管理的实施奠定了法律基础，并为后来的国家《海域使用管理法》的出台提供了实践基础；

(2) 制定和修改了《厦门市海域使用管理规定》、《厦门市海域环境保护规定》等12 部涉海法规、规章，形成以海域使用管理和海洋环境保护等海洋综合法规为基础，海上交通、渔业、自然资源保护、规划管理等法规规章相配套，各项法规规章之间相互协调的地方性海洋法律框架。

3．建立健全和发展海洋综合管理体制与协调机制

建立了在市政府直接领导下，具有对海洋、交通、 渔业等涉海部门进行综合协调职能的海洋管理和协调委员会及海洋管理办公室，对所有涉海事务实施综合协调管理。

4．建立海洋综合管理的科学支撑体系

在市政府直接领导下，成立了由各学科海洋学家参加的海洋专家组，对政府的决策提出科学咨询和建议，并牵头开展了一系列科学支撑活动。

(1)利用已有调查资料制定了大比例尺海洋功能区划方案，为海岸带综合管理提供了科学手段；

(2) 组织编制了《厦门市海洋经济发展规划》，通过综合平衡各方面发展规划，落实海域功能区划确定的主导功能、兼顾功能及治理保护限制功能；

---

[1]内容摘要

[2]国家海洋局国际合作司

（3）开展GIS、GPS、RS等“3S”技术结合的应用研究，并将研究结果应用于海域使用管理、海洋环境保护监督管理、海洋监察执法的具体实践；

（4）发挥海洋专家组的作用，组织厦门大学、省水产所、市环科所、市环境监测站、市海洋预报台单位开展厦门海域环境科学专题研究。

5．加强厦门海域综合执法，健全海洋综合执法队伍

成立了由海洋、交通、农业、海关、公安等组成厦门市海上综合执法协调小组，制定《厦门市海上综合执法制度》，采取“海上执法统一抓，问题处理再分家”的方式进行不定期的综合执法行动。

6．坚持资源开发和环境保护相协调的海洋可持续发展战略

（1）积极开展厦门市海洋污染基线调查，建立海洋污染源数据库与信息管理系统，全面准确掌握20世纪末海洋环境质量状况；

（2）采取“整治入手、科学利用、整治利用并重”的原则开展西海域禁止水产养殖综合整治；

（3）实施海洋环境综合整治，加强海域污染防治和生态保护工作。

7．加强宣传教育，增强全民海洋意识

（1）利用各种煤体进行保护海洋环境和资源的宣传；

（2）通过组织培训、举办展览进行公众教育。市政府与国家海洋局、厦门大学、全球环境基金东亚海环境管理伙伴关系项目地区办公室共同建立了“海岸带可持续发展培训中心”，为中国和东亚地区培训海岸带综合管理人才。

二、厦门海岸带综合管理的主要经验

（1）全球环境基金与联合国开发计划署发起的海岸带综合管理示范区项目起到了重要的催化作用，特别是引进了海岸带综合管理的理念对厦门的海洋管理起到了不可替代的指导作用。

（2）注重文化传统，选择了“自上而下，自下而上”相结合的海岸带综合管理理念。

（3）将国家法律与当地实际情况相结合，建立了适合当地情况的法律体系和管理协调机制，为海岸带管理铺平了道路。

（4）充分重视科学和科学家的作用，使海岸带综合管理牢牢建立在科学技术支撑之上。

（5）实施可持续发展战略，将国际计划确定的原则和目标纳入当地的规划、计划和财政预算，成为政府工作的组成部分，建立了可持续的财政机制。

三、厦门海岸带综合管理的主要成果

（1）经济得到蓬勃发展。连续保持20年年均GDP增长18%以上。 预计2010年海洋经济增加值将达到800亿元。

（2）海洋资源得以协调开发，用海矛盾得到有效缓解。非法用海、不合理的围垦带来的环境与资源破坏得到治理。

（3）海洋环境得到有效保护。生态环境优越，空气质量总体保持优良水平，在全国47个重点城市中居于前列。

（4）为发展中国家树立了经济和环境协调发展的可借鉴模式。

18 综合生态系统管理在"林业持续发展项目"中的应用和实践

[1]王周绪

一、项目背景

中国的林业改革和发展正在经历重大的政策性调整，其主要的标志之一是基于森林的不同功能，对全国的森林实行分类经营。

天然林资源保护工程是一项规模宏大和跨世纪的生态环境工程，该工程主要是对我国大江大河源头和中上游地区及其生态环境比较脆弱地区的森林资源进行切实地保护，千方百计增加森林面积，使这些地区的生态环境得到较大改善，实现工程区人口、经济、资源和环境的协调发展。

实施天然林资源保护工程，不仅是中国实行可持续发展战略的重要一环，也是对全球环境保护的贡献。自我国政府提出"天然林资源保护工程"后，世界银行、欧盟和全球环境基金等国际组织对此也十分关注，并做出了积极的反应。

二、项目目标及具体内容

"林业持续发展项目"是由中国政府、全球环境基金、欧盟和世界银行共同出资建设的项目，其实施期为2003～2008年。该项目的宗旨是通过采用新的方法，以保护和持续经营天然林资源，改善和提高林区农村群众的生活水平。

1．项目具体内容

(1) 探索先进的天然林资源可持续经营模式，以改善天然林管理，提高林区群众的生活水平，并为今后制定天然林资源管理政策提供依据；

(2) 建立先进的自然保护区管理模式，加强生物多样性保护；

(3) 发展人工商品林，解决我国日益严重的木材短缺问题。

2．项目的资金来源

(1) 天然林管理部分使用欧盟赠款1690万欧元，占该部分投资的75%，其余25%为国内配套资金。

(2) 保护地区管理部分使用全球环境基金赠款1600万美元，占该部分投资的70%，其余30%为国内配套资金。

(3) 人工林营造部分使用世界银行贷款9390万美元，占该部分投资的50%，其余50%为国内配套资金。

三、综合生态系统管理的理论在项目中应用

在该项目的准备和实施中，综合生态系统管理的理论和实践得到了广泛的应用和实践，其中包括：以人为本的社区林业评估方法，以保护天然植被为核心的造林地筛选程序，以增加生物多

[1]国家林业局世界银行贷款项目管理中心

样性为特征的环境保护措施，以禁止使用违禁农药为特点的病虫害综合管理计划。相信随着综合生态系统管理理论和实践的不断丰富，它将成为林业生产经营的一种十分有效的方法，值得推广。

在林业持续发展项目的设计和实施中，实行综合生态系统管理是该项目的最大特点之一，下面重点结合人工林营造部分的内容作一介绍。

1．以人为本，开展社区林业评估

因为林业持续发展项目的投资对象和直接利益相关者主要是农民，因此，只有在项目准备和实施过程中充分听取他们的意见，鼓励他们参与各种重大问题的决策，才能使项目的设计和实施建立在广泛而可靠的群众基础之上，进而保证项目实施的成功。

为了对项目地区、项目活动和项目受益人等进行有效的选择，必须借助社会评估和社区参与的工作方法，即社区林业评估方法（CFA）。该方法强调的重点是在项目的设计和实施中要采用“自下而上、自上而下、上下结合”的工作思路，充分地尊重群众的意愿。

2．造林地选择

造林地选择的核心是要保护历史文化遗产和天然植被，选择的方法和程序涉及拟选造林地现状、所选的造林地的类型及所选择造林地生态类型是否很普遍。

3．环境保护

环境保护涉及树种的选择和栽植、河岸地的保护及造林整地。

4．病虫害综合治理

在项目地区，认真落实“预防为主，综合防治”的方针。防治病虫害时，应强调采用生物控制法；同时，应特别注意减少污染，保护环境。病虫害的防治涉及：植物检疫、物理和机械的方法、农业方法、生物方法及化学方法。

综合生态系统管理的理论在林业持续发展项目上已经得到了项目管理人员和广大群众认同，其实践活动正在广泛地展开。

19 加拿大－中国农业可持续发展项目

[1] Brant Kirychuk, [1] Gerry Luciuk, [1] Bill Houston and [2] Bazil Fritz

20世纪30年代，干旱、经济萧条、农业产品产量急剧提高与对不适宜耕种的土地采取不合理的政策等自然和人为因素导致加拿大发生了大面积、十分严重的水土流失、土地退化问题。这些问题不仅产生了环境退化，而且也对社会与经济产生了严重的影响。为了应付挑战，加拿大政府不断增加农民获得信息的渠道，实施多个应对环境变化的项目，以及一些直接的政府管理行为。长期以来，加拿大政府一直关注与解决农业问题，不仅积累了丰富的经验，还成立了相应的联邦政府机构——加拿大农场复垦管理局（PFRA），主要负责各省农业发展与技术推广工作。设计实施的农业可持续发展项目（SADP）的目的在于吸收加拿大的成功经验，解决内蒙古自治区面临的土地退化问题。中国政府已经通过资金投入与采取相应的立法政策，正在逐步地解决土地退化与过度放牧的问题。

然而，项目实施时发现执行地区的农牧民缺少必要的和有效的农业政策与技术信息。农业系统解决环境问题的重要挑战之一就是在采取防治土地退化技术与政策措施时，确保不降低农牧民的经济收入和生活水平。加拿大国际开发署（CIDA）在中国的项目主要是通过降低成本、提高产量、发展市场经济、疏通产品渠道等措施，解决环境问题、增加社会经济与环境效益。它关注的两个主题是：

（1）保护耕地；

（2）草原牧场管理。

通过提高水利用效率、增加农作物产量、降低燃料消耗等措施，提高保护耕地的经济利益；通过改善牧场环境、增强综合生产力等措施，提高草原牧场管理的经济效益。

尽管，中国技术推广专家与科学工作者多年来积累了丰富的管理草原和土地的经验，但是他们还缺乏为农牧民推广、落实农业先进技术与政策法规的有效手段。项目通过在中国与加拿大为专家与学者举办培训活动，提高他们推广保护耕地与管理草原牧场技术的能力。为了实现项目目的，项目开展了牧场管理、饲料开发与耕地保护活动。实施应用性研究和适应性项目活动包括：2种植物种源地建设；牧场条件与植物固化沙丘能力。目前，项目实施到第二阶段。这一阶段将直接为扩大项目影响的中国政府工作人员提供长期（一般为5年）的技术服务。服务的重点工作还是要加大培训力度，扩大培训范围（6个省、自治区），给研究人员提供更多的交流与学习机会。通过学习加拿大经验，结合中国实际情况，研究人员探索出解决中国农业问题的办法。多边合作项目（比如全球环境基金）开展的活动都充分体现了全球对农业环境可持续发展的重要性的关注程度。农业可持续发展项目下一步实施的农业可持续发展活动与全球环境基金项目立足于解决土地退化、气候变化与生物多样性问题是相一致的。扩大范围后的农业可持续发展项目为利用加拿大经验提供了重要的机会，也为与世界其他国际合作者一起广泛推广中国取得的知识与经验提供了机会。

[1] 加拿大农场复垦管理局
[2] 内蒙古自治区

20 阿拉善盟环境恢复与管理项目

[1] A.R. Williams

阿拉善盟位于内蒙古自治区最西部，草原荒漠化最严重地区。阿拉善盟土地面积27万平方千米，其中，沙漠占土地面积的75%，草原占40%（95%草原已经退化），森林占3%，可灌溉农田占0.1%。干旱、人口增长、长期的过度放牧、不合理利用水资源、土壤与草场等原因导致了阿拉善地区环境持续恶化。结果是：

（1）水资源减少；

（2）湿地面积减少；

（3）一些地区出现盐碱化；

（4）生物多样性和植物覆盖率减少；

（5）沙漠面积增加。

在阿拉善盟，放牧是主要的经济土地利用方式。因此，牧场与牲畜管理成为这一地区综合生态管理的核心问题。中国的改革政策促进了稳定的家庭农牧业系统的发展。中国农业部为家庭创办畜牧业企业采取了4个步骤：

（1）牲畜分配；

（2）牧草地分配；

（3）评估畜养能力；

（4）奖励与惩罚政策。

这些步骤以任何顺序或许都可以较顺利地实施与执行。

对于牧民来说，为了得到合理的收入，迫使他们在有限的草原使用权力内从事过度放牧活动，结果导致草原退化。例如，对哈图呼图格嘎察（村）地区分配的牧场面积与所得的收入进行比较，发现收入较稳定的牧场比有较低收入的牧场，牧场退化更为严重。在干旱贫瘠的土地上，降水量与放牧是对当地植被生态系统影响最大的因素。

对于牧场生态系统的持续利用，放牧是最重要也是最可控的因子。ALERMP正在试图通过以下方法，确保牧场的可持续利用：

（1）确定与采用可持续的载畜率(或存栏率)；

（2）采用先进的放牧管理系统（特别是延迟放牧和合理放牧）；

（3）转移无生产能力的牲畜；

（4）采取一系列措施提高畜牧管理水平与生产率；

（5）提高商业经营水平，拓宽产品销售市场。

阿拉善地区持续发生的土地退化问题，要求当地政府组织成立草原监测机构，采取积极有效的措施（重建家园与限制放牧）防治土地退化。采用卫星影像技术可以监测土地退化动态，尤其是可以应用标准差异植被指数（NDVI）。

[1] 草原环境顾问，内蒙古自治区，阿拉善盟，750306
Email: awilliams@public.hh.nm.cn; adrianrw1@yahoo.com.au

21 一个以人为本的流域治理方法[1]

[2] Wendao Cao and Joanna Smith

中国西北地区大面积土地为易受侵蚀的黄土高原，这一直是人们的心头之患。黄土高原（64万平方千米）是世界上水土流失最严重的地区（每年约16亿吨泥沙流入黄河）。黄河下游洪水泛滥使得河道沿线的水库库容锐减。大约3000万贫困农牧民生活在黄土高原上，落后的生产方式给当地环境造成了严重威胁。

中国在提高综合流域治理的措施时，还面临着许多挑战。具体的说，缺乏系统的治理方法以及土地利用者参与的规划与设计。这就导致人们对土地“所有权”的认识不足。这种自上而下方法的结果是科学技术几乎没有落实到基层，使大多数土地利用者缺乏参与流域管理机制的能力（除了外界劳动力与物力投入之外）。各流域管理部门职责不明确，彼此之间缺乏协调机制。更差的是缺乏有力的监测与评估项目活动的成本、利润、效率和可持续性的评价体系。

世界银行、英国国际发展部与中国政府联合建立了中国流域管理项目。项目的宗旨是通过提高贫困农牧民的收入与改善他们生计环境，促使流域环境脆弱地区的农牧民摆脱贫困，走上可持续发展之路。它的目标是确保当地贫困农牧民在中国政府与国际援助组织实施流域管理与环境恢复项目中得到良好的收益。

过去20年来，从项目与规划中吸取的经验教训是：

（1）国际组织与国际援助的大多数项目是相互独立的。因此，需要建立一个协调流域管理项目之间相互合作的有效机制。

（2）需要为流域管理各层面开发新的具有创新性的方法，开展能力建设与提高管理水平的工作。

（3）提高地方政府在鼓励社区参与有效规划与使用流域内自然资源工作中的作用。

（4）需要建立一个支持参与式流域管理方法的国家框架。

中国流域管理项目的目的是提倡综合的、参与式的流域管理方法，强调开展脱贫致富工作，提高地方政府领导的管理能力；建立具有创新性流域管理方法的中国政策框架。

预期结果是：

（1）完善流域管理的监测与评估体系，强调参与式方法；

（2）研究开发以扶贫为重点的新的、最佳的实践模式，并向其他项目宣传与推广这种模式。

[1] 内容摘要

[2] 世界银行北京代表处

22 甘肃和新疆畜牧发展项目[1]

[2] Sari Soderstrom

新疆维吾尔自治区是中国最西部的一个大省，与甘肃省接壤；甘肃省从大片黄土高原延伸到戈壁沙滩。这两个省（自治区）具有高山与广袤沙漠的地貌特点，分别积极发展灌溉农业（建设人工绿洲）与吸引大量内陆移民开发生产。尽管如此，这一地区还存在着相当规模的畜牧业，但是严重的荒漠化与大范围的贫困仍困扰着这一地区。

世界银行、中国政府与一些国际组织（比如，澳大利亚国际农业研究中心以及国际农业研究咨询机构）已经通过多方合作（资金投入）建立了甘肃和新疆畜牧发展项目。中国政府通过世界各国双边与多边的项目合作，已经与加拿大国际发展署（CIDA）、美国农业部农业研究局（USDA-ARS）、澳大利亚国际农业研究中心（ACIAR）、新西兰、世界银行学院与CGIAR等国际组织机构建立了双边合作伙伴关系。中国-全球环境基金干旱生态系统土地退化防治伙伴关系是中国政府的主要合作关系。甘肃和新疆畜牧发展项目是中国-全球环境基金干旱生态系统土地退化防治伙伴关系OP12 议程下的试点项目之一。

甘肃和新疆畜牧发展项目的目标是“促进自然资源的可持续发展，提高畜牧业生产能力，改善产品市场环境，增加项目区农牧民的收入”。

项目内容包括：

（1）草原管理和饲料开发；

（2）提高畜牧产品产量；

（3）市场体系建设；

（4）应用研究、推广和培训；

（5）项目管理、监测与评价的能力建设。

对其他畜牧业与牧场发展项目的分析后，得出的经验教训是：

（1）项目成功的关键在于地方领导；

（2）政府部门之间的工作协调是困难的；

（3）土地使用者与其他“利益相关者”的参与是不容易的；

（4）建立良好的监测与评价体系是必要的；

（5）设计与实施有效的培训活动是一种挑战。

虽然许多原因会产生困难，但是在设计甘肃和新疆畜牧发展项目时还是考虑了这些经验教训。

项目实施的主要特点是：

（1）多学科方法；

（2）综合活动的集中化；

（3）活动的阶段性和连续性；

（4）农牧民的参与；

（5）透明性。

---

[1] 内容摘要

[2] 世界银行北京代表处

实施项目的一些建议：

(1) 地方领导，尤其是一把手要参与；

(2) 启动资金必须到位，有力于项目顺利实施；

(3) 建立计算机管理信息系统；

(4) 培训活动应成为工作的重点。

第七篇

中国防治土地退化的经验与方法

7

23 西部大开发战略

[1] 于合军

一、西部大开发进展情况

综合考虑经济发展水平、地理区位和民族地区发展因素，西部开发的范围包括重庆、四川、贵州、云南、西藏、陕西、甘肃、青海、宁夏、新疆和内蒙古、广西12个省、自治区、直辖市(以下统称西部地区)。西部地区国土面积680万平方千米，占全国的71.4%。2003年年末人口3.69亿，占全国的28.8%，地区生产总值22 955亿元，占全国的16.9%。

西部大开发实施4年多来，在党中央、国务院的正确领导下，经过各地区、各部门特别是西部地区广大干部群众的共同努力，西部大开发进展顺利，成效明显，有了一个良好的开局。西部地区经济社会出现了加快发展的好势头。

2000～2003年，西部地区国内生产总值分别增长8.5%、8.8%、10.0%和11.3%，比1999年的7.3%明显加快；固定资产投资分别增长12.7%、17.2%、19.0%和27.3%，年均增长速度比全国平均水平高2个百分点；地方财政收入分别增长9.6%、15.4%、10.0%、15.3%，比1999年8.7%明显增快；西部地区城镇居民人均可支配收入由5486元增加到7205元，农村居民人均纯收入由1685元增加到1966元。

2004年上半年，西部地区国内生产总值同比增长13.2%，是西部大开发以来最快的增长速度。1～8月，规模以上工业增加值同比增长22%，固定资产投资同比增长34.3%，分别高于全国17.1%、31.3%的增速；地方财政收入同比增长22%，略低于全国各省地方财政收入22.1%的增速；商品进出口总额增速出现回升态势。

基础设施建设迈出实质性步伐，一批重点工程相继建成并发挥效益。2000～2004年，国家加大了对西部地区建设资金的投入力度，中央财政性建设资金用于西部开发约4600亿元；累计新开工60项重点工程，投资总规模8500多亿元。预计到今年年底，23项将全部建成投产或部分投产。其中，西气东输管道工程提前实现全线商业通气，290多个城市环保设施项目基本建成，18个新建或改扩建机场完工。预计累计新增公路通车里程9.1万千米，青藏铁路铺轨700多千米，建成投入运营的铁路新线、复线和电气化铁路约6100千米，西电东送开工装机容量3600万千瓦、架设500千伏输变电线路7500千米。到8月底，5项重点水利枢纽工程已完成总投资的62.5%。塔里木河、黑河下游胡杨林开始复活。

生态建设稳步推进，局部地区生态环境明显改善。退耕还林工程累计完成0.15亿公顷，其中退耕地还林0.079亿公顷，荒山荒地造林0.073亿公顷。退牧还草工程开始试点，安排治理严重退化草原0.13亿公顷。天然林资源保护工程全面展开，京津风沙源治理工程实施进度加快。长江、黄河等江河上游地区生态环境建设和西部中心城市污染综合治理的力度加大。退耕还林工程区林草覆盖率平均增加2个百分点，一些荒漠化草原植被盖度增加20%以上，京津风沙源土地沙化趋势得到初步遏制。

农村基础设施得到重视，农民生活条件有所改善。地（州）到县公路、贫困县出口路已全部建成。县际公路4.6万千米，预计2005年可全部完工。送电到乡工程解决了969个无电乡的通电

[1] 国务院西部开发办农林生态组

问题，大部分地区完成了农网改造任务。人畜饮水工程解决3160万人的饮水困难和饮水不安全问题。近两年，国家安排20亿元国债资金主要用于退耕还林地区农村沼气建设，安排27亿元用于西部生态位置重要、不具备生存条件地区的生态移民工程，已易地安置70万人。2004年开始启动20万个20户以上已通电自然村和新通电行政村通广播电视工程，“西新工程”三期二阶段建设年内可开始实施。

社会事业发展步伐加快，人才交流力度加大。2000～2003年，国家在西部地区累计安排科技开发项目2100多个，安排7000多所农村中、小学危房改造，支持西部地区建设了260所贫困县医院、800多个疾控机构、290多个血站和血液中心。2004年，“西部地区‘两基’攻坚计划”开始实施，本年度投入国债资金和财政资金各15亿元，预计到2007年总投入达100亿元。同时，国家进一步加大对西部地区农村公共卫生和基本医疗服务设施建设的支持力度，重点加强以乡镇卫生院为主体的农村医疗设施建设，以及重大传染病和地方病的防治。中央国家机关加大了对西部地区干部的培训力度和交流力度。仅2003年，省部级干部交流17人，司局级干部交流220人；454名西部地区、少数民族地区干部到中央国家机关和东部地区挂职锻炼。有关部门组织实施了博士服务团、大学生志愿服务西部等活动。

特色优势产业有了发展，东西部地区合作得到加强。水电、煤炭、盐湖、特色农业、医药、畜牧业、旅游业加快发展，东部地区企业投资西部地区的领域不断拓宽、规模明显增大、效果日趋显著，呈现出良好发展势头。东西部产业合作步伐加快，预计到2004年年底，到西部地区投资的东部地区企业可增加到1万多家，投资总额将超过3000亿元。

二、继续推进西部大开发的重点工作和任务

2004年3月份，国务院召开了西部开发工作会议，颁布了《关于进一步推进西部大开发的若干意见》。会议充分肯定了西部大开发4年多来取得的成绩，再次强调了继续推进西部大开发，是全面建设小康社会的重要任务，是形成国民经济发展新格局的重大举措，是全国实现可持续发展的重要条件，是国家长治久安的重要保证。会议明确，中央实施西部大开发的战略绝不会动摇，国家对西部大开发的支持力度不会减弱，西部地区经济社会发展步伐不会动摇，国家将以更大的决心、更有力的措施、更扎实的工作，把西部大开发不断推向前进。

当前和今后一段时期，进一步推进西部大开发的重点工作主要有10项：一是扎实推进生态建设和环境保护，实现生态改善和农民增收；二是继续加快基础设施重点工程建设，为西部地区加快发展打好基础；三是进一步加强农业和农村基础设施建设，加快改善农民生产生活条件；四是大力调整产业结构，积极发展有特色的优势产业；五是积极推进重点地带开发，加快培育区域经济增长点；六是大力加强科技、教育、卫生、文化等社会事业，促进经济和社会协调发展；七是深化经济体制改革，为西部地区发展创造良好环境；八是拓宽资金渠道，为西部大开发提供资金保障；九是加强西部地区人才队伍建设，为西部大开发提供有力的人才保障；十是加快法制建设步伐，加强对西部开发工作的组织领导。

三、稳步推进西部地区生态环境保护和建设

生态建设和环境保护是西部大开发的重要任务和切入点。加强西部地区生态建设和环境保护，关系农民当前生计和长远利益，关系全国能否实现可持续发展。总体看，经过多年的努力，西部地区生态环境保护和建设成效显著，使西部地区的局部生态环境得到很大改善，许多生态重点治理工程区已步入了生产发展、生活富裕、生态良好的文明发展之路。但由于历史、自然、人为等多种制约因素影响，西部地区生态环境整体恶化的趋势仍未得到有效遏制，西部地区水土流失面

积仍占全国的80%以上，新增荒漠化面积占全国的90%以上。因此说，西部地区生态环境保护和建设面临的形势依然十分严峻，保护和建设任务仍任重道远。

当前和今后一段时期，西部开发生态环境保护和建设，要以统筹实现生态改善、农民增收和地区经济发展为目标，继续搞好退耕还林、退牧还草、天然林资源保护、京津风沙源治理、已垦草原退耕还草和荒漠化治理等生态建设工程。同时，重点抓好退耕还林、退牧还草等生态环境保护和建设的"五个结合"，即与加强基本农田建设、农村能源建设、生态移民、后续产业发展、封山禁牧舍饲等配套保障措施结合起来，巩固生态环境保护和建设成果，处理好生态建设与农民吃饭、烧柴、增收等长远生计问题。继续推进西部地区生态环境保护和建设工作，要采取综合措施，整合现有投资渠道，使国家投资形成合力，发挥投资综合使用效益，并要研究和建立生态建设和环境保护补偿机制，鼓励各类投资主体投入到生态建设和环境保护中。

24 我国政府在生态环境领域的管理实践

[1]孙 桢

作为发展中大国，中国政府对生态建设和环境保护领域，乃至整个可持续发展战略给予了高度重视。继1994年颁布了国家级《21世纪议程》即《中国21世纪议程——中国21世纪人口、环境与发展白皮书》后，我国制定并完善了120多部关于人口与计划生育、生态环境保护、自然资源管理、防灾减灾的法律法规，建立了中央政府和地方政府多部门参与、多层次运作的组织管理体系。在充分发挥市场机制配置资源的基础性作用的同时，我国政府充分运用法律、行政、经济等手段来推进可持续发展战略的实施工作。

经过10多年的艰苦努力，可持续发展战略已贯穿于中国经济和社会发展的各个领域。在经济持续快速发展和人民生活水平不断提高的同时，人口过快增长的势头得到控制，自然资源保护与管理得到加强，环境污染治理和生态建设步伐加快，部分城市和地区环境质量有较大改善。特别是近几年来，我国加大了生态建设和环境方面的投资力度。1998～2003年的6年间，全国生态建设国家投资共548亿元，环境保护全社会投资共6700亿元。

从政府公共管理角度看，我国政府在生态建设和环境保护领域的管理经验至少包括以下3个方面：

一、建立了较为完善的法律法规体系

制定并完善了《环境保护法》、《水法》、《森林法》、《草原法》、《农业法》、《环境影响评价法》、《清洁生产促进法》、《防沙治沙法》、《水土保持法》、《海洋环境保护法》、《野生动物保护法》以及大气、水、固废、危废、噪声等各环境要素的污染防治法和相关法规，确立了我国生态建设和环境保护“保护优先、预防为主、防治结合”的防治原则、“谁开发，谁保护，谁污染，谁破坏，谁治理”、“污染者付费”、“使用者补偿”的责任原则，以及地方政府辖区负责，中央、地方齐努力，政府、企业、社会组织和个人一起上的分工原则。其中，《水法》、《环境影响评价法》和大气、水的污染防治法等，还都明确提出要依照流域、区域的特点来开展管理活动。

二、管理手段已趋于完备

一是规划先行。通过编制规划，统一认识，达成共识，指导实践。各级政府以及农、林、水、国土、环保等各行各业，都编制了生态、环保领域的综合或分行业中长期规划，如《全国生态环境建设规划》、《全国生态保护纲要》、《国家“九五”、“十五”环境保护规划》，天然林资源保护工程、退耕还林等工程规划、“三河三湖”等重点流域水污染防治规划等。二是制定规范行政管理制度，依法行政。制定了农、林、水等各行业的生态建设工程管理办法和一些必要的行政许可制度，以及污染物排放标准和总量控制制度。三是充分运用市场机制，建立生态环保的激励与约束制度。近年来，国家加大了政府生态环保投入力度，建立了资源、环境要素的收费制度，实行了“四荒拍卖”、生态补偿等生态建设长效机制，推行了污水垃圾处理设施建设运营的市场化、产业化制度。

---

[1]国家发展和改革委员会地区经济司

三、初步建立了多部门合作的综合协调机制

1998年以来，根据《全国生态环境建设规划》，国家不仅加大了对防护林体系建设、水土保持、草原建设等原有生态建设工程的投入，还先后启动了天然林资源保护、退耕还林（草）、京津风沙源治理、天然草原恢复等一批重点生态工程。在这些生态环境建设工程实施中，针对一些单项工程不协调的现象，国家提出了“整合工程，加强协调，下放权利，强化监督”的工作思路，通过全国生态环境建设部际联席会议制度，加强了对有关部门年度计划安排和重点工程的协调，强化了项目监督检查和实绩核查工作；通过对所有生态环境建设工程实行投资、任务、管理、责任四到省，提高了地方政府和项目参与者的主动性与积极性。再比如说，我国流域水污染防治工作共涉及农、林、水、环保、国土、建设、发展改革、财政、科技等多个部门。近年来，随着重点流域水污染防治工作的不断深入，国家及不少地方都先后成立了相应的政府牵头、多部门参与或环保牵头、其他相关部门参加的流域水污染防治领导小组，初步建立了多部门合作的议事（协商）机制，以加强对流域水污染防治工作的组织领导和综合协调。

下面，我再向各位代表介绍一下近年来国家发展和改革委员会在生态环保和可持续发展领域所做的工作。归纳起来，主要有3个方面：

1．通过宏观调控，加强可持续发展战略实施中的综合协调

计划、规划和政策是我们进行宏观调控的重要手段。在计划方面，近年来，国家发展和改革委员会始终将生态建设和环境保护纳入各级政府国民经济和社会发展中长期计划，在计划中对环境和生态保护的主要目标和任务提出了导向性的要求，并逐步改进和完善有关环境保护和生态建设的内容及计划指标体系。在战略和规划方面，国家发展和改革委员会加强了对生态环境建设和保护过程中有关政策问题的协调。在“十五”计划编制过程中，国家发展和改革委员会会同有关部门编制了《生态建设和环境保护重点专项规划》，第一次把生态问题和环境问题放到一起加以统筹规划。在2002～2003年，由国家发展和改革委员会任组长单位的全国推进可持续发展战略领导小组，牵头编制了《中国21世纪初可持续发展行动纲要》，明确了我国本世纪头20年可持续发展战略方向、重点领域及相应行动。相对于《中国21世纪议程》，《纲要》作为一份政策文件，更侧重解决政策和实施手段问题。近期，按照中央的要求，国家发展和改革委员会还将和国土资源部、国家环境保护总局一道，编制《资源、生态建设和环境保护及可持续发展“十一五”总体规划》。

2．运用市场机制，通过国家直接投资，带动全社会投身于生态建设和环境保护工作

1998年国家实行了积极财政政策以来，国家发展和改革委员会累计安排国债资金1000多亿元，用于生态和环保领域。在生态建设领域，国家发展和改革委员会会同有关部门建立了生态效益补偿机制，将森林生态效益补助资金纳入国家公共财政预算并付诸实施。在水、大气、垃圾等污染防治领域，会同有关部门制定和完善了排污收费等有关政策。在制定电力体制改革方案的过程中，把火电厂污染防治所需的政策条件统筹考虑进来。在安排国债环保基础设施项目过程中，把诱导地方政府落实污水处理收费、垃圾处理收费以及实施企业化经营等环境经济政策作为一个前置性条件，这些措施对我国逐步形成环保设施良性发展机制起到了推动作用。目前，城市污水处理收费制度广泛推行，除西藏外，其余省（自治区、直辖市）的300多个城市开征了污水处理费，2003年全国污水处理费总额达48.7亿元。

3．加大产业结构调整力度，大力推行清洁生产，继续淘汰污染严重的落后生产方式

近年来，国家发展和改革委员会通过制定行业发展规划和产业结构调整导向性目录，支持企业通过技术改造的方式，推进产业结构优化升级。同时，着手制定《清洁生产促进法》实施的配套规章，督促企业依法实施清洁生产。

尽管我国政府十分重视生态环保和可持续发展，但是，由于自然和人为因素的影响，我国生态环境“局部好转、整体恶化”的趋势尚未得到根本扭转。尤其是西部地区土地退化相当严重，不仅制约了西部地区社会经济的可持续发展，而且影响到其他地区乃至全国的可持续发展，成为导致当地贫困的主要原因。此次由国家林业局牵头，与全球环境基金合作启动实施的中国－全球环境基金干旱生态系统土地退化防治伙伴关系，旨在建立跨部门、跨区域的综合管理机制，通过各单位的共同努力，把政策、法规、规划和行动等有机地统一和协调起来，这对于西部土地退化尤其是生态脆弱区的综合治理，意义重大。在各部门共同努力下，于2002年8月完成的项目先期成果《干旱生态系统土地退化防治国家规划框架报告》，就已初步展示其在新机制下所显现的活力。

运用综合生态系统管理理念，进一步完善我国生态环保管理工作已成为一个必然趋势。今后，我们将按照“五个统筹”、树立科学发展观的要求，继续革新观念，完善符合社会主义市场经济要求的生态建设和环境保护的政府管理方式、方法，发挥政府的引导作用，努力促进社会经济与生态环境的协调发展。

25 中国生态环境科技工作及展望

[1]沈建忠

一、中国生态环境状况及问题

我国是世界上生态环境比较脆弱的国家之一。近年来，随着经济社会的快速发展，由于不合理的开发利用，我国各类生态系统的整体功能下降，生态恶化的范围不断扩大，危害程度加剧。具体表现为：

1．原始林所剩无几、森林总体质量低下

森林覆盖率为16.55%，低于世界平均水平（29.6%），且林龄结构不合理，原始林不足1/10，森林整体质量和生态功能下降，可采资源持续减少。

2．草地退化、湿地萎缩

20世纪90年代末，草原退化面积已达62%；水资源时空分布不均，供需矛盾突出；地下水超采严重，截至2002年，海河平原地下水已累计超采900亿立方米，形成漏斗面积约2万平方千米，部分地区地面沉降、海水入侵。

3．土地沙化加速、水土流失严重

我国水土流失面积达356万平方千米，占国土面积的37%；沙化土地面积约100万平方千米，近年来每年以3436 平方千米的速度扩展。

4．生物多样性锐减、有害外来物种入侵

生物多样性锐减，受到严重威胁的高等植物约占1/5；在《国际濒危野生动植物物种贸易公约》列出的1121种世界性濒危物种中，我国有190种，外来物种入侵威胁生态安全，造成了巨大的经济损失。

5．全球环境变化影响加剧

近百年我国的气候亦在变暖，平均地面温度上升了0.6～0.7℃，海平面平均上升了10～20厘米，200年来冰川面积减少了约25%，过去50年北方年降水量减少了10%，干旱化加剧，极端的天气气候事件如旱涝灾害发生的风险近20年来呈上升趋势，近50年山地灾害发生频率增加。

生态系统退化引起了一系列的后果：一是加剧贫困程度。目前，全国90%以上的农村贫困人口生活在此类生态环境比较恶劣的地区，恶劣的生态环境是当地群众贫困的重要原因。二是加剧了土地资源的压力。如果不能有效地控制水土流失和土地荒漠化，人均耕地面积将进一步减少，土地生产力将持续下降。三是加剧自然灾害的发生。干旱、洪涝、沙尘暴、泥石流等各种自然灾害造成的直接经济损失呈大幅度增长之势。严重的生态灾害，不仅影响西部大开发总目标的实现，而且严重制约我国经济与社会的可持续发展，成为困扰我国经济发展和人民生命财产安全的心腹大患。

二、“十五”期间生态保护科技工作安排

“十五”期间，科技部对西部生态环境科技工作十分重视，投入国家科技经费25 200万元，以脆弱生态区生态系统综合治理为重点，组织实施了“中国西部重点脆弱生态区综合治理技术与

---

[1]科技部农村与社会发展司

示范”、“防沙治沙关键技术与示范”和“林业生态关键技术”等重大科技项目，在国家西部大开发科技专项中也将生态综合治理作为重点内容加以支持。另外，为加强生态保护技术的推广与应用，在国家农业科技转化资金中也加强了支持力度，近4年来共投入了国家引导资金1.5亿元。

通过努力，近年来我国生态保护科技工作取得较大进展，为国家生态保护重大工程的实施提供了有力的科技支撑。例如，中国西部地区重点脆弱生态区综合治理技术与示范选择长江上游地区、西南岩溶地区、干旱、半干旱黄土地区和西北荒漠地区等重点脆弱生态区，选择10大不同生态系统类型开展了综合治理科技示范研究，取得了良好的社会、经济和生态效益。

(1) 完成了西部脆弱生态区生态系统的综合评价，揭示了西部脆弱生态区生态环境演变规律；

(2) 对不同类型脆弱生态区的生态综合治理模式进行了评价、筛选和系统集成，研发集成西部生态脆弱区治理模式41个；

(3) 建立示范基地33个，建成示范面积总计18 598公顷，还完成推广面积10 351公顷；

(4) 取得了良好的社会、经济和生态效益。各示范区植被覆盖率比示范前提高了40%～70%，土壤侵蚀模数下降了29.4%～55.9%，农牧民收入提高了40%～60%；

生态科技工作由于其自身的特点与规律，在实施机制方面必须加以创新，形成适合我国特点的生态环境科技管理机制，才能取得较好的成果。一是强化生态系统综合管理，探索不同类型区生态综合治理模式；二是强化技术集成与应用示范，以示范区建设带动技术开发与集成；三是加强典型区生态综合治理与区域经济发展相结合，不仅追求区域生态系统的结构和功能的整体优化，而且重视广大农牧民生活水平的持续提高；四是积极探索新机制，形成科研院所、地方政府和当地农民共同推进的局面。

三、科技发展展望

目前，国家正在研究制定国家中长期科技发展规划纲要，研究未来15年国家科技发展的目标、重点领域及优先主题与重大专项、政策与措施。生态退化将作为一个优先发展主题列入国家中长期科技发展规划纲要，并在“十一五”国家科技计划加快落实。

生态科技发展的目标是以恢复生态系统的生态服务功能、促进区域可持续发展为目标，形成退化生态系统的恢复、重建与利用的模式及配套技术体系。发展重点包括：一是发展生态系统监测、评估与区划方法，开展中国生态系统综合评估；二是重点脆弱生态区综合整治与重建，包括退化天然草地、西北荒漠区、黄河流域黄土区、岩溶地区和海岸带的生态恢复与重建；三是重大工程沿线退化生态恢复和矿山复垦；四是生物多样性与天然林资源保护。

26 西部生态建设与荒漠化防治

[1]刘 拓

当今世界正处于一个巨大的变革时期，它有3个主要标志，即现代文明形式由工业文明向生态文明转变，现代经济形态由物质经济向知识经济转变，现代经济发展道路由非持续发展向可持续发展转变。科学发展观就是这三重巨变的集中体现，其核心就是人与自然的协调发展，其根本目的就是实现生产发展、生活富裕及生态良好的社会发展目标。林业在这个伟大实践中有着十分重要的、不可替代的作用。中共中央，国务院《关于加快林业发展的决定》中明确，在贯彻可持续发展战略中，要赋予林业以重要地位，在生态建设中，要赋予林业以首要地位，在西部大开发中，要赋予林业以基础地位。

我国林业地位和作用的重要性，是将其融入国民经济和社会发展的大局中凸显出来的。随着经济发展、社会进步和人民生活水平的提高，林业也正处在一个重要的变革和转折时期。正经历着由以木材生产为主向以生态建设为主的历史性转变，正在走以生态建设为主的林业可持续发展道路，正在建立以森林植被为主体的国土生态安全体系，正在建设山川秀美的生态文明社会。其载体就是六大林业重点工程。

治理沙患是我国林业生态建设的重要主攻目标。在我国，土地沙化是最为严重的生态灾害之一，全国有174.3万平方千米的沙化土地，占国土面积的18.3%，而且以年均3436平方千米的速度在扩展。严重的沙化灾害，威胁人类生存环境，制约经济发展，拉大了地区差距，影响了民族团结和社会稳定，是中华民族的心腹之患。

造成土地沙化扩展是自然因素与人为因素共同作用的结果。但其主要原因是在人口和经济的双重压力下，人们过度开垦、过度放牧、过度樵采和滥用水资源等掠夺性经济行为所致。

我国的国情和沙情，决定了我国的防沙治沙必须以可持续发展为目标，按照“保护优先，积极治理，合理利用”的方针，保护与恢复植被，遏制沙化扩展，逐步治理适宜治理的沙化土地，改善生态环境，增加农民收入，促进经济发展，最终实行沙区经济、社会、资源、环境的协调发展。工作中我们必须坚持8项基本原则：一是防沙治沙必须与发展区域经济、农牧民脱贫致富紧密结合。沙化与贫困互为因果，没有良好的生态保障，地方经济就难以发展，没有当地群众的脱贫致富和地方经济的发展，生态建设也难以为继。二是必须把生态体系建设与发挥生态系统自我修复功能相结合。既要充分利用生态系统的自我修复功能，又不能完全依赖这种功能，必须加大开展生态系统的建设力度。三是必须把专项措施与综合治理相结合。防沙治沙是一项综合性很强的工作，需要科学划定封禁保护区、布设治沙示范区、确定工程治理区等，采用生物、工程和农耕措施综合治理沙化土地，恢复自然生态系统。四是必须以国家投入为主，国家投入与政策机制调动相结合。在国家投入的基础上，通过完善政策和活化机制，使群众真正得到实惠，调动广大群众的治沙热情和积极性。五是要把艰苦奋斗传统与科学创新精神相结合。在综合国力不断增强和现代技术高度发达的今天，要实现防沙治沙的突破，仍然需要继续发扬艰苦奋斗的光荣传统，更要加强科技攻关与创新，提高建设水平。六是要把依法防治与生态伦理相结合。必须认真贯彻防沙治沙的有关法律，同时要通过正确的舆论宣传教育，增强公民防沙治沙的紧迫感和责任感，提高自觉性，调动积极性。七是必须有所为、有所不为。对于原生沙漠和戈壁，让其发挥沙漠的

[1]国家林业局防治荒漠化管理中心

应有功能，集中财力、物力和人力，优先保护和治理好适宜治理的沙化土地。八是着眼长远与立足当前相结合。防沙治沙必须树立长期奋斗的思想，不能急功近利，但又必须脚踏实地，从现在做起， 一步一个脚印地稳扎稳打，实现最终目标。

总结防沙治沙的经验教训，针对当前面临的形势和任务，新时期我国防沙治沙工作必须解决7个问题。

(1) 按照社会、经济可持续发展的要求，确立防沙治沙工作在整个国家发展战略中的地位。根治沙患是人们保住生存空间和实现可持续发展的一项基础性工程，是我国西部大开发基础建设的重要组成部分，是维护国家生态安全、国土保安的根本保证，是国民经济和社会可持续发展的重要环节，也是维护民族团结和国家统一的基本保障。因此，防沙治沙与经济发展是推动沙区社会经济全面发展的两个同等重要的车轮，缺一不可。

(2) 尊重自然和经济规律，搞好防沙治沙的战略布局。按轻重缓急、先易后难的要求，将对人居、对整体影响大的沙漠边缘、绿洲、农牧交错带、城镇村庄周边、草地、江河源头作为生态建设和植被保护的优先布局区域。

(3) 通过对土地沙化成因的辨析，寻求标本兼治的战略措施。治理沙患必须围绕从“严格控制人为的高强度经济活动”这一中心来开展。只有通过人类主动地自我调节、自我适应，建立一个相互适应、协同发展的人地关系，优化干旱地区人地系统结构与功能，使之在新条件下达到新的平衡，并向良好方向发展。这就要求我们必须以人为本，从解决沙区群众的切身利益出发，解决贫困落后和生产力水平低的问题，从根本上治穷、治贫、治沙。

(4) 通过政策机制的优化，解决防沙治沙的原动力问题。只有将“谁治理、谁受益”的政策落到实处，真正使林木有其主，主人有其收，收者有其利，才能真正调动群众植树、种草、护绿的积极性，治沙才有取之不竭的动力。

(5) 通过对政府官员政绩评价指标体系的优化，促进防沙治沙责任制的落实。

(6) 通过科技创新、推广治理模式，解决治沙工作中的质量与效益问题。

(7) 通过生态工程建设，促进沙区产业结构、经济结构的优化，促进沙区经济发展。

防沙治沙是一项复杂的社会系统工程，为从根本上解决我国沙化扩展问题，必须有针对性地采取多种对策措施，综合防治土地沙化。一是保护现有植被，大力植树种草；二是合理调配水资源，保障生态用水；三是对自然环境已经不适于人类继续生存的地区，实行生态移民，遏制土地沙化；四是改变农牧业生产方式，优化土地利用格局；五是调整产业结构，实行保护性开发；六是优化能源结构，解决农村能源问题。

通过实施上述措施，努力使我国防沙治沙工作实现“三步走”的战略目标。到2010年，重点治理一些影响较大、危害较为严重的沙化土地，坚决控制住由于人为因素产生新的沙化，努力遏制沙化扩展趋势，使沙区生态环境得到初步改善。到2020年，使一半以上适宜治理的沙化土地得到治理，沙区生态环境有较大改善，重点治理区的生态环境开始走上良性循环的轨道。到2050年，使适宜治理的沙化土地基本得到整治，宜林地全部绿化，“三化”草地得到全面恢复，在沙区建立起基本适应可持续发展的良性生态系统，建设比较稳定的生态防护体系和比较高效的沙产业体系，广大沙区，实现山川秀美。

27 综合生态系统管理在中国西部地区生态保护中的应用[1]

[2]崔书红

一、西部地区生态环境现状

西部地区生态环境现状调查显示，土地沙化依然严峻，局部地区土壤盐渍化还在加重，西南地区石漠化问题突出，森林生态系统数量型增长与质量型下降并存，水生态系统恶化。

二、综合生态系统管理思想对中国西部地区生态环境保护的重要性

（1）重视生态系统的完整性，强调森林、草原、水、土地等系统服务功能的最大化；

（2）重视生态环境诸要素之间的联系，强调生态系统管理的统一性、宏观性和综合性；

（3）重视人类在破坏生态系统过程中扮演的重要角色，调整经济发展和资源开发利用方式是解决生态问题的根本措施；

（4）重视生态功能的保护，强调生物多样性保护是生态系统实现良性循环的关键。

三、综合生态系统管理理念的应用

国家环境保护总局应用综合生态系统管理理念，在西部地区开展的主要工作有：①生态环境现状调查；②生态功能区划；③生态保护规划；④生态功能保护区建设试点；⑤生态示范区建设试点；⑥农业和农村能源污染防治。

四、生态功能区的划分

在对造成生态退化的原因和应采取的对策进行分析的基础上，将西部分成5个生态功能区进行管理：①水源涵养生态功能区；②生物多样性保护生态功能区；③土壤保持生态功能区；④防风固沙生态功能区；⑤社会经济发展生态功能区。

五、西部地区综合生态系统管理的对策

以发展经济为中心，标本兼治，从解决生态破坏的根源入手，重点解决西部地区的贫困问题，从根本上解决由于经济发展不足引起的掠夺式的资源开发及其生态破坏(关键是产业结构和布局、增长方式)；

以调整人的经济行为为主，以生态工程措施为辅，重点解决草原开荒、超载放牧、天然林砍伐、围垦湿地、乱采滥挖、大水漫灌、水资源不合理利用等人为生态破坏问题（关键是责任明确)；

以自然恢复为主，人工建设为辅，对重点生态破坏地区实行顺应自然规律的退耕、退牧封育、禁樵、禁围湿地等措施，积极发展农村能源，对现有的天然林地、天然草场、天然湿地实行最严格的生态保护（关键是自然的适宜性和承载力)。

---

[1]内容摘要

[2]国家环境保护总局自然生态保护司

西部地区综合生态系统管理的对策具体体现在以下几个方面：

1．水资源利用和管理

在干旱、半干旱地区要严格控制修建平原水库、限制经济性调水工程和内陆河湖间的调水；控制在内陆河上建设大坝；在内陆湖泊建坝发电要格外慎重。

2．植被保护与建设

要以当地的降雨、水资源等生态条件为前提，宜林则林、宜灌则灌、宜草则草、宜荒则荒，原则上不依靠人工灌溉维持植被生长。在降雨量小于400mm以下区域，植被建设应以灌草为主，400mm以上区域以乔灌为主。

3．沙漠化防治

重点应放在农牧交错带、绿洲；要科学划定农牧交错区、特别是界定西北干旱区农垦的北界，降低干旱区的垦植指数；转变传统的治沙方式，防止引水造林治沙造成的水资源短缺；坚持“宜治则治，宜荒则荒”的原则，保护沙漠周边地区地表结皮、固沙植物等，切忌盲目的“人进沙退”；改革农耕方式，发展农村能源，保护沙区植被。

4．理顺关系，加强生态保护的系统性

要进行科学分区，明确严格保护区域、允许适度开发区域和允许开发但必须做好生态恢复的区域，合理把握开发与保护的关系。要运用生态系统的方式，而不是采取简单的生态建设或生态工程的方式；要按照综合生态系统管理，理顺体制关系，加强法制，区域、流域生态保护不能简单采取单要素的、分割式的管理，管理机制要体现生态环境的整体性、系统性、宏观性的特点。

28 中国西部生态系统综合评估

[1]刘纪远

一、国际千年生态系统评估和中国西部生态系统综合评估

千年生态系统评估（Millennium Ecosystem Assessment，缩写为MA）是一项为期4年的国际合作项目，其目标是满足决策者对生态系统与人类福利之间相互联系方面科学信息的需求。“生态系统与人类福利：评估框架”是该项目的第一个成果。千年生态系统评估由联合国秘书长安南于2001年6月宣布启动，其主要的评估报告将于2005年出版。

千年生态系统评估计划是在政府部门、私营机构、非政府组织，以及科学家的共同参与下制定的。该计划的主要目标：一是综合评估生态系统变化对人类福利产生的影响；二是分析目前在加强生态系统保护、提高生态系统满足人类需求方面可行的对策。

千年生态系统评估的评估框架中主要有以下3个主要概念：

1．生态系统

生态系统是由植物、动物和微生物群落，与其无机环境相互作用而构成的一个动态、复合的功能单位。人类是生态系统一个不可分割的组分。

2．生态系统服务功能

生态系统服务功能是指人类从生态系统中获得的效益。这些效益包括供给功能、调节功能、支持功能和文化功能。

3．人类福利

人类福利具有多重成分，包括维持高质量的生活所需的基本物质条件、自由权与选择权、健康、良好的社会关系，以及安全等。

在千年生态系统评估的概念框架中，生态系统服务功能与人类福利及各种直接、间接驱动力之间都存在一定程度的影响制约关系，如何减小消极的作用、增强积极的变化正是千年生态系统评估开展研究的主旨所在。

千年生态系统评估是在社区、流域、国家、区域和全球等多空间尺度对生态系统与人类福利的综合评估。由于生态系统在空间和时间上的高度变异性，千年生态系统评估在社区、流域、国家和区域等尺度上部署了一系列亚全球评估项目（Sub-Global Assessments），以使其评估结果有助于各种空间尺度生态系统的有效管理。

为了给我国顺利实施西部开发战略提供可靠的科学依据，中国西部生态系统综合评估项目参照国际千年生态系统评估（MA）框架，采用系统模拟和地球信息科学方法体系，对中国西部生态系统及其服务功能的现状、演变规律和未来情景进行了全面的评估。2001年4月，中国西部生态系统综合评估（英文缩写为MAWEC）项目被正式确定为首批启动的5个亚全球区域评估项目之一。

二、中国西部生态系统综合评估（MAWEC）方法与过程

生态区划研究是进行生态系统综合评估的前提。综合水、热特征以及地形因素，可以将中国

[1]中国科学院地理科学与资源研究所

划分为10个一级生态区，进而又可以细分为54个二级生态子区。在确定了生态区并建立了信息系统的基础上，开发了分析生态系统服务功能的模型。利用这些模型和地理信息系统，分析不同生态系统水和食物的供应、碳储备和生物多样性等服务功能的趋势和情景。

为了分析生态系统服务功能和人类福利之间的关系，以及人类活动对生态系统的影响，中国西部生态系统综合评估发展了中国人口空间分布曲面模型(SMPD)，通过该模型分析人口空间分布的趋势及情景，并且基于生态系统的人口承载能力和人口密度建立了一个临界阈值模型。

为了解决地理信息系统中多尺度信息融合及其误差问题，中国西部生态系统综合评估基于曲面微分几何理论方法开发了高精度曲面建模模型（HPSM）。目前的研究结果表明，不同空间尺度的数据源对高精度曲面建模模型影响很小，说明高精度曲面建模模型可以解决多尺度问题。高精度曲面建模模型需要借助于格点生成法，以便确立曲面建模的标准格点生成规则。网格计算对于解决由于复杂数值模拟造成的计算量过大的问题是十分有效的。

对策（Response）这一部分主要探讨生态系统的保护措施，不同区域可能采取的生态对策，以及退耕还林政策的影响。根据退耕还林政策的规划目标，分析土地利用变化可能导致的几种情景。

利用中国西部生态系统综合评估专家在各个领域建立的模拟和预测模型，结合地理信息系统，整合现有数据和信息资源，建立一套完善的评估系统。这个评估系统包括数据集成系统、模型评估系统和对策分析系统等3个主要模块。在系统中可以分别输入驱动因素和西部大开发规划等内容，并在驱动因素和西部大开发各项规划之间，由生态系统服务功能建立联系，根据西部大开发规划的需求在各种空间尺度上分析生态系统和自然环境承载力的可能变化情景，最后给出相应的对策建议。

中国西部生态系统综合评估项目组建议，该系统今后可以在有关政府管理部门投入运行。

三、中国西部生态系统综合评估的主要结论

中国西部生态系统综合评估项目的评估结果表明，由于气候变化和人类活动双重驱动力的作用，近20年来我国西部地区各类生态系统都存在不同程度的退化，永久冰雪面积持续减小，荒漠面积增加；但生态系统多样性呈增加趋势。就生态系统承载力而言，大城市周边地区、甘肃、陕西、宁夏和贵州的部分地区有超载现象，但整个西部地区整体上还有少量承载潜力。

通过在9个典型区的深入研究和评估工作，中国西部生态系统综合评估揭示了不同生态地带和生态系统中生态系统服务功能和人类福利的关键冲突，提炼出一些有效的人与生态系统关系的优化模式，对保障西部生态系统可持续性提供了范例。

未来情景分析结果表明，在未来的50～100年中，由于我国西部生物温度持续升高、绝大部分地区降雨量增加，加上人类有步骤的生态恢复与重建工作，将导致生态系统多样性和林地覆盖面积的较大增加，各类生态系统生产力提高，碳汇作用加强。但是，温度升高将导致青藏高原和西北地区永久冰雪地带的持续退缩，西北地区的荒漠面积仍会低速扩展。

西部地区生态系统的食物供给功能整体上将处于上升态势，在空间分布格局上表现为西北地区食物增加幅度较大；内蒙古东部、广西、云南以及青藏高原的部分地区食物供给潜力略有下降或变化不太明显；其他地区虽然也有一定的增加，但增幅明显低于西北地区。根据人口增长趋势分析，西部地区生态系统承载力能够保障西部地区本世纪的人口发展。

评估结果说明，如果在未来50～100年内，国家根据西部大开发的战略部署，开展有效的生态系统保护与修复，那么西部生态系统将会呈现出良性发展的趋势；反之，如果人类活动强度超出生态系统自身系统平衡调控范围，那么未来西部生态系统将会维持目前的退化趋势，甚至加速退化。

四、中国西部生态系统综合评估的主要建议

为了应对全球环境变化和人类活动加剧对中国西部生态系统的影响，中国西部生态系统综合评估项目认为，以下政策选择是十分必要的：

(1) 以生态功能区划为依据，在区域内有针对性地进行生态建设，指导人类在特定生态地带和生态系统内的空间行为，避免盲目无序的开发。

(2) 将建立节水型社会作为西部发展的基本对策。同时，因地制宜地开发利用和保护水资源，例如，适当开发利用国际河流的水资源；实行土壤水库、森林水库和工程水库“三库并举”；实行坡改梯工程，平整田间土地，利用田间土地保水蓄水；植树造林涵养水源等。

(3) 实施以保护和恢复林草植被为核心的荒漠化防治工程，保护好现有植被，严禁乱砍滥伐、乱采滥挖和乱耕滥牧。对一些人力暂时难以恢复或急剧退化的生态失衡地区，圈定为“无人区”或“无畜区”，以利于这些地区的生态平衡和恢复。

(4) 生态环境建设是一项长期而复杂的系统工程，它面对的是生态脆弱区的千家万户的农民以及经济欠发达的地方政府，仅有政府公共投资与财政补贴政策还是不够的，迫切需要建立并完善一套完整并能延续的政策体系，来确保西部地区生态环境建设顺利进行。尤其对荒漠化地区的各类经济活动，要严格司法管理。

(5) 以水土资源承载力和生态环境容量为前提，依据生态系统的结构－功能－平衡－效益原理，优化系统结构，增强系统功能；把生态建设与经济发展结合起来，大力推进农业产业化，培育生态经济体系，打破脆弱－贫困－脆弱的恶性循环，达到生态系统建设与经济发展的互相促进。

(6) 在全国范围内全面推行东西部生态补偿机制。江河中上游地区长期投入大量人、财、物力实施生态治理，保护植被和水源，增强了中下游地区的生态环境安全保障，但在一定程度上牺牲了经济利益。国家应当把上中下游地区的责任、义务与权力、利益加以统筹考虑，在生态系统功能受益区与生态系统功能保护、提供区之间建立全面的经济补偿机制，实现东西部地区的共同富裕和安康。

29 中国西部大开发中的水土流失与水土保持对策

[1]佟伟力

实施西部大开发战略，加快中西部地区发展，是中国政府在世纪之交，从社会主义现代化建设的全局出发做出的重大决策。它的总体战略目标是，经过几代人的艰苦奋斗，到21世纪中叶，全国基本实现现代化时，从根本上改变西部地区相对落后的面貌，显著地缩小地区发展差距，努力建成一个经济繁荣，社会进步，生活安定，民族团结，山川秀美，人民富裕的新西部。

然而，中国西部的广大区域和众多人口，是在东西部发展极不平衡、差距甚大、基础设施落后、生态环境脆弱、特别是水土流失严重的境况下应对西部大开发的。因此，当前和今后一个时期，实施西部大开发的当务之急和重点任务是：加快基础设施建设和加强生态环境建设和保护，力争用5～10年时间，使西部地区基础设施和生态建设取得突破性进展，使西部开发有一个良好的开局。

一、中国的西部和西部大开发

中国西部大开发的区域包括重庆、四川、贵州、云南、西藏、陕西、甘肃、青海、宁夏、新疆、内蒙古、广西等12个省(自治区、直辖市)，面积685万平方千米，占全国的71.4%。2002年末人口3.67亿人，占全国的28.8%。2002年国内生产总值19 886亿元，占全国的17%。西部地区资源丰富，市场潜力大，战略位置重要。但由于自然、历史、社会等原因，西部地区经济发展相对落后，人均国内生产总值仅相当于全国平均水平的67%和东部地区的40%，迫切需要加快改革开放和现代化建设步伐。西部大开发自20世纪末和本世纪初起步，已取得重要进展。

首先，基础设施建设迈出实质性步伐。截止2002年，国家加大了对西部地区建设资金投入的力度，中央财政性建设资金用于西部开发约2700亿元。其中，用于基础设施的投资约2000亿元，生态环境投资500多亿元。国家在西部地区新开工了36项重点工程，投资总规模6000多亿元，青藏铁路、西气东输、西电东送、水利枢纽、交通干线等关系西部地区发展全局的重大项目全面开工。

其次，水土保持取得突破性进展，生态环境保护和建设显著加强。截止2002年，西部地区治理水土流失面积8.53万公顷，占全国治理总面积的53.13%。天然林资源保护工程全面展开，京津风沙源治理工程进入实施阶段，天然草原恢复与建设工程进展顺利，江河上游和西部中心城市污染治理的力度加大。

第三，农村基础设施建设明显加强，农民生产生活条件逐步改善，科技、教育和社会事业加快发展。

二、水土流失是西部面临的主要环境问题

中国西部幅员辽阔，生态环境复杂多样，且比较脆弱（西部地区几乎全部位于极强和强生态

[1]水利部水土保持司

脆弱区，面积约占全国生态脆弱总面积的82%)，长期以来受气候变化和人类不合理经济活动影响，生态环境不断恶化。概括地说，中国西北的主要症结在于干旱缺水，而西南的问题在于喀斯特和多山，缺水少土。中国4大生态脆弱带即高寒、沙漠、黄土、喀斯特分布在西部地区，形成水土流失、沙漠化、草原退化、生物多样性减少、水资源短缺、沙尘暴等问题，尤以水土流失最为严重。

据水利部2002年1月公布的全国第二次遥感数据统计，西部地区水土流失面积为293.7万公顷，占西部总面积的42.9%，占全国总水土流失面积的82.5%。中国西部的水土流失不仅分布广，面积大，而且侵蚀类型复杂，侵蚀量大。黄河上中游、长江上中游和珠江流域以水蚀为主，局部伴有滑坡、泥石流等重力侵蚀；西北风沙草原区以风蚀为主，西南青藏高原区以冻融侵蚀为主，西北半干旱的农牧交错区则是风蚀水蚀共存。据统计，中国每年流失的土壤总量为50亿吨，其中2/3的土壤流失量来自于西部。

中国的水土流失之所以成为其环境问题之首，还在于严重的水土流失破坏了水土资源的平衡，加剧了西部的洪涝干旱和风沙灾害，形成了占全国90%左右的贫困人口，带来了一系列的生态和社会经济问题。

1．西部地区是长江、黄河等大江大河泥沙的主要来源和我国风沙的主要策源地

水土流失造成大量泥沙下泄，淤塞下游河道，削弱行洪能力，加剧洪涝灾害。黄土高原每年输入黄河的泥沙16亿吨，其中4亿吨淤积在河床，下游河床平均每年抬高10厘米，使黄河成为有名的“地上悬河”。长江上游每年侵蚀土壤15.6亿吨，2/3淤积在上游水库、支流和中小河道，成为长江屡次出现“小洪水、高水位”的主要原因。同时，近些年来由于气候因素和植被的破坏，西部地区沙化面积不断扩大，扬沙、沙尘暴天气发生的频率增加，使华北地区特别是京津两市饱受风沙之苦。

2．破坏农业生产条件，加剧贫困程度

水土流失造成千沟万壑，仅黄土高原地区长度在500米以上的大小沟道就达27万多条，土地支离破碎，吞噬农田，降低土壤肥力，导致生产条件恶化。西南地区一些地方因严重水土流失，岩石裸露率大于50%的严重石漠化面积达到7.55万公顷，土壤流失殆尽，基岩裸露，丧失土地利用功能，部分地方已失去生存之地，不得不移民搬迁。据统计，我国每年因水土流失平均毁掉耕地6.7万公顷，退化、沙化、碱化草地约100平方千米，沙化土地3436平方千米。西南地区现已形成“石化”面积594.3万公顷，潜在“石化”面积142.5万公顷。由于人们赖以生存的土地功能大大降低，治理恢复又很困难，农民长期生活在贫困线以下。

调查资料表明，中国东、中、西部生态脆弱县占全国总县数分别为：29.8%、32%和47.1%。西部地区每100个生态脆弱县中就有70个贫困县（中部41个，东部23个），可见，生态破坏与贫困密切相关。

3．生态环境恶化，制约经济社会可持续发展

一方面，水土流失导致土地水源涵养能力降低，区域生态环境失调。最为突出的是西北地区，由于水土流失，干旱加剧，大量耕地、草场废置，绿洲萎缩，湖泊干枯，沙化面积扩大，生物多样性遭到破坏，工农业生产和群众生活面临很大困难。另一方面，水土流失导致地表植被覆盖度降低，降雨入渗和汇流阻力减小，加剧了洪涝灾害的发生，带来了巨大的经济损失。

三、西部水土保持的主要措施和显著成效

中国政府一直十分重视西部地区水土流失的防治工作，特别自20世纪80年代以来，先后采取了一系列有效的防治之策，概括起来为：

1．集中资金，重点防治

1983年，经国务院批准，财政部、水利部在全国8个水土流失严重，群众生活贫困的地区开展水土保持工作。其范围主要在西部，包括黄河流域的无定河、山川河、湫水河、皇甫川流域和甘肃省的定西县；长江流域的贡水流域、长江三峡工程库区等。它是我国第一个国家列专款，有计划，有步骤，集中连片大规模开展水土流失综合治理的国家生态建设重点工程。

此后，国家加大投入力度，先后开展了长江上中游水土保持重点防治工程和黄河水土保持生态工程建设，并积极引进国际贷款开展黄土高原水土保持工作。

长江上中游水土保持重点防治工程地处西部大开发的腹地，自1989年启动实施十多年来，其工程范围已从上游的6省1市61个重点县扩展到云、贵、川、渝、甘、陕、鄂、豫、赣9省1市，重点防治县达到193个，初步实现了“重点突破、积极推进”的战略目标。工程实施范围在确保上游治理重点的同时，逐步向中游水土流失严重的丹江口水库水源区、大别山南麓和洞庭湖、鄱阳湖两大水系延伸。1989～2000年，国家对这项工程累计投入资金15.05亿元，有效地保证了工程的顺利实施。

黄河水土保持生态工程是在1986年开始逐步实施的治沟骨干工程项目的基础上打捆充实而形成的，主要包括：重点支流治理、治沟骨干工程、重点小流域建设等8项内容。

黄土高原水土保持世界银行贷款项目，是中国政府首次利用国际金融机构贷款开展的大规模水土保持项目。该项目于1994年10月正式生效，分两期实施，项目区涉及陕、晋、甘、蒙4省（自治区）48个县（市、区、旗）。该项目利用世界银行贷款3亿美元，累计新增治理水土流失面积90多万公顷。经过十几年的不懈努力，项目取得了较大的经济效益、生态效益和社会效益。据统计，一期项目实施后，区内粮食总产量由43万吨增加到70万吨；人均粮食由378千克增加到532千克；农民人均纯收入由实施前的306元提高到1263元；植被覆盖率由17.8%提高到41.1%，各项治理措施新增保土能力达到3800万吨。区内农业生产力水平显著提高，农民生活质量明显改善，水土流失得到有效遏制，农村基础设施得到加强，为该地区经济社会可持续发展奠定了良好的基础。项目取得了举世瞩目的成效，荣获2003年度世界银行行长优秀项目执行奖，被世界银行誉为世界银行农业项目“旗帜工程”。

另外，亚洲开发银行支援项目“中国水土保持发展战略研究”已圆满完成并深受国际组织的好评；长江上中游及珠江上游重庆、贵州、云南和湖北等4省（直辖市）的水土保持世界银行贷款项目前期工作正在有序进行；黄土高原水土保持世界银行贷款三期项目等外资项目也在陆续开展。

总的看来，中国的西部大开发很大程度上加大了国家和地方各级政府对西部水土流失治理的投资力度和治理规模。据计算，2000～2002年3年间，中央和西部12个省（自治区、直辖市）政府共计投入资金70.41亿元，这个数字比西部开发前的1991～1995年5年总投资增加了7倍多。

2．更新观念，生态修复

西部水土保持与生态建设的基本任务是保护、恢复和重建自然的生态系统，而不是脱离原有的自然基础，去盲目地建造一个新的生态环境。因此，新时期的水土流失防治工作必须注重依靠大自然的力量，充分发挥生态的自我修复功能，改善生态环境，实现人与自然的和谐共处。

西部大开发战略实施以来，中国在投入大量资金对长江、黄河等江河上中游水土流失严重地区进行重点治理的同时，展开了创新性的生态修复工作。2001年11月，水利部发出《关于加强封育保护，充分发挥生态自我修复能力，加快水土流失防治步伐的通知》，提出在西部的农牧交错区，“三化”草原区，内陆河流域等严重风沙地区，要合理开发利用水资源，安排生态用水，搞好水源和节水工程建设，发展高产饲草料基地，大力推进舍饲，轮封轮牧，以水定需，以草定畜，发展集约、高效畜牧业。并在全国选择了128个县市启动实施全国水土保持生态修复试点工程。实践证明，只要措施得当，管护得力，在生态脆弱的西部地区也完全有可能依靠自然力量恢复良好的生态环境。

近年来，国家在实施长江上中游和黄河上中游水土保持重点防治工作中，安排专项资金，开展了两河源头区水土保持生态恢复工程，其中塔里木河和黑河两大内陆河流的绿洲生态恢复工程已见明显成效。塔里木河是我国最长的内陆河，其流域是国家级的棉花基地、新疆重要的粮食和名优果品基地，石油天然气资源丰富，是我国21世纪能源战略接替区和石油化工基地。同时，塔里木河两岸由乔、灌、草组成的天然植物带，起着隔断沙漠、保护绿洲的作用。但长期以来，由于人类对流域自然资源、特别是水资源利用不合理，使得干流水量减少、水质盐化、下游河水断流、植被衰败、沙漠化扩大，生态环境不断恶化，这些问题若得不到解决，将会严重影响流域的可持续发展。

为此，2000年起，连续5次从新疆库尔勒市境内的博斯腾湖向下游塔里木河调水27亿立方米，使大西海子水库以下200千米河道在干枯20多年后重新过流，尾闾台特玛湖再现清波，塔河下游大片胡杨林绝处逢生。

黑河是我国第二大内陆河，发源于青藏高原北部祁连山北麓，流经青海、甘肃、内蒙古3省（自治区），干流全长821千米。受气候和人类活动的影响，黑河水资源量与当地人口和社会经济发展发生了突出的供不应求矛盾。为遏制黑河下游日益恶化的生态环境，国家决定对黑河流域水资源实施统一管理和调度，连续3年实施了省际分水，使下游地区的水量由贫缺到逐步增加，特别是河水到达下游的东居延海后，形成了20多平方千米的浩淼湖面，重新有了水鸟栖息，初步扭转了生态恶化的局面。

3．预防为主，强化监督

半个多世纪以来，中国曾经历过两次西部开发，成果显著，但多以环境为代价，教训极深。这次的西部大开发，会不会带来人们不愿意再次看到的“大开挖”局面？我们以为，人们的这种忧虑是不无道理的。西部未来的生态环境是继续恶化还是得到遏制，一定程度上取决于对各种人为因素的控制程度。西部是我国资源后备地区，也是今后几十年资源开发的重点所在。在人类开发自然资源过程必然引起生态因子乃至整个生态环境变化的这种似乎谁也避免不了的定势下，西部大开发如果实施不当，必然会出现不良后果。

2000年1月，中国西部大开发拉开了序幕，中共中央、国务院关于实施西部大开发的战略设想指出：加快西部地区开发，必须加强生态环境保护和建设，这是实施西部大开发的根本和切入点。

据了解，实施西部大开发以来，青藏铁路、西气东输、西电东送、水利枢纽等一批关系西部地区发展全局的重大项目相继开工。2000～2002年，国家在西部地区新开工36项重点工程，投资总规模6000多亿元人民币。2003年新开工的14个重点工程，涉及水利、铁路、公路、管道、水电、能源、市政等基础设施和社会事业重要项目。依照《中华人民共和国水土保持法》的有关规定，在西部大开发过程中，我国加大了开发建设项目水土保持监督管理力度，严格依法执行水土保持方案制度，坚持水土保持设施与主体工程同时设计、同时施工、同时投产使用的原则，有效地控制了开发建设项目中人为造成的水土流失，改善了生态环境。据统计从1996年以来，西部共依法编报了138个开发建设项目的水土保持方案。西部大开发中的89个大中型开发建设项目都依法编报了水土保持方案，投入治理水土流失的资金65亿元，预计将减少的水土流失量为3.3亿吨，防治责任范围为3191.36平方千米。其中，西气东输工程投入水土流失治理总投资7.01亿元，将减少的水土流失量为833.07万吨，防治责任范围188.18平方千米；青藏铁路投入水土流失治理总投资6.51亿元，将减少的水土流失量为142.97万吨，防治责任范围48.78平方千米；西电东送的10多个大型水电工程投入水土流失治理总投资2.74亿元，将减少的水土流失量为1409.58万吨，防治责任范围124.32平方千米。反之，这3项大的工程项目，如果不采取预防保护措施，计算将造成新的水土流失2608.42万吨。

总之，通过水土保持重点治理、生态修复和预防监督综合性措施的实施，西部的生态恶化趋势开始扭转，表现在：

1．水土流失局部控制，泥沙危害明显减轻

截止2001年底，我国西部地区已累计治理水土流失面积36万平方千米，年均减少土壤侵蚀10亿吨，增加蓄水能力130亿立方米。长江上中游水保重点防治工程1989年实施以来，累计治理水土流失面积7.3万平方千米，年均拦蓄径流27亿立方米，减少土壤侵蚀量1.8亿吨，占治理区土壤侵蚀总量的84%。黄河上中游地区，目前已治理水土流失面积17.13万平方千米，建成淤地坝11.3万座，水土保持措施年均减少入黄河的泥沙3亿吨。水土保持工程为江河下游的防洪、治理和开发创造了有利条件。

2．区域生态环境大为改观

水保治理的坡面工程，增加了土壤的蓄水蓄肥能力，提高了粮食产量，改变了广种薄收的落后生产方式，使当地群众在退掉了部分坡耕地后所生产的粮食自足而略有赢余，确保了陡坡地退耕还林还草成果，改善了生态环境。八片一期、二期重点治理实施20年，陡坡耕地退耕达到26.7多万公顷。长江上中游水保工程实施10多年，治理区荒山荒坡面积减少了84%，林草植被覆盖率由26%提高到46%，113.3万公顷坡耕地得到治理。

3．改善了农业生产条件，加快了农村经济的发展

水土保持综合治理工程提高了抗御自然灾害的能力，促进了农村产业结构调整和经营方式的转变。仅黄土高原地区每年增加粮食生产能力近50亿吨，基本解决了治理区群众的温饱问题。"长治工程"实施10多年来，已有800多万农民脱贫。

四、今后一段时期水土保持的新布局

西部地区生态环境建设是一项长期艰巨的伟业工程，目前国家和地方财力有限，不可能全面开花，只有集中力量，抓住重点。为适应西部大开发的需要，根据西部地区水土流失特点和水土保持建设的总体布局，2003年起，首先启动实施的四项水保重点工程，分别为：黄土高原多沙粗沙区沟道整治工程、长江上中游坡面整治工程、东北黑土区和珠江上游喀斯特地区水土流失防治工程。力争到2010年，实现新增水土流失治理面积50万平方千米，实施封育保护面积100万平方千米的目标。为此，将采取以下措施：

1．建立开发建设项目水土保持方案编报制度，全面加强水土资源保护

坚持"预防为主，保护优先"的方针，加大贯彻《水土保持法》的力度，采取坚决、果断措施，大力控制人为水土流失。严厉打击各种破坏水土资源的违法行为，切实保护好现有植被。加大执法检查力度，抓好开发建设项目水土保持管理，落实"三同时"，把水土流失的防治纳入法制化轨道。

2．分类指导，科学治理

西部地区地域广阔，条件各异，水土流失的治理不可能是一个模式或单一措施，必须坚持因地制宜，综合治理。即根据水土流失的特点和规律，以小流域为单元实施工程、生物和农艺三大措施的优化配置。具体讲，长江上中游地区、珠江流域及西南诸河地区，将突出坡耕地改造和基本农田建设，加强坡面水系工程建设；黄河上中游地区将重点搞好治沟骨干工程和雨水集流、节水灌溉等小型水利工程建设，大力发展沙棘、柠条等适生灌木；风沙区将合理开发利用水资源，发展林草植被，保护绿色生态系统，防止草场“沙化、退化、盐碱化”；内陆河流域合理安排生态用水，恢复绿洲和遏制沙漠化。

3．治理与开发相结合，促进农民致富增收

治理是开发的前提，开发是巩固治理成果的基础，二者相辅相成。特别是在目前西部地区经济还相对落后，人民生活较为贫困的情况下，妥善处理治理与开发的关系具有非常重要的现实意义。当前，关键是把治理和保护生态环境与当地农民致富结合起来，与当地经济增长结合起来，把水保生态建设办成一个使当地经济发展和农民致富的事业。具体工作中，要尊重群众意愿，狠抓基本农田和小型水利水保工程建设，合理利用水土资源，提高土地产出率和商品率，通过经济结构、产业结构和种植结构的调整，增加农民收入，减轻水土流失。

4．提倡人与自然和谐相处新理念，促进生态自我修复

依靠生态的自我修复能力恢复植被，是水土保持生态建设中一次重大的战略调整。过去水土保持生态建设偏重于人工治理，对依靠大自然的力量恢复生态重视不够，尽管做出了许多艰苦的努力，付出了很大的代价，但治理进度缓慢。当前形势下，加快水土流失治理，必须积极调整工作思路，按照人与自然和谐相处的要求，加强封育保护，依靠生态的自我修复能力重建和恢复生态环境。同时大力调整农牧业生产方式，在生态脆弱地区，封山禁牧，舍饲圈养，控制人类活动对自然的过度索取和侵害。

5．大力推广水保科学技术

不断探索有效控制土壤侵蚀、提高土地综合生产能力的措施，加强对治理区群众的培训，搞好水土保持科学普及和技术推广工作。积极开展水土保持监测预报，建立全国水土保持监测网络和信息系统，努力提高科技在水土保持中的贡献率。

6．建立完善稳定的水保投入政策

深化土地使用制度改革，放开使用权，明晰所有权，保护治理者的合法权益。改革现有资金投入和管理方式，鼓励和支持社会力量治理水土流失，逐步建立一种科学合理的、适应社会主义市场经济要求的水保治理开发机制。同时积极争取国际社会的支持，加大外资引进力度，形成多元化、多渠道的投资格局。

综上所述，可以作出这样的简短结论：中国的西部大开发，首要的任务应是治理和保护西部地区的生态环境，走开发建设与环境保护并进双赢的路子，使西部大开发的过程成为生态保护和生态治理的过程，成为建设秀美山川的过程。

30 中国的土地利用规划

[1]董祚继

土地是人类生存的基本条件，是一个国家经济社会发展的物质基础。当今人类社会面临的人口、资源、环境、发展问题，都与土地和土地利用密切相关。合理利用土地，是经济社会可持续发展的基本保障，而科学编制和严格实施土地利用规划，则是合理利用土地的前提。

一、中国的土地利用

由自然资源条件和中国当前所处的社会经济发展阶段所决定，中国的土地利用表现出以下几大特点：

1．土地资源丰富，土地利用类型多样

中国陆地面积960万平方千米。到2003年末，全国（不含港澳台地区，下同）农用土地为657.1万平方千米，占陆地面积的69.1%，其中耕地12.98%，牧草地27.68%，林地24.61%；建设用地为31.1万平方千米，占3.3%；另外还有27.6%为未利用土地。

受自然条件的影响，中国的土地利用从南到北、从东到西地带性差异明显，土地利用方式多样。在中国东部地区，地形平坦，土壤肥沃，水资源充足，是可利用土地资源的集中分布区，也是中国传统的主要农业区；东北与西南地区水量充足，历史上人类开发较晚，是主要的原始森林分布区；在西北和北部半干旱地区，草地分布比较集中，是中国主要的牧业区；西北内陆地势高峻，干旱少雨，可利用土地资源较少。此外，中国是个多民族国家。受不同民族的文化影响，不同地区土地利用方式差异也非常明显。

2．人地矛盾突出，土地开发利用强度大

中国是个土地资源大国，但更是个人口大国。中国有13多亿人口，但耕地面积只有123.4万平方千米，人均耕地只有0.095公顷（1.43亩），约为世界平均水平的40%。在北京、天津、上海、浙江、福建、广东等部分较发达地区，人均耕地已经不足0.053公顷（0.8亩）。中国以不到世界10%的耕地，供养着占世界22%的人口，人地矛盾十分突出。

人口和发展的压力决定了中国的土地利用必须走集约化的道路。城市建成区人口密度平均达到8461人／平方千米，城市总建筑容积率一般在0.3～0.4。农业用地的土地垦殖率、复种指数和单位面积农业生产投入在世界上处于较高水平。

3．经济快速发展，土地利用变化加快

自20世纪80年代以来，中国一直保持了快速的经济增长，GDP年均增长率达到9.3%。受经济快速增长的影响，中国的土地利用变化非常迅速。中国农村经济体制改革带动了土地利用方式的变革，农民拥有土地利用的自主决策权，可以根据市场需要调整自己的生产品种和方式。因此，中国农村地区经济作物用地比例越来越大，农村土地利用随着市场变化而快速变化。

伴随工业化进程，中国城市化进程也在加速推进。1995～2003年，中国的人口城市化率增加了10个百分点。过去20年，城市建成区扩大了3.3倍。可以预见，在今后相当长时期内，中国的工业化和城镇化进程仍将保持快速增长，用地需求将进一步加大。

[1]国土资源部规划司

4．耕地地位突出，兼具多重功能

中国已经进入工业化的中期，但农业仍然占据极重要的地位。仍有60%的人口生活在农村。据测算，中国国民消费的食物85%直接来自于耕地，95%以上的肉、蛋、奶等由耕地提供的产品转化而来。耕地直接或间接地为农民提供了40%～60%的经济收入和60%～80%的生活必需品。以农产品为原料的加工业产值，占到轻工业产值的50%～60%。

此外，中国农村地区的社会保障体系还没有全面建立起来，耕地作为最基本的生产资料和生活依靠，是中国农民生存发展最主要的社会保障。

5．土地市场不断发展，管理制度不断完善

改革开放以来，伴随着市场经济改革进程，中国土地使用制度改革不断推进。1979年，中国开始实行农村土地家庭联产承包责任制。1986年，中国政府又进一步建立了城市土地有偿使用制度。自那时起，中国土地资源的利用进入了市场配置为主的时代。土地使用制度的改革不仅使中国农村土地的生产力得到空前释放，也使城市土地资源配置得到了优化，城市土地利用和城市建设得到空前发展。

时至今日，中国土地使用制度改革的进程仍在继续。全国人民代表大会通过的新的宪法修正案，进一步限定了土地"征用"和"征收"范围，明确了对"私有财产权利"的合法保护，这将对中国未来的土地使用制度产生深远的影响。

但是，市场不是万能的，没有一个国家是完全的自由经济。随着市场经济的发展，中国土地利用中的一些问题也日益显现。城市过度膨胀侵蚀农用地，过度开发加剧土地退化沙化，土地不当利用造成生态环境破坏等，已成为日益严重的问题。要解决这些问题，就需要政府的干预，其中土地利用规划就是政府基于公共利益目的对土地利用进行干预和施加控制的主要手段。

二、中国的土地利用规划

1．历史回顾

中国有着5000多年的文明史，土地利用规划在中国同样有着悠久的历史。早在周朝就有"井田制"，宋朝有"方田制"。但现代意义的土地利用规划在中国有组织地全面开展的历史并不长。新中国成立后，有组织地全面开展土地利用总体规划工作是始于20世纪80年代。

1986年，中国政府设立了国家土地管理局，颁布了第一部《土地管理法》，明确要求各级人民政府应当组织编制土地利用总体规划。从1987年起，中国政府逐步组织开展了全国、省、地（市）、县、乡（镇）五级土地利用总体规划的编制和实施工作，我们习惯上称之为第一轮规划。

1998年，中国政府为了进一步加强城乡土地和自然资源的统一规划、保护和利用管理，在原国家土地管理局和地矿部、海洋局、测绘局基础上组建了国土资源部，并根据形势的发展，开展了对第一轮规划的修编，习惯上我们称之为第二轮规划。

经过两轮的规划实践，中国已初步建立了从国家到乡镇比较完整的"五级"土地利用总体规划体系，取得了很好的社会经济效果。规划制度日益完善，规划地位日益提高。

与第一轮规划相比，第二轮规划的重心和制度环境发生了很大变化，其中一个重要事件是1998年《土地管理法》的修订。该法修正案第一次确立了中国的"土地用途管制制度"，并明确规定"保护和改善生态环境，保障土地的可持续利用"是规划的基本原则之一，强化了对耕地的特殊保护（总量动态平衡）和对建设用地扩张的适度控制（指标控制）。目前，中国正根据日益成熟的市场经济特点和"五个统筹"的科学发展观要求，开始着手第三轮规划修编，进一步加强对城乡土地利用的统筹安排和综合调控。

2．土地利用规划的目标、任务和地位

（1）基本目标。中国土地利用规划的基本目标可以概括为4个方面：一是保障土地的合理利用，维护社会公共利益；二是保护自然资源和环境，促进土地的可持续利用；三是有效调控土地利用，促进社会经济的健康发展；四是建立良好的土地利用制度环境，改进土地利用的政府管理。

（2）主要任务。根据当前中国经济社会发展的实际需要，近阶段中国土地利用规划的主要任务：一是合理调整土地利用结构，统筹安排各类用地，尽量减少土地利用冲突以及土地利用的社会和环境成本；二是严格保护耕地、水和其他重要的自然资源，保护自然与历史文化遗产；三是保障并合理布局公益性和基础设施用地，控制其他建设用地的过度增长，促进城乡建设的集约化发展；四是适当开发和综合整治土地资源，提高土地利用效率和综合效益，促进社会经济的可持续发展；五是提高规划的科学性，建立健全以规划为核心的土地管理制度。

（3）规划的地位。土地利用规划兼具4个方面的主要功能，一是政府土地利用政策的声明，二是政府调控土地利用的主要手段，三是公众土地利用行为的基本指南，四是解决土地利用冲突的法律依据。因此，规划在土地利用管理中占有非常重要的地位。

3．土地利用规划类型与体系

中国的土地利用规划分为总体规划、专项规划和详细规划3个层次。

根据《土地管理法》，土地利用总体规划是强制性的，所有政府都必须编制，是政府管理土地的政策依据。总体规划的内容具有战略性、综合性、政策性等特点。总体规划的期限由国务院规定，一般15～20年，但根据需要，每5年对总体规划进行修编。

《土地管理法》同时还规定，“下级土地利用总体规划应当依据上一级土地利用总体规划编制”。因此，中国各级土地利用总体规划是一个自上而下的规划体系。下级土地利用总体规划是上级规划的细化和补充，必须符合上级规划。

专项规划是总体规划下的专业规划，具有针对性、专业化的特点，主要有土地开发规划、土地整理规划、土地复垦规划，以及交通、水利设施、生态保护等专业用地规划等。

详细规划是项目级的规划设计，是对土地利用项目的详细设计，目前主要有开发、复垦、整理项目规划设计等。

4．土地利用规划管理

（1）规划审批。土地利用总体规划实行分级审批。国家级、省级土地利用总体规划由国务院直接审批；省会城市和非农业人口50万以上城市的土地利用总体规划，经省级政府审查同意后，报国务院批准；其他级别的土地利用规划，逐级上报由省级政府批准；经省级政府授权委托，设区的市级政府可以审批其辖区内的乡（镇）级土地利用总体规划。土地利用规划一经批准，就具有法律效力。

（2）规划实施。土地利用规划的关键是实施。经过多年来的发展，我们已建立了土地利用年度计划、建设项目前期预审、规划审查、供地目录等比较成熟的规划实施制度。目前，我们正探索试行土地利用动态监测、土地利用规划实施评价等保障措施，并加快土地利用管理的信息化建设和规划立法的进程。

三、中国土地利用规划面临的挑战

1．资源环境压力日益加大，土地利用规划任务更加繁重

中国的独特国情决定了资源环境压力将在相当长时期内存在，并随着经济的快速增长而日益加大，土地利用的变化也将进一步加速。这种压力和快速变化若应对不好，将会产生各种生态环境或社会问题，影响经济社会的可持续发展。可以预见，在今后几十年，中国土地利用规划的任

务将日益繁重。

2．统筹城乡、区域任务艰巨，土地利用规划功能亟待加强

在经济快速发展的同时，中国的城乡差距、地区差距（沿海与内陆、东部与西部、新兴城市与老工业基地等）也在扩大。统筹城乡发展、协调区域发展、促进社会和谐共存，成为中国政府的经济社会发展政策。适应并落实科学发展观，按照“五个统筹”的要求，土地利用规划亟待完善规划体系，充实规划内容，强化功能定位，使其真正成为政府调控区域平衡发展的主要手段。

3．生态安全、公共安全问题突出，规划安全保障作用备受关注

近年来发生的特大洪水、沙尘暴、“非典”疫情，以及事故性重大污染事件和地质灾害，使全社会对生态保护、环境整治、公共健康和公共安全日益重视，公共危机意识普遍增强。土地利用规划作为保障公共安全、预防灾害损失的重要手段，已越来越为社会各界所关注。

4．改革进程不断深入，规划管理体制尚待理顺

中国正处于体制转轨的关键阶段。中央政府和地方政府财政收入分灶吃饭，使得地方政府存在自己的利益目标。为了扩大税基，有的地方政府违背甚至擅自修改规划，片面追求城市建设规模，追求以地生财，使得国家宏观政策得不到很好的实施。此外，土地利用规划的多部门分头管理也给规划实施带来困难，部门间信息封闭使得规划实施情况难以得到全面掌握。

5．公众参与意识不断提高，传统规划方法受到挑战

伴随经济发展，中国的政治文明也在不断取得进步。以人为本的思想在中国社会已深得人心，公众参与意识不断增强。规划作为一个政治过程，越来越受到社会各界的关注。传统规划方法正日益受到开放式、参与性规划模式的挑战。

总之，经过20多年的发展，中国的土地利用规划已经积累了大量经验，同时也面临着许多挑战。在新一轮土地利用规划修编开始之际，要进一步完善土地利用规划体系，大力加强法制建设，广泛吸取世界各国的好经验，积极推进理论创新、制度创新和科技创新，不断提高规划编制和实施管理水平，促进土地资源的可持续利用和经济社会的可持续发展。

31 中国有关防治土地退化法律制度介绍

[1] 王振江

中国是世界上荒漠化、水土流失危害最严重的国家之一，虽然经过长期努力，取得了一定成效，但中国生态环境“局部治理、整体恶化”的趋势并未得到根本上扭转。水土流失严重，草地退化、沙化和盐碱化面积仍在增加，生物多样性仍在遭到破坏，生态环境恶化没有得到扭转，影响了国民经济和社会可持续发展。中国政府对此问题给予了高度重视，出台了一系列生态建设和资源环境保护的法律、法规，并开展了生态保护、防治荒漠化的国际合作，成为《联合国防治荒漠化公约》、《生物多样性公约》、《湿地公约》的缔约国。为了防治和遏制干旱地区生态系统的土地退化，促进西部地区的可持续发展，2002年中国政府与全球环境基金（GEF）建立了为期10年的干旱生态系统土地退化伙伴关系，完善中国有关土地退化防治方面的政策、法律是该项目的重要内容。

一、关于防治土地退化工作的基本原则

防治土地退化工作的基本原则是中国长期防治土地退化工作中形成的基本经验，是贯穿于有关防治土地退化方面立法之中必须坚持的基本原则。

1．统筹规划，因地制宜，突出重点

各级政府将防治土地退化工作纳入国民经济和社会发展计划。按照自然、经济和社会发展规律的要求，充分论证，制定防治土地退化规划。区分防治土地荒漠化区域和类型，坚持区域防治与重点防治相结合。

2．预防为主，防治结合，综合治理，合理利用

沙化地区的生态平衡相当脆弱，植被一旦被破坏就很难恢复。因此，防治土地退化工作的首要任务是把沙区现有植被保护好。保护优先，保护和恢复植被与合理开发利用自然资源相结合既是《森林法》、《草原法》、《防沙治沙法》、《水土保持法》等法律规定的重要原则，又是这些法律的主要内容。

3．遵循生态规律，实施科学防治

中国荒漠化地区主要在西部地区，自然条件恶劣，荒漠化类型多，生态植被恢复难。只有遵循自然规律，合理规划，依靠科学进步和创新，实施科学防治，才能达到事半功倍的效果。

4．改善生态环境与消除贫困相结合

荒漠化与贫困互为因果，荒漠化导致贫困，贫困加剧荒漠化。农牧交错区是中国荒漠化严重地区，传统的种植业、畜牧业生产生活方式对草原、森林和土地的依赖性较强，存在着过牧、超采、过垦问题。只有将改善生态环境与帮助农牧民脱贫致富相结合，调整产业结构和改进生产方式，提高农牧民的生活水平，才能调动农牧民防治土地退化的积极性。

---

[1] 国务院法制办农业资源环保法制司

二、关于森林保护和管理的法律制度

1．关于森林保护的规定

《森林法》对森林资源保护方面的规定有：

（1）建立护林组织和森林公安，保护森林资源。

（2）做好森林火灾的预防、扑救工作及森林病虫害防治工作。

（3）禁止毁林开垦和毁林采石、采砂、采土以及其他毁林行为；禁止在幼林地和特种用途林内砍柴、放牧。

（4）划定自然保护区，对在不同自然地带的典型森林生态地区、珍贵动物和植物生长繁殖的林区、天然热带雨林区和具有特殊保护价值的其他天然林区进行特殊保护；对珍贵树木和林区内具有特殊价值的植物资源，实施严格保护。

2．关于植树造林的规定

《森林法》规定：植树造林是公民应尽法定的义务。各级人民政府组织全民义务植树，开展植树造林活动。

3．关于采伐林木与管理的规定

《森林法》有关采伐林木与管理的规定主要有：

（1）实行年采伐限额制度；

（2）实行采伐许可制度；

（3）区分公益林和商品林，实行不同的采伐及审批管理规定；

（4）从林区运出木材须持有合法的运输证件；

（5）占用或者征用林地的，按照国务院的规定缴纳森林植被恢复费。

4．关于林业建设的激励措施

《森林法》规定了设立森林生态效益补偿基金、林业基金、征收育林费、退耕还林给予补助等林业建设激励措施。

（1）国家设立森林生态效益补偿基金，用于提供生态效益的防护林和特种用途林的森林资源、林木的营造、抚育、保护和管理。

（2）征收育林费，专门用于造林、育林；煤炭、造纸等部门，按照煤炭和木浆纸张等产品的产量提取一定数额的资金，专门用于营造坑木、造纸等用材林；建立林业基金制度。

（3）实施退耕还林，对退耕农民给予粮食和现金补助。

（4）进行勘查、开采矿藏和各项建设工程，依照国务院有关规定缴纳森林植被恢复费。

三、关于草原保护和管理的法律制度

1．关于草原保护的规定

《草原法》规定了基本草原保护制度、草畜平衡制度、禁牧与休牧制度等草原保护制度。

（1）国家实行基本草原保护制度，对重要放牧场、割草地、人工草地、退耕还草地以及改良草地、草种基地，具有调节气候、涵养水源、保持水土、防风固沙特殊作用的草原实行严格的保护制度。

（2）实行以草定畜、草畜平衡制度，防止草原超载过牧，实现草畜平衡。

（3）对水土流失严重、有沙化趋势、需要改善生态环境的已垦草原，实行退耕还草。

（4）对严重退化、沙化、盐碱化、石漠化的草原和生态脆弱区的草原，实行禁牧、休牧制度。

（5）禁止在荒漠、半荒漠和严重退化、沙化、盐碱化、石漠化、水土流失的草原以及生态脆弱区的草原上采挖植物。

(6) 在草原上开展经营性旅游活动，应当符合有关草原保护、建设、利用规划；因从事地质勘探、科学考察等活动离开道路在草原上行驶的，应当按草原行政主管部门确认的行驶区域和行驶路线行驶。

(7) 建立草原自然保护区，对具有代表性的草原类型、珍稀濒危野生动植物分布区、具有重要生态功能和经济科研价值的草原，进行特殊保护。

(8) 建立草原防火责任制；加强草原鼠害、病虫害和毒害草监测预警、调查以及防治工作。禁止在草原上使用剧毒、高残留以及可能导致二次中毒的农药。

2. 关于草原建设的规定

《草原法》规定，县级以上人民政府增加草原建设的投入，支持草原建设。按照谁投资、谁受益的原则保护草原投资建设者的合法权益。具体内容包括：

(1) 县级以上人民政府根据草原保护、建设、利用规划，在本级国民经济和社会发展计划中安排资金用于草原改良、人工种草和草种生产。鼓励选育、引进、推广优良草种。

(2) 国家鼓励、支持人工草地建设、天然草原改良和饲草饲料基地建设；鼓励、支持和引导农牧民开展草原围栏、饲草饲料储备、牲畜圈舍、牧民定居点等生产生活设施的建设，发展草原节水灌溉，改善人畜饮水条件。

(3) 对退化、沙化、盐碱化、石漠化和水土流失的草原，按照草原保护、建设、利用规划，划定治理区，进行专项治理，并列入国家国土整治计划。

(4) 加强火情监测、防火物资储备、防火隔离带等草原防火设施的建设。

3. 关于草原利用与管理的规定

《草原法》对草原承包经营者合理利用草原、牲畜圈养、草场的轮割轮采、工程建设征用和使用草原等方面的管理作了规定。

(1) 合理利用草原，不得超过核定的载畜量，保持草畜平衡。

(2) 实行划区轮牧，合理配置畜群，均衡利用草原。

(3) 提倡牲畜圈养。

(4) 对割草场和野生草种基地规定合理的割草期，实行轮割轮采。

(5) 征用或者使用草原的，必须经草原行政主管部门审核同意后，依法办理建设用地审批手续。

(6) 需要临时占用草原的，占用期满，用地单位必须恢复草原植被并及时退还。

4. 关于草原建设的激励措施

《草原法》对草原建设的激励措施包括3个方面的内容：

(1) 实施退耕还草制度。对退耕还草的农牧民，按照国家规定给予粮食、现金、草种费补助。

(2) 因建设征用或者使用草原的，交纳草原植被恢复费。

(3) 在草原禁牧、休牧、轮牧区，国家对实行舍饲圈养的给予粮食和资金补助。

四、关于防沙治沙的法律制度

1. 关于沙化土地封禁保护的规定

《防沙治沙法》规定，禁止在沙化土地上砍挖固沙植物和开垦耕地，建立沙化土地封禁保护区，实施封禁保护。

(1) 禁止在沙化土地上砍挖灌木、药材及其他固沙植物。在沙化土地范围内，各类土地承包合同应当包括植被保护责任的内容。

(2) 在沙化土地封禁保护区范围内，禁止一切破坏植被的活动。

（3）不得批准在沙漠边缘地带、林地和草原开垦耕地；已经开垦并对生态产生不良影响的，应当有计划地退耕还林还草。

2．关于土地沙化治理的规定

《防沙治沙法》列出专章对土地沙化治理作了规定，具体规定有：

（1）按照防沙治沙规划，因地制宜地恢复和增加植被，治理已经沙化的土地。

（2）使用已经沙化的国有土地的使用权人和农民集体所有土地的承包经营权人，必须采取治理措施，改善土地质量。国家鼓励退耕还林还草、植树种草或者封育措施治沙。

（3）从事营利性治沙活动应当依法取得土地使用权，并按照治理方案进行治理。

（4）已经沙化的土地范围内的铁路、公路、河流和水渠两侧，城镇、村庄、厂矿和水库周围，实行单位治理责任制。

（5）地方人民政府组织当地农村集体经济组织及其成员在自愿的前提下，对已经沙化的土地进行集中治理。国家给予一定的补偿。

3．关于沙化土地的开发利用和管理规定

《防沙治沙法》主要对营利性治沙、沙化地区开发建设活动的防沙治沙的要求作了规定。

（1）从事营利性治沙活动必须按照治理方案进行治理。

（2）在沙化土地范围内从事开发建设活动，必须依法进行环境影响评价。

4．关于防沙治沙的激励措施

《防沙治沙法》的重要内容就是规定了对防沙治沙的激励措施。

（1）国务院和沙化土地所在地人民政府在本级财政预算中，按照防沙治沙规划通过项目预算安排资金，用于本级政府确定的防沙治沙工程。

（2）国务院和省、自治区、直辖市人民政府制定优惠政策，鼓励和支持单位和个人防沙治沙。

（3）使用已经沙化的国有土地从事治沙活动的，经县级以上人民政府依法批准，可以享有不超过70年的土地使用权。使用已经沙化的集体所有土地从事治沙活动的，治理者与土地所有人签订土地承包合同。

（4）治理后的土地批准划为自然保护区或者沙化土地封禁保护区的，批准机关给予治理者合理的经济补偿。

（5）国家组织设立防沙治沙重点科研项目和示范、推广项目，并对防沙治沙、沙区能源、沙生经济作物、节水灌溉、防止草原退化、沙地旱作农业等方面的科学研究与技术推广给予资金补助、税费减免等政策优惠。

（6）采取退耕还林还草、植树种草或者封育措施治沙的土地使用权人和承包经营权人，享受国家规定的政策优惠。

五、关于水土保持的法律制度

1．关于水土保持的规定

《水土保持法》对开垦陡坡地作了严格限制的规定。

禁止在25°以上陡坡地开垦种植农作物。省、自治区、直辖市可以根据本辖区的实际情况，规定小于25°的禁止开垦坡度。在5°以上坡地上整地造林，抚育幼林，垦复油茶、油桐等经济林木，必须采取水土保持措施，防止水土流失。

2．关于治理水土流失的规定

《水土保持法》对实施小流域治理、坡耕地治理、土地承包防治水土流失责任及生产建设活动防治水土流失措施作了规定。

(1) 在水力侵蚀地区，建立水土流失综合防治体系。在风力侵蚀地区，建立防风固沙防护体系，控制风沙危害。

(2) 地方人民政府组织农业集体经济组织和农民，根据不同情况，采取整治排水系统、修建梯田、蓄水保土耕作等水土保持措施。

(3) 水土流失地区的集体所有的土地承包给个人使用的，应当将治理水土流失的责任列入承包合同。

(4)企业事业单位在建设和生产过程中必须采取水土保持措施，对造成的水土流失负责治理。

3．关于陡坡地的开垦、使用和管理规定

《水土保持法》对陡坡地的开垦、使用和管理方面的规定有：

(1) 开垦禁止开垦坡度以下、5°以上的荒坡地，必须经水资源行政主管部门批准。

(2) 修建铁路、公路和水工程的废弃物必须运至规定的专门存放地堆放；在铁路、公路两侧的山坡地，必须采取土地整治措施；工程竣工后，取土场、开挖面和废弃的砂、石、土存放地的裸露土地，必须植树种草，防止水土流失。

(3) 在山区、丘陵区、风沙区修建铁路、公路、水工程，开办大中型工业企业，在建设项目环境影响报告书中，须有水土保持方案。

(4) 在崩塌滑坡危险区和泥石流易发区禁止取土、挖砂、采石。

4．关于治理水土流失的激励措施

《水土保持法》规定的具体激励措施有：

(1) 国家鼓励水土流失地区的农业集体经济组织和农民对水土流失进行治理，并在资金、能源、粮食、税收等方面实行扶持政策。

(2) 企业、事业单位在建设和生产过程中必须采取水土保持措施，对造成的水土流失负责治理。

(3) 荒山、荒沟、荒丘、荒滩可以由农业集体经济组织、农民个人或者联户承包水土流失的治理，按照谁承包治理谁受益的原则，签订水土保持承包治理合同。

六、关于农用地保护的法律制度

《土地管理法》、《农业法》、《农村土地承包法》对农用地的保护方面作了如下规定：

(1) 国家对耕地实行严格保护和占用耕地补偿制度。

(2) 各级人民政府采取措施，维护排灌工程设施，改良土壤，提高地力，防止土地沙漠化、盐渍化、水土流失。

(3) 对破坏生态环境开垦、围垦的土地，有计划有步骤地退耕还林、还牧、还湖。

(4) 农村土地承包方的义务，一是维持土地的农业用途，不得用于非农建设；二是依法保护和合理利用土地，不得给土地造成永久性损害。

(5) 承包荒山、荒沟、荒丘、荒滩的，应当遵守有关法律、行政法规的规定，防止水土流失，保护生态环境。

(6) 发展农业和农村经济必须合理利用和保护土地、水、森林、草原、野生动植物等自然资源，合理开发和利用水能、沼气、太阳能、风能等可再生能源和清洁能源，发展生态农业，保护和改善生态环境。

七、关于水资源配置的法律制度

土地退化地区生产、生态用水矛盾对区域环境和社会经济发展具有重要影响。《水法》对水资源配置、生态环境用水要求和农业节约用水作了以下规定。

（1）国家和地方应当制定水资源中长期供求规划。

（2）依据流域规划和水资源中长期供求规划，以流域为单元制定水量分配方案。

（3）实施水量统一调度制度。

（4）开发、利用水资源，应当充分考虑生态环境用水需要。

（5）跨流域调水，应当进行全面规划和科学论证，防止对生态环境造成破坏。

（6）推行节水技术，提高用水效率。

此外，《森林法》、《草原法》、《水土保持法》、《防沙治沙法》等法律对涉及破坏森林、草原资源和生态环境的违法行为及行政领导渎职行为规定了民事、行政和刑事责任，使生态建设、防治土地退化得到法律保护。

32 西部旱区农田和草地生态系统的保护、建设与管理

[1]高尚宾

中国西部旱区分布着全国51%的耕地和82%的草地，农田和草地是西部旱区主要土地利用类型。以农田和草地为载体的农牧业生产不仅维系着西部地区人们基本生活需求，推动区域经济发展，同时，在耕地资源不断减少和人口增长的大背景下，其相对丰富的农田和草地资源，也是解决我国未来人口食物需求的重要保障。但由于西部地区生态环境的先天性脆弱，以及长期以来人们对资源的粗放式经营管理，导致农田和草地发生大面积的沙化、退化，严重制约了农田和草地资源的可持续利用。因此，加强西部地区农田和草地资源的保护与建设，是实现西部地区农业和农村经济可持续发展和中国21世纪粮食安全的重要保障。

一、西部旱区农田和草地资源的基本概况

1．耕地资源利用现状及存在的问题

（1）耕地资源丰富，质量低　西部地区耕地面积为5014.17万公顷，占全国总耕种土地面积的37.84%。人均耕地面积为0.13 公顷，是全国平均水平的1.3倍。但大多数耕地属于中低产田，耕地熟化程度低、土层浅薄、有机质含量低、矿质元素缺乏。同时，西部地区后备耕地资源丰富，达2448.84万公顷，占全国后备耕地资源的72.13%，但多为坡梁瘠薄地，开发难度大。

（2）水土流失面积大，强度高　西部地区耕地水土流失面积约2366.61万公顷，占本区耕地面积的47.96%，占全国耕地水土流失面积的52.12%，其中轻度、中度水土流失面积1691.54万公顷，占本区耕地水土流失面积的71.48%，强度水土流失674.86万公顷，占本区耕地水土流失面积的28.52%。

（3）沙化、盐渍化问题突出　西部地区沙化耕地达110.78万公顷，占本区耕地的2.24%，占全国耕地沙化面积的43.24%。特别是我国北方农牧交错地带，目前土地沙化面积已达16.7万公顷，年增长率约为1.39%，由于沙漠化所造成耕地的退化面积占该地区耕地总面积的46.9%，沙化耕地已经成为北方地区沙尘暴的主要源区之一。耕地盐碱化问题日益突出，面积达207.54万公顷，占本区耕地的6.51%。据统计，在西部地区耕地盐碱化较严重的内蒙古、宁夏、新疆3省(自治区)，盐碱化耕地已分别占本区耕地的9.3%、10.7%和28.7%。

2．草地资源利用的现状及存在问题

（1）草地资源总量大，生产力低　西部地区是我国草地集中分布区，草地总面积2.6亿公顷，占全国草原总面积2/3以上，人均牧草地分别为0.69 公顷，为全国平均水平的3.1倍，但生产力总体偏低，单位面积所提供的畜产品产值不及美国同类草地产值的1/20。

（2）草地类型多，天然草地面积大　西部地区地域辽阔，地形、气候千差万别，导致草地类型复杂多样。根据分类原则，可划分为8大类，16个亚类，53个组，824个草地类型，主要类型有高寒草甸、高寒草原、温性荒漠和温性草原。但基本上以天然草地为主，人工草地不足1%。

[1]农业部科技教育司

（3）草地退化严重　西部旱区90%的可利用天然草原已发生不同程度的退化，而且每年还以200万公顷的速度在增加。草场退化导致地表覆盖度降低，草场质量不断降低，尤其是沙化面积日益扩大，我国荒漠化土地每年以26.2万公顷的速度发展，其中大部分发生在干旱半干旱草原区，尤以农牧交错区最为严重。

二、西部旱区农田和草地资源的战略地位与作用

1．耕地资源是维系“国计民生”的重要保障

（1）耕地资源是满足人们基本生活需求的物质基础。耕地是农民赖以生存的基本保障。以农田为载体的农业生产为人们提供了基本的生活需求。西部地区12省（自治区）以占全国33.1%的耕地，生产了占全国26.28%的粮食，养活了占全国27.41%的人口。农业是西部地区农牧民主要经济来源，耕地资源直接和间接提供了40%～60%的农民收入，为农民提供了60%左右的生活消费。

（2）耕地提供了发展多种经济的原材料资源。耕地是轻工业原料的主要来源地。西部地区轻工业产值占当地工业总产值的30.10%，而以农产品为原料的加工业产值就占轻工业总产值的50%～60%。目前，轻工业原料，特别是纺织工业原料大多来源于耕地，例如棉花、麻类等作物。

（3）耕地资源是实现国家粮食安全的有效保障。我国人均耕地0.106公顷，不及世界平均水平的一半，同时由于各项建设占用耕地造成耕地数量逐年减少以及用养失调、水土流失导致耕地质量下降，将进一步限制耕地综合生产能力的提高。面对人多地少的现实，如何保障中国未来粮食安全是面临的一个重要问题，而西部地区大面积的尚有一定开发潜力的中低产田以及丰富的后备耕地资源，将是我国21世纪应对粮食安全问题的基础保障。

2．草地资源是西部旱区实现可持续发展的基础

（1）草地资源是西部区域经济的发展基础。以草地资源为生产资料的草地畜牧业是西部牧区经济的支柱产业，草地畜牧业生产出丰富的肉、奶、皮、毛等畜产品和众多名贵中草药，不仅满足了人们对肉食、奶类及皮毛等生活必需品的需要，而且还极大促进了西部旱区畜牧业经济的发展，增加了农牧民收入，农区农民现金收入的20%来自畜牧业，牧区农牧民现金收入主要来自草原畜牧业。此外，以草地资源为主的旅游、娱乐业的发展，也为西部旱区创造了巨大的经济效益。

（2）草地资源是维持生态平衡、保护生态环境的生态屏障。广阔的西部草地是我国重要的生态屏障，从青藏高原向北沿祁连山、天山、阿尔金山、贺兰山、阴山至大兴安岭形成一条绿色的自然保护带，对防风固沙、保持水土、净化空气和调节气候等方面具有十分重要作用，此外，我国大江、大河多发源于西部地区，西部草原对江河水源的涵养和保护也发挥了巨大的作用。

三、西部旱区农田、草地的管理与建设取得的成效

1．建立完善了相应的法律法规

加强法律、法规建设，完善农田、草地资源利用制度，增强广大干部和牧民的法律意识，依法加强对农田和草地生态系统的保护与管理，是实现西部农田和草地生态系统可持续利用的重要措施。目前，已经颁布的全国资源保护的主要法律法规有：《农业法》、《草原法》、《土地管理法》、《农村土地承包法》、《基本农田保护条例》、《国务院关于加强草原保护与建设的若干意见》。

同时，各省、自治区也根据各自的具体情况，陆续出台了一系列农田和草地保护条例和地方性法规。这些法律法规的颁布实施，进一步强化了农田和草地保护和管理。

2．制定了科学的中长期发展、建设规划

在总结过去50多年来西部旱区农田和草原建设的经验教训基础上，通过深入调查研究，制

定了一系列长期发展与保护规划，主要包括：《农业资源与生态环境保护体系建设规划（2004～2010年）》、《环北京地区防沙治沙工程规划（2001～2010年）》、《全国旱作节水农业规划（2002～2010）》、《旱作节水农业示范工程规划（2004～2010）》、《保护性耕作规划（2003～2010）》、《国家优质粮食产业工程规划（2004～2010）》、《“沃土”工程规划（2001～2010）》。

这些项目、规划的制定和实施，引导各级政府在制定发展规划时更加重视经济与生态环境协调发展，极大地促进西部旱区农田和草地资源的建设和保护。

3．加大投入，实施了一系列农田和草原建设保护工程

（1）草原建设保护工程。针对草原沙化、退化问题，国家对草原保护建设的投入大幅度增加，2000～2004年，国家共投入资金70多亿元。开展了草原建设保护工程，通过实施草原围栏、人工草地、草地改良和饲草料基地、牧区水利设施和草原自然保护区建设，配套牲畜棚圈、饲草料加工基地等设施建设，开展禁牧、休牧、划区轮牧、牲畜舍饲养，建设草原生态环境监测预警系统，完善草原家庭承包经营责任制，促进草原的保护和合理利用。先后实施了天然草原植被恢复与建设、牧草种子基地、草原围栏、退牧还草、京津风沙源治理工程草原生态建设、育草基金、草原防火、草原治虫灭鼠等建设项目，取得了良好的生态、经济和社会效益。通过项目建设，草原植被得到恢复，防风固沙和水土保持能力显著增强，项目区草原生态环境明显改善。据测定，改良草地产草量比天然草原普遍提高了3～5倍，人工草地产草量比天然草原提高了6～10倍。同时，带动地方对草原保护建设的投入20多亿元。截止2003年底，全国种草保留面积达0.21亿公顷，草原围栏0.26亿公顷。草原家庭承包制已落实草原承包面积2亿多公顷，约占可利用草原面积的70%。

（2）生态农业示范县建设与生态家园建设。面对农村生态环境问题，我国开展生态农业县建设和生态家园建设，重点是解决农业和农村环境污染和农村能源短缺问题。

目前，在西部旱区已建立国家级生态农业示范县30个，辐射带动省级生态农业县30个，取得了显著的经济、社会和环境效益。具体表现为以下几方面：一是促进了农业和农村经济大幅度增长，生态农业示范县的国内生产总值，农业总产值和农民人均收入平均年增长8.4%、7.2%和6.8%，比全国同期平均水平高2.2、0.6和1.5个百分点。二是促进了农业资源持续高效利用，生态环境显著改善，土壤沙化和水土流失得到有效控制，其中水土流失治理率达到73.4%，土壤沙化治理率达到60.5%，秸秆还田率达到49%，增加了土壤中的有机质含量；省柴节煤灶推广率达到72%，节省了能源，保护了植被；废气净化率达到73.4%，废水净化率达到57.4%，固体废弃物利用率达到31.9%。三是生态农业建设促进了无公害农产品、绿色食品、有机食品的基地建设与生产。2003年国家启动了生态家园富民工程，共投资12.57亿元，在西部地区842个县的109.9万户实施了户用沼气建设项目，每个户用沼气池可还田沼液、沼渣有机肥20吨、节省柴1吨，并产生直接经济效益300元，有效的培育了土壤地力，减少了能源消耗、保护了农业生态环境。

（3）保护性耕作和旱作节水农业工程。为了改善西部旱区农牧业干旱状况，高效利用有限水资源，实施了保护性耕作及旱作节水农业工程的建设。

目前，国家已在干旱地区建立了92个保护性耕作示范区，面积近66.7万公顷。通过少免耕、地表覆盖、增施有机肥等保护性耕作技术，大幅度地减少地表径流和无效蒸发，增强农田抗旱节水能力，同时抑制北方旱区农田土壤扬尘，治理农田风蚀和水土流失。通过保护性耕作技术的应用，可大幅度减少耕地扬尘，如覆盖地较裸露地可减少扬尘50%～60%；减少水土流失，增强节水抗旱能力，减少地表径流量50%～60%，减少土壤流失80%，增加土壤蓄水量16%～19%，提高水分利用效率12%～16%。改善土壤结构，提高土壤肥力，增加有机质氮和钾。大力推广旱作节水农业，在干旱、半干旱和半湿润的易旱地区，按照开源与节流并举的要求，综合运用农艺、生物和工程措施，利用天然降水，提高农业生产水平，控制水土流失。目前已建设了300多个旱作农业示范基地，示范基地农业用水节约了30%～50%，单位面积粮食产量有较大提高，减少水土流失50%以上，对提高农业生产水平、改善生态环境发挥了重要作用。

(4) 沃土工程与平衡施肥技术推广。为了重点解决耕地质量下降、肥料效益降低、农产品品质下降、污染日益严重的问题，农业部启动了沃土工程建设规划，目前已在西部旱区2个省开展了1.3万公顷测土配方施肥示范基地建设。完成了包括西部旱区在内的国家土壤肥力与肥料效益长期监测网建设。通过耕地质量的调查和平衡施肥技术的推广应用，农田基础设施进一步完善，水肥管理及抗旱技术应用、土壤肥料的监测和综合技术服务功能全面增强，化肥利用率提高10个百分点，农田水资源利用率提高20个百分点，使30%耕地土壤基础地力提高一个等级。

四、近期工作设想

1．继续推进和完善政策、法律法规的体系建设

要加快配套法规规章建设步伐，完善政策措施、建立健全各项农田草原保护制度，抓紧组织落实农田草原保护建设各项建设工程规划，包括沃土工程、草原建设工程、保护性耕作、生态农业、生态家园等工程规划的实施。要采取多种形式，加强普法宣传教育，不断提高农牧民的法律素质，增强全社会依法保护农田草原的意识。继续推进和完善草原家庭承包经营责任制，调动广大农牧民保护和建设草原的积极性。

2．加强技术推广和应用的能力建设，提高科技应用水平

加强西部旱区农田、草原利用与保护技术的推广体系建设，建立完善相关设施，提高各级农业科技水平。加强旱作节水、保护性耕作、平衡施肥等技术的组装与集成，逐步实现技术的规范化、标准化。加大推广与培训力度，使农牧民真正掌握保护和建设农田与草原的技术措施。

3．加强生态农业与生态家园建设，实现西部旱区的可持续发展

在西部旱区生态环境不断恶化的情况下，为了实现区域的可持续发展，必须走生态农业之路，以生态农业理念指导西部地区农村经济与农田草地利用协调发展，把生态农业与农业结构调整结合起来，与改善农业生产条件和生态环境建设结合起来，努力建设现代化的、高效的生态农业。增加资金和技术投入，进一步扩大生态家园实施力度，推广以农户为单元、以户用沼气池为纽带的各类能源生态模式，改善农村生产和生活设施，引导农民改变落后的生活方式，努力保护农田、草原生态环境。

4．加强草地、耕地资源监测预警与保护力度

农业部正在加紧制定《全国草原资源监测预警体系建设规划》，加快推进以农业部草原监理中心为中枢，各级草原监测站为纽带，定位监测点为基础的国家级监测体系建设。全面启动耕地地力调查和质量评价工作，掌握耕地质量状况，科学的分析和论证，制定出切实可行的因地施肥的规划和政策，为指导农民科学施肥、土壤改良提供可靠依据。

第八篇

省(自治区)实施综合生态系统管理防治土地退化的措施

8

33 宁夏应用综合生态系统管理方法的设想

[1]常利民

一、宁夏主要的生态系统概况与基本特征

宁夏是我国5个少数民族省区之一，2003年全区总人口571.5万人。它位于西北地区的东部，在中国自然区划上属于温带半湿润到荒漠之间的过渡地带，在自然景观上具有明显的过渡性特征。

地貌可分为山地、高原和平原3大类型，地势南高北低。地带性植被主要是典型草原和荒漠草原两类。土壤以黑垆土、灰钙土和灌淤土居多。气候干旱，年平均降水量从南向北减少，从684.8mm到200mm；而气温的变化则有相反的变化趋势，从南向北升高，年平均气温4～8℃。区域环境有以下4个特征：

1．环境条件复杂，以草原生态系统为主

在宁夏境内因水平地带性、垂直地带性、自然因素、人为因素交织在一起，构成了复杂的生态环境条件。草地面积占全区总面积的50%以上。

2．环境因素组合不协调，自然生态功能偏低

首先，水资源贫乏，全区天然水资源总量10.5亿立方米，占全国水资源总量的0.038%；第二，水热资源组合在地域上不协调，北部光热多，南部少；第三，水土资源不平衡，耕地水量53立方米／亩，为全国平均值的4.2%，致使土体干燥，有机质积累低；第四，多数自然生态系统结构单一，外部能量输入少，系统整体功能偏低。

3．环境容量小，生态平衡脆弱

宁夏处在干旱与半干旱之间的过渡地带（农牧交错地带），也是对气候的波动反映敏感、环境变化频率高、幅度大的多灾地带。由此决定了环境容量小，大气、水、土壤自净能力弱。

4．草地退化问题

人类的经济基础活动对环境的强烈干预，使部分地区产生了土地沙化、水土流失、天然草地退化问题。

根据宁夏环境条件的相似性和差异性，主导生态系统类型与稳定程度，存在的环境问题、严重程度与空间分布特征等因素，将宁夏分为5个生态系统类型区（表33−1）。

二、宁夏防治土地退化的任务与规模

宁夏人民政府十分重视土地退化的治理工作，并把生态环境建设看作是社会经济的可持续发展和建设小康社会的一项基础性任务。因此，从1949年以来，先后在生态环境脆弱的地区兴建了大批林场，两个国家级生态示范区，8个自然保护区和10所科研机构，开展了荒漠治理与生态建设的相关研究和技术推广工作；1978年启动了三北防护林建设，使宁夏土地退化的治理进入了大规模的、稳步的发展阶段；在银川平原北部开展土壤盐渍化治理和中部沙地的综合治理；为减轻生态脆弱地区的人口压力，在国家的扶持下，投资30亿元，建设了“盐环定”和“1236”等大型扶贫灌溉工程，新建绿洲20多万公顷，移民20多万；其他还进行了天然林资源保护、保护母亲河等重点生态工程。

---

[1]宁夏回族自治区财政厅

表 33-1 宁夏各生态系统类型区的主要特征与问题

区域名称	主要特征	主要问题	整治方向
贺兰山森林灌丛草原区	贺兰山为一近南北向的石质山地，总面积1970平方千米，海拔1300～3556米，年平均气温 -8℃。植被为针叶林和灌丛草原，以山地灰钙土、灰褐土为主	国家级自然保护区	加强保护
宁夏平原灌溉农业区	为一古老灌区，有黄河灌溉之利。年降水量200mm，盛产小麦、水稻和鱼类	水污染和部分土壤盐渍化	发展节水灌溉调整种植结构
宁中干旱风沙区	该区属鄂尔多斯高原的一部分，海拔1400～1500米，总面积23 104平方千米，年降水量180～300mm，年平均气候温度9.7℃。天然草地广阔，以荒漠草原为主，地带性土壤是沙质灰钙土	天然草场退化严重，大面积土地沙化	合理利用草地资源，加大治沙力度
黄土高原旱作农业区	宁南黄土丘陵区属于半干旱区，年降水量300～450mm，是典型的旱作农区。地带性植被为干草原，土壤为黑垆土，但多数表土已被侵蚀，肥力甚低，是国家级贫困地区	水土流失严重，土地人口承载量过大，天然草地利用过度	加强退耕还林还草和小流域治理
六盘山森林草甸草原区	属石质中山山地，海拔1800～2954米，山势挺拔。总面积2820平方千米。年降水量450～680mm，热量不足，年平均气温5～7℃。植被为森林草原，土壤为山地草甸土和山地灰褐土	国家级自然保护区	注意北段草地的合理利用，提高水源涵养能力

自治区政府在“国家西部大开发战略”推动下，在宁夏“十五”规划中，把生态保护和环境建设放在极其重要的位置，并把它作为实现宁夏经济跨越式发展与全面的小康社会重要基础工作。在“十五”规划中提到以三北防护林四期工程、天然林资源保护工程和南部山区退耕还林（草）为重点的生态建设取得重大进展，生态环境恶化的局面得到初步遏制。所以，针对不同生态系统的差异和存在的土地退化问题，采取了不同的措施，并由各个业务部门列入自己的行动计划，分头执行。

1．治理荒漠化土地

林业部门在中部风沙区继续加强荒漠化土地的治理力度，禁止乱采发菜、乱挖甘草和麻黄等活动，有力地保护草地的生产力。2002年宁夏政府决定：在中部生态脆弱的干旱带全面禁牧，采取围栏封育措施，彻底扭转土地退化趋势，加强贺兰山、罗山、六盘山等到地的天然林资源保护，并把“中－德合作贺兰山东麓生态林工程，国家生态环境生态县建设项目”，列为“十五”重点建设工程。规划中要求全区森林覆盖率达到12%。

2．退耕还林规划

农业部门在南部黄土丘陵水土流失严重的地区，将25°以上的陡坡耕地，退耕还林还草，发展林草业。在“十五”规划期间，完成退耕还林还草面积564万亩，完成投资10.15亿元。其中：2000年46万亩，2001年58万亩，2002年180万亩，2003年280万亩。

3．防沙治沙规划

2000年，宁夏计划委员会（发改委）专门编制了“十五”《防沙治沙规划》，围绕沙区存在的突出问题，以科技为先导，以综合治理和发展沙产业为突破口，建设沙区农田防护林、固沙饲料林、交通干线绿色通道林生态骨干体系；加强草地资源的保护与开发，坚持“以草定畜”等战略，确定了相关项目。计划项目总投资达40多亿元。

4．环境保护

为加强环境保护，自治区有关部门结合自己的职责，设立了不同类型的监测机构，对大气、地表与地下水、生物、土壤、农业环境和土地资源等要素进行定期或长期的监测。在“十五”规划中要求城市空气质量达到二级，城市绿化覆盖率达到20%，污水处理率达到76%。

5．科研工作

为奠定土地退化治理的基础，在“十五”期间开展了相关的科研工作。2002年自治区完成了《宁夏国土资源遥感调查》，对土地资源、水资源、矿产资源、生态环境、自然灾害等方面的现状进行了全面的调查，并对自然资源优化配置和国土资源信息系统的建立，提出了建议。2001年银川市环境保护局进行了《银川湿地保护工程可行性研究》，2001年自治区环境保护局编辑了《宁夏生态环境现状调查报告》，2003年自治区环境保护局和发展和改革委员会合作完成了《宁夏生态功能区划》。

6．协调与整合

在“十五”规划中，土地退化治理项目实施的过程中不足之处是：不同部门规划对有限的资源缺乏有效的协调与整合，同一项目多头管理、分散执行。

三、投资土地退化与环境治理的主要项目

土地退化是由多方面原因引起的，但对它采用林业、牧业、农业和其他生物、工程等综合措施，可以改善生态环境，达到可持续发展的目标。现将近年来宁夏执行过的项目，或滚动计划执行的项目汇集成表33-2，说明不同项目所在的生态区、执行机构、合作机构、总目标和具体目标，以及开展的活动。

当前宁夏实施的除退耕还林还草、中部禁牧、盐池北部治沙和新灌区移民开发大型工程之外，20世纪80年代以来，宁夏与外国政府、国际机构、民间团体合作，完成土地退化治理项目共16个，其中还有3个在进行中。

四、宁夏实施综合生态系统管理的原则

宁夏政府要管理好这一重大合作项目，必须坚持综合生态系统管理原则，以求真务实的精神，在项目的实施过程中，不断完善综合管理方法，提高项目的整体管理能力。

综合生态系统管理方法在生态环境建设中的应用，在中国可以说它是一个全新的概念。为提高资源的转化效率，达到可持续发展的目的，宁夏必须要引入这一先进理念。

改善部门之间的协调关系。在省（自治区）层面制定“十一五”规划中，在项目的选择上应突出重点，避免分散；资金的使用上应保持相对集中，注意各部门资源的整合，加强土地、农、林、水、环保、扶贫、科技等部门的协调。避免“处处是重点，点点一个样”的局面，从“规划”这个源头上堵死项目的多头实施、多头管理，重复建设。对于大项目，必要时可建立具有权威的、统一的、专门的协调机构。

要摆正政府在项目执行中的位置。要切实贯彻综合生态系统管理方法，必须走群众路线，让群众充分参与项目的实施与管理的全过程。处理好政府与项目区的关系，以互动方式搭建政府与

表 33-2　宁夏投资防治土地退化的主要项目

项目名称	项目的生态区	执行机构	总目标	具体目标	主要行动
2605项目，又称西吉防护林工程	黄土高原半干旱区－旱作农业区	西吉县	治理水土流失	造林、种草	造林5.3万公顷，种草5.13万公顷
中卫南山台子开发建设工程	干旱区，新发灌溉区	中卫市	开荒造田	移民	造田4000公顷，造林3027公顷
沙地造林中日合作项目	荒漠草原区	盐池县	治沙	造林	造林50公顷
盐池县长城村经济林建设项目	荒漠草原区	盐池县	扶贫造林	营造经济林	200公顷
中－日灵武实验林项目	干旱区	灵武市	推行农牧结合	营造实验林	60公顷
盐池沙化土地开发工程项目	干旱区	盐池县	综合治理	造林种草种药材建农电	造林858公顷，药材15公顷
欧盟宁夏土地改造合作项目	灌区边缘或灌区内	永宁县、青铜峡市、中宁县、中卫市	土地改造	造田与改造低产田	6377公顷
4071项目，又称UNDP扶贫环境改良项目	黄土高原半干旱雨养农业区	隆德县、固原市、彭阳县	环境改造	造林，改造低产田	
中－日森林保护计划项目	干旱与半旱区	全区范围	林木病虫研究		
中－德贺兰山东麓生态林工程	干旱区	宁夏林业厅	造林育草		封山育草3万公顷，防护林1308公顷，经济林3512公顷，治沙林3730公顷
宁夏－岛根友好林项目	干旱区	白芨滩自然保护区	沙地造林		15公顷，第二期在继续
中－日黄河防护林建设工程项目	干旱区	灵武市、平罗县、盐池县	营造生态林	造林与配套设施	林道66千米，围栏99千米，造林4200公顷
中－德宁夏荒漠示范项目	干旱区	金山林场	示范	造林移民	造田100公顷，造林55公顷
中－韩宁夏黄河滩治理项目	黄河滩	平罗县	水土保持示范		造林种草1000公顷

群众之间连接的桥梁。

首要任务是更新政府官员、技术专家和执行人员的思想观念，使他们充分认识综合生态系统管理的内涵和原则。

在省、县、乡层次上，在机构和能力建设中，首要的问题是加强人员培训，并建立必要的制度加以制约，有利于项目执行。

实现项目的重要保障措施是引进市场机制。坚持市场调节原则，综合治理发展原则，协调发展原则，部门和区域之间的协作原则与公平、均衡增长的原则。

目前存在最大的困难是体制和政策上的障碍。政策规章制度部门化，机构和行业之间缺乏协调。因为政出多门，在土地退化项目的实施过程中，难以建立有效的协调机制。另外，有法不依的现象也时有发生。

34 青海防治土地退化工作行动设想

[1]李三旦

青海省是长江、黄河和澜沧江的发源地，长江水量的49.2%，黄河水量的25%和澜沧江水量的15%来自青海境内。因此，青海有“三江源头”和“中华水塔”之称，在我国乃至全世界生态保护和建设中具有极为重要的地位。青海作为青藏高原的重要组成部分，是地球上人类生存海拔最高的地区，也是生态系统最脆弱、最严酷和生态环境恶化最严重的高原地区之一。

一、青海省概况

青海省总面积72.15万平方千米，辖6州1地1市，48个县（区、市），总人口487万，多民族聚居，少数民族人口占42%。青海地处青藏高原的东北部，大部分地区海拔在3000米以上。地貌类型复杂多样，气候属典型的高原大陆性气候。日照时间长，季节变化大，含氧量低。

（一）生态系统

青海境内有森林、湿地、草原、农田、荒漠等多种生态系统。青海省土壤种类与分布较为错综复杂，东部黄土高原区土壤主要为栗钙土、灰钙土、黑钙土等；柴达木盆地土壤主要有灰棕漠土、盐化沼泽土、沼泽盐土、草甸盐土及洪积土、苏打盐土等；环青海湖及海南台地土壤主要为黑钙土、高山草甸土、草甸土、草甸沼泽土等；青南高原主要为高山草甸土、高山荒漠草原土、高山寒漠土等。青海植被类型以高寒植被为主，其次是荒漠植被和草原植被、森林植被。

（二）土地利用形式

因高寒、干旱，青海土地利用的特点是草地多、耕地和林地面积小，难以利用的土地面积大。全省草原面积3646.67万公顷，占全省土地面积的50.5%；耕地面积66.9万公顷，仅占全省土地面积的9%；据1998年调查，全省林地面积338万公顷，森林覆盖率只有3.11%；水域面积314.45万公顷；建设用地中，居民、工矿用地23.2万公顷，交通用地4.5万公顷。

（三）土地退化状况

受人类活动和气候变暖等影响，青海原始生态系统严重退化，已成为全国土地退化最为严重的省（自治区）之一。主要特点是：

1．水土流失面积大

全省水土流失面积达3340万公顷，占全省面积的46%。全省每年平均新增水土流失面积21万公顷，年输入黄河的泥沙量约8814万吨，输入长江的泥沙量约1232万吨。

2．土地荒漠化严重

荒漠化土地总面积2045.4万公顷，占全省土地总面积的28.4%。在荒漠化土地中，沙化土地面积1196.5万公顷，占全省总面积的16.6%。

3．湿地面积缩减

青海的高原湿地总面积达313.45万公顷，居全国第二位。但近10年来，水域总面积比20世纪80年代中期减少了68.34万公顷，减少21.39%。黄河出境水量减少了23%；青海湖湖水平均每年下降12厘米，年均亏水3.6亿立方米；长江源区90%以上的沼泽地干涸；三江源地区的冰

[1]青海省林业局

川后退了500米。

4．草地退化加剧

青海省共有中度以上退化草地面积733万公顷，占草地总面积的20.1%，其中严重退化草地410万公顷，占草地总面积的12.2%，与20世纪50年代相比，不同区域单位面积产草量分别下降了30%～80%。全省由于草地退化、沙化，每年减少牲畜饲养量达820万只羊单位。

5．物种生存条件恶化

青海省有真菌5000种，维管束植物12 000种，脊椎动物约1300种，昆虫4100种。但因土地退化，生物种质受到破坏，一些特有种质资源已丧失，无法补救。全省受生存威胁的生物物种约占总种数的15%～20%。极濒危动物——普氏原羚已不足300只。

二、“十五”期间土地退化防治工作

在青海独特的高寒、干旱和缺氧的生态环境及漫长的生态演替进程中，自然形成了三江源、祁连山地、柴达木盆地、环青海湖地区和湟水谷地等各具特点的生态类型区，以及森林、草原、湿地、荒漠等不同类型的区域。对这些不同生态区域、不同生态类型，青海省委、省政府组织有关部门，坚持综合治理，在国家支持下，先后实施了“三北”防护林体系、退耕还林（草）、天然林资源保护、野生动植物保护和自然保护区建设、黄河上游治沟减沙等防沙治沙工程。以小流域为单元，开展了山、水、林、草、田、路综合治理。在草原牧区加强了以人工种草、草地围栏为主的畜牧业基础设施建设，并采取灭鼠治虫、灭除毒杂草、推广优良牧草和合理放牧的草地保护和改革措施。全省累计治理水土流失面积68.7万公顷，治理沙化土地面积11.9万公顷，封山育林成林面积27万公顷，四旁和农田林网植树1.8亿株，使东部河湟谷地基本实现了农田林网化。全省还建成围栏草地157万公顷，人工种草72.2万公顷，改良草场98万公顷，草原灭鼠1306.7万公顷，防治病虫害169.5万公顷。建成各类水利水电工程7000余项，建成水库146座，涝池691座；建设农灌渠道3174条，总长1.13万千米。建设基本农田20万公顷，解决了304.31万人和1249.92万头(只)牲畜的吃水困难。“十五”期间，实施以下重点项目：

（一）天然林资源保护工程

该项工程主要在三江源区、祁连山地和河湟谷地的天然林分布区的37个县（市、区）实施，建设任务是2001～2010年全面停止30.33万公顷有林地的采伐，对198.33万公顷天然林进行严格保护，并完成人工造林0.75万公顷，封山育林24万公顷，飞播造林13.6万公顷。到目前，在全面保护天然林的基础上，全省在天然林区完成人工造林0.66万公顷，封山育林8.87万公顷。

（二）退耕还林还草工程

该工程于2000～2001年在青海省试点，2002年启动实施，计划利用10年时间完成退耕还林36.5万公顷，周边荒山造林种草72.9万公顷。到目前完成退耕地还林还草16.7万公顷，周边荒山造林种草20.8万公顷。全省有20多万户退耕户，100多万人从中受益。

（三）“三北”防护林体系建设工程

该工程1978年在青海开始实施，经过一、二、三期工程建设，已完成人工造林70万公顷，封山育林62万公顷。四期工程实施时间为2001～2010年，计划完成人工造林30万公顷，封山育林36万公顷，飞播造林20万公顷。已完成造林7.79万公顷，封山育林29.37万公顷。

（四）自然保护区建设工程

该工程主要在三江源、青海湖和柴达木盆地实施。已建立国家级自然保护区5处，省级自然保护区3处，保护区面积达到20.76万平方千米，占全省土地总面积的28%。自然保护区内珍稀濒危野生动植物种群得到有效保护，种群和数量逐步恢复。三江源自然保护区作为建设重点，完成了4处核心区保护站点的基础设施建设。

（五）草原建设项目

主要是在牧区实施天然草场植被恢复与建设和草原围栏项目。共治理“黑土型”退化草地10.3万公顷，围栏草场266.64万公顷；实施退牧还草工程，计划退牧还草182.7万公顷；实施草原无鼠害示范区建设项目，计划用3～5年时间使环青海湖牧区草原实现无地面鼠害目标。项目实施两年来，环青海湖牧区鼠害区域已由200万公顷控制到目前的120万公顷。

三、全面实现防治土地退化的目标

生态资源是青海省最重要的资源，也是最具优势的资源。为此，青海省委、省政府提出把生态建设摆在全省工作的重要位置。总的目标是：用大约50年左右的时间，动员和组织全省人民，大力开展退耕还林（草）、植树造林和草原建设，治理荒漠化和水土流失，力争到本世纪中叶，在全省适宜绿化的土地上种树种草，荒漠化和水土流失基本得到治理，草原植被得到恢复，为经济社会的可持续发展创造良好的生态环境。

为实现上述目标，青海省将在继续实施好“三北”防护林体系建设、退耕还林还草、天然林资源保护、自然保护区建设与野生动植物保护、退牧还草、草原基本建设等生态工程的基础上，重点实施以下项目：

（一）青海湖流域生态环境保护及综合治理项目

在院士、专家科学考察的基础上，将项目区扩大到环湖流域，以林业为执行机构，农、林、牧、水利合作，实行综合治理。项目建设规划期30年，总体目标是：到2030年，扭转环湖流域生态环境恶性循环的趋势，使生态系统得到恢复，草地畜牧业、生态旅游业得到持续、快速、协调发展；沙漠化得到遏制；水土流失得到有效控制；生态资源开发走上可持续利用之路；牧民生活水平明显提高，略高于同期全省平均水平。分期目标是：到2005年，青海湖流域治理沙化土地5.93万公顷；治理水土流失16.85万公顷；治理退化草地11.09万公顷；退耕还林（草）2.77万公顷；新增林地面积1.86万公顷；自然保护区面积达到流域面积的31.15%。“十一五”期间，青海湖流域治理沙化土地5.93万公顷，治理退化草地15.43万公顷，治理水土流失22.95万公顷，使95%的沙化土地得到治理，40%以上的退化草地得到恢复，45%以上适宜治理的水土流失地区得到整治，新增林地面积1.54万公顷，覆盖率达到2.7%。2011～2030年初步构建起可持续发展的生态产业和生态保护体系，实现经济社会可持续发展，生态良性循环，沙化、退化土地得到全面恢复，新增森林面积2.06万公顷，森林覆盖率达到3.4%以上。

（二）实施龙羊峡库区暨共和盆地塔拉滩生态治理工程

共和盆地是黄河上游最严重的沙漠化区之一，总面积224.4万公顷，沙化土地面积占17.9%。塔拉滩是共和盆地沙漠化最严重的地区，每年由塔拉滩进入黄河上游最大水电站龙羊峡库区的泥沙量3131万立方米，严重影响发电和水库使用寿命。通过项目实施，计划到2010年，营造防风固沙林42.4万公顷，治理水土流失面积8.34万公顷，扩大农田灌溉面积2.67万公顷，发展林草灌溉2万公顷，种植人工饲草地32万公顷，治理沙化土地95万公顷。

（三）实施柴达木盆地防治荒漠化工程

青海柴达木盆地是我国8大沙漠之一，也是我国沙漠分布海拔最高的地区。总面积2548.1万公顷，沙化土地1096.4万公顷，占43%。计划2001～2010年，营造防风固沙林59.8万公顷，改良草场44万公顷，扩大农田灌溉面积3.6万公顷，发展林草灌溉1.38万公顷，治理退化草地55.4万公顷，建设俄罗斯大果沙棘和枸杞林基地，在适宜地区发展经济林。

（四）实施野生动植物保护及自然保护区建设工程

以保护野生动物栖息地和原生地为重点，积极探索保护、培育和利用相结合的模式，进一步加强三江源、可可西里、青海湖等国家级自然保护区的建设和保护工作，提高管理水平。在祁连山、柴达木等野生动植物重点分布区、生态区位重要地区新建一批自然保护区，不断扩大保护区域和保护对象，加强湿地资源保护，使退化湿地得到恢复和治理。

（五）生态农业建设工程

“十一五”期间开展退耕地植被营造工程、高产稳产基本农田设施工程、农村能源建设工程、庭院生态致富工程。具体目标是：完成10个生态农业县建设；退耕地、造林6.3万公顷；还草6万公顷；建设高产、稳产基本农田48万公顷；建设节柴、节煤炕、连灶（太阳灶）19万户；建设庭院经济生态示范户14万户。

四、以科学发展观为指导，开展综合生态系统管理

中国－全球环境基金干旱生态系统土地退化防治伙伴关系中提出了探索综合生态治理的途径，引入先进的管理和治理经验，吸引更多的国际资金，加快区域生态综合治理和全球环境保护的步伐，为青海省生态环境保护与建设开辟了国际交流合作的新领域。

青海高原地域辽阔，孕育着独特而复杂的生态系统，具有多样性的自然地貌和生物种群。为了实施好项目，确保在生态保护、土地退化治理中，实现综合生态治理的目标，由青海省政府主持，成立了以林业局为执行机构，由省发展和改革委员会、财政、国土资源、水利、农牧、环保、法制等部门协调配合的管理机构，建立了跨部门、跨区域的综合管理体制，配备了必要的工作设施，层层建立了综合生态治理目标责任制。同时，把加强基础条件和能力建设作为项目实施的重要组成部分。根据全省生态建设规划，制定分地区、分生态系统的生态建设规划；建立健全投入保障机制；建立和完善综合生态监测、技术推广、信息服务等社会化服务体系；积极开展对参与项目建设的管理人员、技术人员、农牧民进行培训工作，确保项目顺利实施。

35 总结经验 搞好规划 切实完成陕西项目区各项工作

[1] 郝怀晓

陕西是我国西部干旱地区土地退化最严重的省份之一，现有荒漠化土地面积311.36万公顷，占全省总土地面积的15.2%。新中国成立50多年来，全省人民在党和国家的高度重视和支持下，土地退化防治工作取得了显著成绩，累计治沙造林种草244.4万公顷，林草保存面积99.3万公顷，40多万公顷流动沙丘得到固定和半固定。在陕蒙边界、长城沿线、灵榆公路、环白于山北麓营建了4条总长1500千米的大型防风固沙林带，有效地遏制了风沙南侵的势头，局部地区出现了“人进沙退”的良好局面，开始步入环境改善和经济发展的良性循环轨道。但是从总体上看，陕西省的生态环境还比较脆弱，土地退化防治任务依然十分艰巨。中国－全球环境基金干旱生态系统土地退化防治伙伴关系的启动，给我们带来了机遇。抓紧实施土地退化防治项目，是恢复和重建良好生态系统的重大措施。陕西省政府及各相关部门对此项工作都十分重视，已经做了大量工作，并对具体实施项目进行了考察论证。

一、基本情况

（一）项目区范围

根据中国－全球环境基金(GEF)干旱生态系统土地退化防治伙伴关系国家规划框架(CPF)，陕西项目区确定为榆林市所属的定边、靖边、横山、榆阳、神木、府谷、佳县7县（区）。项目区总土地面积357.5万公顷，其中沙化土地（风蚀）面积142.6万公顷，为防沙治沙重点区；边缘黄土覆沙区土地（水蚀）面积214.9万公顷，为防治土地沙化和荒漠化治理区。

（二）地形地貌

项目区位于鄂尔多斯台地向斜南部，处于毛乌素沙地、黄土高原丘陵沟壑和黄土台原地带，海拔一般在1000～1500米。最高海拔1907米，在定边县魏梁的郝山。项目区北部为起伏延绵的流动沙地和固定、半固定沙地，偏南为黄土盖沙区。中部及东南部为连绵不断的黄土丘陵，沟壑纵横，地形破碎。区域内主要河川为无定河、秃尾河、窟野河、榆溪河、芦河。

（三）土壤类型

本区地带性土壤为栗钙土、灰钙土和黑垆土，栗钙土、灰钙土均反映着干旱的生物气候特征，其共同的特点是腐殖质积累作用弱，钙化作用强烈，并伴有一定程度的盐分积累。受小地域自然因素和人为活动的影响，目前地带性土壤残留面积比较小和零星。绝大部分为松散贫瘠的风沙土，此外，还有盐碱土、草甸土、沼泽土、水稻土、绵沙土等呈区域性分布。

（四）自然植被

项目区地形地势变化较大，自然条件具有明显的地带性。自北而南在温带、暖温带等不同的气候条件影响下，形成了草原、森林草原、落叶阔叶林等植被类型。按植被类型的形成、分布及自然环境的主要特征，项目区可划分为2个植被地带。

[1]陕西省林业厅

1．草原地带

位于古长城以北，是内蒙古鄂尔多斯东部干草原的延续，境内气候干燥，沙丘广布，植被稀疏，以沙生植物为主。又可分为长城沿线沙生草原区和风沙草原栽培植被区，其中包括榆林北部薄沙旱生稀疏草原，定边—靖边密集沙丘沙生荒漠草原，内陆湖洼地盐渍化草甸草原和窟野河上游的谷、糜、春麦栽培区。

沙生植物主要有沙蒿（*Airtimes aienaria*）、沙柳（*Salix cheilophila*）、臭柏（*Sabina chinensis* var. *arenaria*）、沙竹（*Schizostachyum funghumii*）、沙米（*Agriophyllum squarrosum*）、沙打旺（*Astragalus adsurgens*）、花棒（*H.scoparium*）、针茅（*Stipa capillata*）等。

2．落叶阔叶林带

属于华北落叶阔叶林地带的西段，包括陕北大部分地区。下分森林草原和落叶阔叶林两个亚带，这两个亚带内的自然植被在长期的人为破坏和气候变迁下已消失殆尽，局部地区尚残存着侧柏（*Thuja orientalis*）、虎榛子（*Ostryopsis davidiana*）、黄刺玫（*Rosa xanthina*）、柠条（*Caragana microphlla lam*）、紫穗槐（*Amorpha fruticosa*）等旱生乔灌木和针茅、胡枝子（*Lespedeza bicolor*）、蒿类（*Artemisia* sp.）、白草（*Pennisetum flaccidum*）、地椒等半灌木、草本植物。

（五）土地利用现状

项目区总土地面积357.5万公顷，其中林业用地面积占50.9%，非林业用地（包括耕地、水域、交通、居民点及工矿业用地）面积占49.1%（表35-1）。

在项目区总土地面积中，荒漠化土地面积299.7万公顷，占总土地面积的83.8%，其中风蚀荒漠化土地面积占总47.6%，水蚀荒漠化土地面积占50.3%，盐渍化面积占2.1%（表35-2）。

表35-1　土地利用现状统计表

单位：万公顷

统计单位	总面积		林业用地面							非林业用地面积	森林覆盖率（%）
	合计	沙化土地面积	计	有林地	疏林地（公顷）	灌木林地	未成林造林地（公顷）	苗圃地（公顷）	宜林荒山（沙）荒地		
榆阳区	68.92	46.19	37.16	1.19	1598	11.52	666	312	24.20	31.75	18.4
神木县	75.28	38.87	43.56	1.01	2331	6.55	999	726	35.59	31.72	10.1
府谷县	32.04	2.81	11.1	0.67	1465	1.40	1470	61	8.80	20.87	6.5
横山县	42.88	11.45	16.9	1.6	1399	3.34	666	88	11.75	25.97	11.5
定边县	49.79	20.75	34.9	2.56	2065	5.47	666	142	26.63	14.83	16.1
靖边县	68.2	21.51	31.1	0.98	1798	5.69	200	93	24.22	37.16	9.8
佳　县	20.30	1.06	7.12	0.88	533	0.47	3801	61	5.34	13.17	6.6
合　计	357.46	142.64	181.9	8.90	11 189	34.43	8468	1483	13.65	175.49	12.1

表 35-2　沙化土地现状统计表

单位：公顷

类型 县名	小计	流动沙丘（地）	半固定沙丘（地）	固定沙丘（地）	闯田	潜在沙化土地
比重(%)		11.7	19.3	68.5	0.1	0.4
定边	215 136.9	8960.8	19 567.6	185 271.1	179.1	1158.3
靖边	207 463.8	11 577.2	78 841.2	111 287.5	1707.7	4050.2
横山	114 478.6	19 377.9	40 615.1	53 607.9	32.5	845.2
神木	388 736.9	86 155.9	70 369.6	232 211.4		
府谷	28 103.8	5408.8	3980.6	18 714.4		
榆林	461 915.6	33 753.4	60 802.1	367 360.1		
佳县	10 585.6	822.0	918.1	8844.9		
合计	1 426 420.6	166 056.0	275 094.3	977 297.3	1919.3	6053.7

按照全国荒漠化监测技术规定划分，项目区荒漠化程度共分轻、中、重和极重度4级，其中：轻度面积占7.0%，中度面积占38.1%，重度面积占39.7%，极重度面积占15.2%。在轻度荒漠化区中林地面积最大，占50.6%，在重度中耕地面积最大，占42.3%。由此看出荒漠化程度与土地利用类型有密切关系，地面植被群落等级越高荒漠化程度越轻，反之荒漠化程度越重。大力植树种草是防治荒漠化的有效途径。

风蚀和水蚀致使不同程度的土壤有机物质流失，土地生产力不断下降，以耕地为例，黄土丘陵沟壑区农作物减产幅度达30%～50%，风沙区农作物产量也有不同程度的减少。

由于受经济条件和自然条件的制约，沙区的生态系统还十分脆弱。尚有20多万公顷流沙急需固定、半固定治理，136.5万公顷的沙化土地仍需持续防治，沙尘暴还时有发生，荒漠化、沙化蔓延的势头尚未得到根本遏制。

陕西省荒漠化防治工作面临的形势是：荒漠化迅猛发展的势头得到了遏制，局部地区生态环境出现了好转，但荒漠化发展的总体趋势没有改变，防治荒漠化工作任重而道远。

二、“十五”建设计划中与土地退化相关内容简介

本部分主要介绍陕西省政府及其林业、农业、环境保护、水土保持等业务部门和项目区所在地榆林市“十五”计划纲要中与土地退化防治相关的主要任务。

（一）陕西省国民经济和社会发展“十五”计划纲要

水利建设中提出尽快开工建设神木瑶镇水库；针对陕北、关中、陕南不同情况，开展“南塘、北窖、关中井”的群众性小型水利设施建设，为农业生产和农村人畜饮水提供水源。

生态环境建设中要求加快全省山川秀美工程建设步伐，计划造林237.3万公顷、种草41.3万公顷、退耕还林56万公顷、修建骨干拦泥坝2250座，治理水土流失面积3.5万平方千米，使全省水土流失治理度达到63%左右。

（二）林业部门“十五”计划纲要

“三北”四期防护林建设工程，计划完成营造防风固沙林8.2万公顷，水土保持林2.4万公顷。

天然林资源保护工程，计划完成封山育林0.6万公顷，飞播造林15.3万公顷，人工造林0.2万公顷。

退耕还林，计划完成24.0万公顷。

（三）农业部门“十五”计划纲要

草场建设，计划在2003～2015年，完成退耕种草33.3万公顷，飞播种草3.3万公顷，保护面积8.0万公顷。

到2005年发展农村沼气池2.8万户，沼气池总量达到3.7万户，沼气普及率达到10%；到2010年沼气池总量达到7.4万户，沼气普及率达到20%。

（四）环保部门“十五”计划纲要

对现有生态良好的15个市、县（区）进行生态保护示范，取得经验，予以推广。全省抓40个生态示范乡和300个生态示范村的建设，形成陕西省生态示范市、县、乡、村四级网络，成为生态省工程的支撑面。

续建13个自然保护区，新建26个自然保护区（点），使陕西省自然保护区（点）总数达到50个，总面积83.7万公顷，占国土面积的4.05%，包括风景名胜区和森林公园等面积占到全省国土面积的6.75%。有效保护黄渭湿地、汉江湿地、红减淖湿地和泾渭湿地。

遏制过度开采，落实矿产资源开发区的生态环境保护措施，有效避免和减少矿产资源开发对生态环境造成的破坏。完成矿产资源开发区复垦土地1067公顷，改善生态环境。

（五）水土保持部门“十五”计划纲要

治理水土流失面积82.1万公顷，其中兴修基本农田11.3万公顷，营造水保林16.4万公顷，经果林16.3万公顷，种草14.7万公顷，封禁治理23.4万公顷；兴修淤地坝2533座，其中骨干工程1027座。

水保生态工程将陕北地区的窟野河、秃尾河、孤山川、清水川作为重中之重，列入国家基建项目给予重点支持，通过修建一大批骨干工程和淤地坝，达到坝坝相连，节节拦蓄，泥不出沟，沙不入黄，对减少黄河下游泥沙和防洪将起到关键性作用。

（六）榆林市“十五”计划纲要

完成生态环境“十、百、千、万”重点工程建设，即建成10条干线公路绿色长廊，100个生态建设示范村，1000条小流域综合治理，新建和加固淤地坝10 000座；新增造林保存面积14.7万公顷，草地面积30万公顷，建成以长城沿线为主体的林草防护体系，使17.3万公顷流沙得到固定或半固定。

稳步实施退耕还林还草，力争使25°以上坡耕地23.9万公顷实现退耕还林还草。

加强对治理成果的管护，到“十五”期末全面实施封山禁牧，巩固治理成果。

三、陕西近年生态环境建设主要投资项目介绍（表35–3）

表35–3　国家和省级防治土地退化的林业发展投资项目

项目名称	实施范围	建设期限	执行机构	合作机构
日本援助陕西植树造林项目	陕西关中34个县	2001～2003年	陕西省林业厅国际项目合作中心	
比利时援助陕西贫困地区社会经济综合发展林业分项目	榆林、延安两市的靖边、吴旗、志丹、安塞和延川5个县	2000～2003年	陕西省外经贸厅	陕西省林业厅

[续表]

中－德合作陕西延安造林项目	吴旗、志丹、安塞县	2000～2008年	陕西省林业厅、延安市及项目县林业局	
陕西省黄土高原水土保持世界银行贷款一期项目	延安市的安塞、宝塔、延长和榆林市的榆阳、佳县等5个县（区）	1994～2002年	陕西省水利厅	
陕西省黄土高原水土保持世界银行贷款二期项目	延安市的安塞、宝塔、延长和咸阳市的永寿、彬县、长武、旬邑、淳化等8个县（区）	2000～2004年	陕西省水利厅	
退耕还林工程	全省范围内实施，重点在陕西北部的黄土高原和风沙区	2000年开始执行	陕西省退耕还林工程管理中心	
天然林资源保护工程	104个县、8个重点森工企业，共112个单位	2000年开始执行	陕西省林业厅－天然林保护工程管理中心	
三北防护林建设工程	陕西渭河以北各市县	1978～2020年	陕西省林业厅防护林工作站	
种苗工程	全省涉及3项工程的市、县林业局、林场		陕西省林业厅林木种苗工作站	

四、项目实施措施

中国－全球环境基金（GEF）干旱生态系统土地退化防治伙伴关系，旨在通过综合管理、广泛参与和跨行业之间的有效协调、监测与评价等措施方法，解决陕西毛乌素沙区及边缘地区土地荒漠化和土地退化问题，以实现项目区人口、资源与环境的综合协调发展。为了更好地完成这项工作，针对陕西省的实际情况，应解决好以下问题：

1．制定陕西省实施综合生态系统管理计划

综合生态系统管理方法与生态系统中土地退化防治和可持续经营活动是密切相关的，有效的综合生态系统管理方法将有利于促进土地退化防治工作和可持续经营活动。因此，要制定陕西省实施综合生态系统管理方法计划，将综合生态系统管理方法逐步应用到土地退化防治和可持续经营活动中去。

2．协调省级有关部门之间的关系

在编制陕西省第“十一五”规划时，成立由多部门组成的项目领导小组，提出协调省级各有关部门规划内容的建议和解决土地退化目标及要求，避免出现对某一项目重复规划或某些机构多头管理等弊端，克服机构和技术障碍，实现省、市、县各级政策、项目和预算的协调统一，提高工作和投资使用效率。

3．提高有关业务部门主要领导对综合生态系统管理理念的认识

在中国要办成一件事，领导是关键。在对综合生态系统管理理念的认识问题上，对领导要进行教育，对群众只作宣传就可以了。具体措施：一是组织短期培训班；二是编制防治荒漠化、土地退化知识宣传册，制作与综合生态系统管理有关的影音、影像资料，进行宣传。领导干部尤其要参加培训班。

4．研究推广防治土地退化实用技术

总结已往防治荒漠化和防治土地退化的经验教训，并借鉴国内外先进技术，推广应用防治荒漠化、土地退化新技术、新方法。

36 甘肃实施综合生态系统管理方法的思考

[1]赵建林

一、甘肃自然与社会概况

甘肃省地处黄土高原、蒙古高原、青藏高原和秦巴山地交汇过渡地带，呈西北向东南延伸，地理环境的纬向地带性和经向地带性以及垂直地带性在本省都得到良好体现。境内地势高，地形复杂多样，东南部山高谷深、重峦叠嶂；中东部为黄土覆盖，地面支离破碎，千沟万壑；西部高山、荒漠、绿洲相间分布，呈典型的干旱荒漠绿洲景观。山地和丘陵占土地总面积的70%以上，海拔多在1000～3000米。按地貌格局可分为陇南山地、陇东黄土高原、陇中黄土丘陵、甘南高原、祁连－阿尔金山山地、河西走廊和北山山地等7个单元。

甘肃省境内的水系分属黄河、长江和内陆河3大流域。其中黄河流域面积145 136平方千米，长江流域面积38 434.33平方千米，内陆河流域270 800平方千米。省内河流平均年输沙量6.44亿吨，其中黄河流域5.18亿吨，长江流域0.499亿吨，内陆河流域0.11亿吨。主要的产沙区在黄河流域，占全省总输沙量的89.5%，多年平均输沙模数为3569吨／平方千米，主要产沙河流有泾河、渭河、祖厉河与洮河，其中泾河支流的洪河、蒲河和渭河支流的散渡河、葫芦河等年输沙模数在10 000吨／平方千米以上。

甘肃土壤类型多样，由东南向西北分别为黄褐土、黑垆土、灰钙土、黄绵土、棕漠土。黄褐土质地粘重，腐殖质层较薄，有机质含量高，抗蚀性较强；黑垆土土层深厚，质地较细，疏松多孔，有良好保肥保水能力；灰钙土土层浅薄，结构疏松，绵而不粘，保肥保水性能较差，易受侵蚀；黄绵土以细沙和粉沙为主，通透性好，湿陷性大，抗蚀性能力较弱，易形成水土流失；棕漠土有盐漠结皮，土层薄，结构差，呈碱性或石灰反应，盐分高，易受风蚀；棕漠土土层薄而结构差，肥力极差，极易遭风蚀。

甘肃植被类型较多，但植被覆盖度低。全省大概分为6个植被带，陇南徽成盆地以南为常绿阔叶、落叶阔叶混交林带；渭河干流以南秦岭至徽成盆地为落叶阔叶林带；黄土高原南部为森林草原带，黄土高原中部为草原地带；永登、靖远、环县一线以北及祁连山东段北麓地区为荒漠草原地带；河西走廊为荒漠带。

甘肃省的土地面积为45.4万平方千米，沙漠、戈壁、裸地、沼泽、永久积雪、冰川覆盖区等难以开发利用的土地占39.65%，耕地面积占总土地面积的10.97%。人均土地约2.13平方千米，比全国平均水平高出1倍多；人均耕地0.20平方千米，是全国平均水平的1.82倍。森林覆盖率9.1%，低于全国森林覆盖率13.6%的水平；牧草地占土地比例高于全国平均水平23.65%的8.03个百分点，人工草场与改良草场面积小，干旱荒漠草场占草场面积的2/3，而且草地普遍超载，草场退化严重，产草量低，牧草质量差，载畜量低。

甘肃的人口分布极不平衡，黄河流域人口密度最大，达102人／平方千米；长江流域为71人／平方千米；内陆河流域人口稀疏，为14人／平方千米。人均土地以黄河流域最少，为0.98公顷；长

---

[1]甘肃省林业厅

江流域为1.41公顷；内陆河流域人均占有土地最多，为7.04公顷。部分地区由于人口已超过环境容量，使农业发展受到限制，不少地方由于人口压力太大而掠夺性地利用自然资源，破坏了生态平衡，引起了严重的水土流失。

甘肃省的水土流失类型主要有：水力侵蚀、风力侵蚀、重力侵蚀、滑坡、坍塌、泻流、融冻侵蚀等。甘肃省的水土流失面积为389 232.10平方千米，占全省土地面积的85.66%，其中黄河流域111 286.97平方千米，占全省土地面积的28.59%；长江流域18 151.93平方千米，占全省土地面积的4.66%；内陆河流域259 793.2平方千米，占全省土地面积的67%。全省强度、极强度和剧烈侵蚀面积分别占侵蚀总面积的24.71%、12.41%、14.20%。

二、防治土地退化与国民经济和社会发展第十个五年计划纲要以及农业科技发展纲要（2001～2010年）

在国民经济和社会发展第“十五”计划纲要与农业科技发展纲要（2001～2010年）里，生态环境建设与防治土地退化被放到了重要的位置。甘肃省国民经济和社会发展第“十五”计划纲要中提出生态环境建设的发展目标为：环境污染和生态环境恶化的趋势得到基本遏制，水土流失和沙漠化有所减缓。到2005年，力争退耕还林（草）500万亩，使25°以上陡坡耕地基本退完，荒山造林1000万亩，封山（滩）育林（草）945万亩，森林覆盖率达到10.3%，治理水土流失面积1.8万平方千米。到2010年，力争再退16°以上坡耕地500万亩，荒山造林1000万亩，封山（滩）育林（草）946万亩。

按照国民经济和社会发展第“十五”计划纲要与农业科技发展纲要（2001～2010年）的要求，在实施生态环境建设与防治土地退化工作的过程中，抢抓西部大开发的机遇，认真贯彻落实“退耕还林（草）、封山绿化、以粮代赈、个体承包”的方针，把退耕还林还草、封山绿化与发展地方经济、调整优化农业结构、扶贫开发结合起来，科学规划、突出重点、因地制宜、乔灌草相结合，山、水、田、林、路综合治理，建管并重，多渠道增加投入，重点治理长江上游、黄河上中游地区水土流失和内陆河流域荒漠化。

针对不同生态经济类型区实施不同的生态环境修复与重建工程。以退耕还林、还草为起点，以小流域为单元，林业与水土保持相结合，建立生态环境与社会经济协调发展、土地利用类型适宜、开发利用与环境保护并举的生态环境建设模式及综合治理技术体系。

黄土高原水土流失综合治理。陇东黄土高原区，塬面侵蚀较轻，沟蚀严重；防治措施以兴修条田、梯田、坝地为中心，建立以流域为单元，工程措施和生物措施相结合的综合防治体系。陇中黄土丘陵区以面蚀、沟蚀为主，坡耕地细沟侵蚀、荒坡鳞片状侵蚀均较严重；防治措施是在荒坡大力植树造林，25°以上的坡耕地要退耕还草还林，坡度较缓条件较好的坡耕地进行坡改梯，推行蓄水保土耕作法。

内陆河流域荒漠化综合治理及沙产业开发。针对内陆河流域生态不断恶化的现状，主要采取机械结合生物措施、天然沙生植被封护（如建立自然保护区）、生态经济型农田防护林建设、水土资源的合理利用、农业产业结构的调整等措施进行生态环境的综合治理，防治土地退化；同时也开展了土地沙化监测、评价以及绿洲边缘区高效农业和沙产业综合开发的研究与示范，建立沙产业开发示范区。

草地生态环境修复及退化草场的改良与保护。主要推广实施草畜平衡技术、划区轮牧技术、草原保护技术、退化草场的人工修复技术及人工草场建设技术等。

土壤次生盐渍化预防及盐碱地开发利用。以内陆河灌区及沿黄灌区、引大灌区为重点，通过工程措施与生物措施的有机结合，解决盐碱地综合利用、水盐平衡、土壤培肥等方面的技术问题，引进和筛选生态经济型耐盐种质资源，探索新的预防、治理土壤次生盐渍化的技术与盐地农业开发的路子。

甘肃长江流域的综合治理。以“长防”、“长治”工程为基础，开展泥石流的预防与控制技术的研究与示范，建立综合治理示范区。实施天然林保护、坡耕地退耕还林（草）及农村能源建设等工程，在中高山地带大力营造水源涵养林和水土保持林，在部分立地条件好的地段开始发展速生用材林、经济林及薪炭林。

三、甘肃实施防治土地退化的项目

近年来，在甘肃实施的涉及土地退化防治的项目主要涉及造林、自然保护区建设、森林可持续经营、荒漠化防治等（表 36–1）。

表 36–1　土地退化项目

序号	名称	执行机构	项目活动与目标	进展状况	备注
1	林业发展项目–甘肃省林业科学技术推广总站建设项目	省林业技术推广总站	建立1所省级林业技术推广总站，加强机构与能力建设	已结束	
2	中国–加拿大合作陇南工厂化育苗项目	陇南地区林业处	建立1座现代化育苗工厂	已结束	
3	中国森林可持续经营能力建设研究与推广项目	祁连山水源涵养林研究院	制定张掖市森林可持续经营标准与指标体系，建立经济林、祁连山水源涵养林、农田防护林3个示范点	已结束	
4	甘肃沙漠综合治理与可持续农业	省治沙研究所	用可持续发展农业的方法进行沙漠治理。在武威市与民勤县建立试验示范区与推广区	已结束	
5	中–德合作“三北”防护林工程监测管理信息系统甘肃子项目一期工程	“三北”防护林建设局	建成以国家“三北”局为中心，13个“三北”工程建设的省（市、区）为监测分中心，590个县（旗、市、区）为信息采集站的三级工程监测管理信息中心	已结束	
6	亚洲开发银行技术援助–甘肃省优化荒漠化防治方案项目	林业厅	河西走廊沙区进行综合调查并提出沙漠化防治的方案	已结束	

[续表]

7	GEF中国湿地生物多样性保护与可持续利用项目–若尔盖湿地甘肃部分	野生动物管理局	碌曲县：尕海–则岔国家级自然保护区，面积24.7431万公顷 玛曲县：黄河首曲湿地自然保护区，面积37.5万公顷	正在碌曲县与玛曲县进行	
8	林业持续发展项目–甘肃省保护区管理项目	野生动物管理局、省白水江国家级自然保护区管理局	生态系统与资源保护，机构与能力建设，公众意识建设，建立研究与监测设施，促进项目区经济可持续发展	正在白水江国家级自然保护区管理局实施	
9	世界自然基金会资助–岷山森林景观保护项目	白水江国家级自然保护区管理局、文县林业局	加强岷山生态系统恢复并保持森林生态系统的功能，保护森林生物多样性，保障当地居民的生计	正在陇南的岷山地区实施	
10	中–韩合作甘肃白银市大环境绿化生态造林项目	白银市林业局	营造生态公益林1 540公顷	正在白银市实施	
11	世界银行贷款林业可持续发展项目–天水市人工林营造项目	天水市林业局	天水市北道区、清水县、秦安县和武山县营造经济林2366.9公顷	正在进行	
12	联合国开发计划署天然林保护工程能力建设与政策研究项目	小陇山林业实验局	在天然林保护工程区选择3种不同森林类型和不同社会经济条件示范点，增强“天保”能力，研究并制定森林经营模式和政策	正在甘肃小陇山进行	
13	中–德合作“三北”防护林工程监测管理信息系统甘肃子项目二期工程	“三北”防护林建设局	在项目一期工程的基础上，建立省级分中心和县级信息采集站并配备设备、培训人员	正在实施	
14	中–德财政合作甘肃天水生态造林项目	天水市林业局	项目建设总规模3.8万公顷，其中人工造林2.7万公顷，封山育林1.1万公顷	正在实施	

[续表]

15	香港嘉道理基金会援助甘肃省生态扶贫项目	文县人民政府、文县林业局	在文县屯寨乡天池村实施以提高农民生态意识、种植经济林草、建设生态旅游“农家乐”、生态环卫设施、改善人畜饮水、改造旅游区景点、道路等为主要内容的生态扶贫示范项目	正在实施	

四、在防治土地退化的活动中贯穿综合生态系统管理的原则

防治土地退化不仅涉及生态修复、生态保护，而且与许多社会问题紧密相关。根据甘肃的实际情况，在实施土地退化防治的活动中，必须兼顾生态与经济，遵循生态环境与社会经济协调发展、开发利用与环境保护并举的综合治理模式。在设计与实施项目时，必须考虑后续产业，解决农民的收入问题，充分调动农民的积极性，使其积极主动地参与防治土地退化的活动。所以，必须处理好国家稳定土地承包政策与防治土地退化的关系；处理好防治土地退化与扶贫开发的关系；处理好防治土地退化与农村产业结构调整的关系。

应用综合生态系统管理的方法防治土地退化要体现多部门的共同参与。省项目领导小组与协调办公室应该发挥重要的引导与协调作用。除此之外，成立由法律、环境、农、林、水、牧、国土、扶贫等方面专家组成的项目咨询专家委员会，负责项目活动的论证、评估与咨询等。在制定与实施项目活动之前必须由项目协调办公室定期地召开项目协调会与咨询会，充分考虑、吸纳各部门的意见，使项目设计更加合理、科学。在项目执行过程中，执行办应阶段性地组织协调办与专家咨询小组到项目现场实地考察；组织项目研讨会，对项目活动的合理性、社会效益、生态效益进行研讨，及时地调整项目活动中不完善的部分。在酝酿制定省第十一个五年计划时，项目领导小组应发挥更大的协调作用，由其组织有关会议，在汇集、研究各涉及土地退化防治部门长期与近期计划的基础上，广泛征求意见，充分论证，调整各部门规划相互矛盾与重复的部分，使有关防治土地退化活动建立在综合生态系统管理的理论上，从而避免以往部门之间协调不足出现的计划与投资重复的现象。使省第十一个五年计划与各部门的长远规划中贯穿综合生态系统管理的理念。

公众综合生态系统管理意识建设应包括组织培训班、印发宣传资料与利用现代媒体手段。经常性地针对不同的对象举办不同层次的培训班，培训对象包括行政管理人员、技术人员以及基层农、牧民等。定期向有关省级政府机构、项目区地方政府机构、有关科研与推广机构、基层群众等印发宣传材料，传播综合生态系统管理与防治土地退化方面的知识，并及时反映项目的动态。也可考虑建立项目网站，宣传知识并及时发布项目工作的进展。除此之外，利用广播、电视等大众媒体手段，定期或不定期制作、播放节目，推动公众意识的建设。

在项目区应专门安排对妇女的培训，提高妇女参与土地退化防治活动的能力。在能力建设方面，应从长远考虑，可为项目区的中小学生举办一些适合的讲座，使他们从小对土地退化的严重危害与防治有一些感性认识。

37 加强综合生态系统管理 建设山川秀美小康社会

[1]白 彤

中国-全球环境基金干旱生态系统土地退化防治伙伴关系已经正式启动。内蒙古自治区作为实施项目的省区之一，肩负着建设中国北方重要生态防线的使命，感到任务十分艰巨，意义非常重大。

一、内蒙古自治区基本情况

内蒙古自治区位于中国北部边疆，跨越“三北”（东北、华北、西北）地区，东西直线距离2400多千米，南北跨距1700千米，总面积118.3万平方千米，占中国国土面积的1/8。

内蒙古自治区是以蒙古族为主体、汉族为多数，由49个民族组成；辖12个盟市，101个旗县（市、区），总人口2300多万。

内蒙古自治区属内蒙古高原，是我国4大高原中的第二大高原，平均海拔1200米左右。地貌复杂多样，高平原约占全区总面积的53.4%；以大兴安岭、阴山和贺兰山为主构成山地地貌，占全区总面积的20%；平原和滩川面积占全区总面积的11.8%；丘陵、谷地、盆地等占全区总面积的16.4%。

内蒙古自治区属于干旱、半干旱气候区。年降水量由东向西从500毫米到50毫米递减，年蒸发量则在900～4000毫米。

因此，内蒙古自治区也是全国土地荒漠化最严重的地区之一，全区分布有5大沙漠和5大沙地，沙漠化土地和潜在沙漠土地6.3亿亩，占总土地面积的35.6%，水土流失面积2.8亿亩，占总土地面积的15.8%，沙化退化草原面积5.8亿亩，占总面积的32.8%。

二、综合生态系统管理与建设情况

内蒙古自治区自然资源十分丰富，素有“东林西铁，南粮北牧，遍地是煤”之美誉。全区现有耕地1.1亿亩，人均耕地居全国首位，可利用草原面积近10.2亿亩，占全国草原面积的1/3，居全国5大草原之首。全区林业用地面积4.9亿亩，占总面积的27.7%。森林面积3.12亿亩，森林覆被率为17.5%。

长期以来，在党中央、国务院的高度重视和正确领导下，在国家各有关部委的大力支持下，内蒙古自治区党委、政府十分重视生态系统建设，带领广大干部群众坚持不懈地努力奋斗，在综合生态系统管理工作中取得了巨大成就。

（一）造林治沙事业蓬勃发展，林业生态建设呈现出前所未有的大好局面

国家林业局整合重组并列入国民经济“十五”发展计划的6大林业重点建设工程，内蒙古是惟独涵盖全部工程的地区。现在内蒙古每年的林业建设面积达1500万亩，占全国造林面积的1/10以上，近几年成效十分明显，全区近5000多万亩农田，8000多万亩基本草场得到林网的

[1]内蒙古自治区林业厅

保护，1.2亿亩风沙危害土地和1.1亿亩水土流失地得到了初步治理。一些地方初步形成了乔灌草、带网片相结合的区域性防护林体系，如重点治理的科尔沁和毛乌素两大沙地，森林覆盖率分别达到了20%和15%以上，浑善达克沙地治理也初见成效，生态状况明显好转。

林业生态建设的成效大大促进了当地经济的发展，提高了农牧民的收入，尤其在西部灌木资源较丰富的地区，先后建立了30多家灌木加工厂、果品饮料厂、药品加工企业等，出现了一批公司+农户+基地的产业发展模式。在阴山北麓，风蚀沙化严重的地区，当地政府带领广大农牧民实施“进一退二还三”战略，恢复生态系统，不仅使生态环境得到改善，还解决农牧民吃粮问题，又提高了农民的收入。

国家林业局在内蒙古实施的退耕还林工程、京津风沙源治理工程就是典型的多部门配合、多单位协调的综合生态系统建设工程，几年的实践证明，关系不断理顺，效果逐渐明显。

国家林业局启动的野生动植物与自然保护区建设工程，也取得了明显的成效。我区的野生动植物资源比较丰富，有鸟类436种，兽类138种。由林业部门管理的自然保护区131处，其中国家级14处，自治区级34处，盟市旗县级83处，自然保护区总面积1.35亿亩，占自治区总面积的7.6%。

（二）草原建设规模不断加大，草原植被得到恢复和改善

近几年，国家先后启动了天然草原植被恢复与建设项目（主要是人工饲料基地、基本草牧场、围栏改良等）、草原围栏建设项目（主要是围栏封育、划区轮牧）和天然草原退牧还草工程（禁牧、休牧和划区轮牧）。

在国家相关工程的带动下，内蒙古自治区草原建设总规模不断加大，人工草原面积达9000多万亩。

（三）转变农业生产方式，改粗放经营为集约经营

农业生产经营方式的彻底转变是农业发展史上的一场革命，它需要一个漫长的过程。近几年，内蒙古自治区做了大量工作，取得了明显效果，一是推广机械化保护性耕作；二是积极发展旱作生态农业；三是发展设施农业。总之，采取了一系列措施，逐步改变传统的生产方式，提高现代化农业耕种水平，最大限度地保护耕地，防治土地退化。

（四）政府生态移民，促进生态环境的自然恢复

为建设祖国北方的重要生态防线，自治区各级政府都非常重视生态建设，开展了多种形式的生态移民工作。按部门分为：民政生态移民工程、扶贫生态移民工程和林业生态移民工程。按移民类型分为：国家沙源治理工程移民、生态脆弱区域移民、干旱草原生态移民、山区沙区禁牧生态移民等形式。这些做法都有效地控制了生态环境恶化的趋势，为提高综合生态系统管理水平奠定了坚实的基础。

三、科学实施全球环境基金示范项目提高综合生态系统管理水平

在2年多的前期准备工作中，内蒙古自治区相关的十几个部门经过多次的研讨，详尽的调查，最后确定了3个各具代表意义的示范项目。

（一）全球环境500佳——敖汉旗综合生态环境效益评价研究

敖汉旗林业的发展，是内蒙古乃至全国林业生态建设的典范。新中国成立初期，该旗残存天然次生林仅有600公顷。土地风蚀沙化、水土流失和盐渍化面积占85.6%，干旱少雨，十年九旱，土地生产力低下，农牧业生产效益低而不稳。十一届三中全会以后，敖汉旗旗委、政府非常重视生态环境建设，提出：“一届接着一届干，一代干给一代看、一张蓝图绘到底”的生态建设战略目标。通过几十年的不懈奋战，使敖汉旗的林地面积达到了500多万公顷，森林覆被率提高到38.82%，出现

了林茂、粮丰、草多、畜旺的可持续发展新局面。

该项目的设计是以推广经验为切入点，研究在恢复土地退化的建设中，政府间各部门共同参与、共同治理的成功经验，并向全球环境基金提供以恢复土地退化、改善生态环境为目标的先进经验和成功模式。主要研究内容有：

用科学发展观采用量化手段，研究“干旱生态系统的综合治理对防治土地退化的影响”，最后形成研究报告。为政府决策提供科学依据、为同类地区生态系统综合治理提供成功经验。

研究“生态环境改善后，对当地的社会进步、经济发展和人口健康产生的积极影响”，为制订社会经济发展计划提供科学的数据。

根据生态建设的实际，研究“采用参与式方法，发动群众，进行区域性治理生态环境的最佳模式”。

“求证”敖汉旗人民在干旱生态系统综合治理中，各部门积极参与恢复土地生产力建设，提高区域生态、经济和社会效益的典型模式。

（二）科尔沁沙地综合治理——小生物经济圈建设模式研究

沙地生物经济圈建设模式来源于通辽市的奈曼旗白音塔拉苏木。它是以一户或联户为单元进行沙地综合治理和农、牧、林业生产建设协调发展的一种模式。通过建设，可以有效地防沙治沙、改善生态环境和进行产业结构调整，促进沙区农业生产力的提高和经济的发展，使农牧民安居乐业致富奔小康。

该项目设计的重点是研究如何培植以社区（社会最小单位）为单元参与规划设计、实施、投资过程的一种新型非公有制生态环境建设的模式，以此减轻政府对生态环境建设的投资和管护压力，加快区域性防治土地退化的步伐。主要研究的内容有：

在科尔沁沙地综合治理过程中，研究“以人为本，林业、农业、水利、畜牧协调发展的小生物经济圈建设模式”。

从资源、信息共享的角度，研究“在完善生态环境功能的建设中各部门间协调配合的有效途径和方法”。

在规划设计、项目实施到利益共享的过程中，如何发挥“参与式方法”的作用，研究“以社区为单元的防沙治沙恢复生态环境建设的新型模式”。

“探索”以人为本，发挥社会最基本细胞——家庭的作用，在适宜区域（地下水位高的地区）开展社区林业生态建设之路。为同类地区提供改善综合生态系统的成功经验和实践模式。

（三）鄂尔多斯沙柳产业开发利用，提高生态、经济和社会效益的研究

鄂尔多斯市的沙柳资源十分丰富，到2002年底总面积达600万亩，占全市森林资源面积的33%。主要分布在东胜区、伊金霍洛旗、乌审旗、达拉特旗等地。现在，这些地区都相继建立了以沙柳为原料的林产工业企业。以东达集团为龙头的企业正在培育着“公司＋基地＋农户”模式的初型。

鄂尔多斯市规划到2010年沙柳资源发展到1000万亩，加工能力达到：生产人造板100万立方米、造纸50万吨、制浆20万吨。逐步形成具有鄂尔多斯市特色的林业产业化格局，打造鄂尔多斯市林业经济新的增长点。

本项目的设计，主要研究的是投资机制。设想以企业集团牵头贷款投资建设，既解决地方资金配套问题，又能争取亚洲发展银行的项目支持。地方政府获得社会效益、生态效益、增加财政收入，企业和农户通过“绿色银行”获得更大的经济效益。主要研究的内容有：

研究在防沙治沙中，“以非公有制经济为主，大规模改善土地生产力，最大限度地发挥社会效益”。

研究“当地政府良好施政，提高综合生态系统管理能力，使受益方获得最大经济效益的有效途径”。

根据防治荒漠化公约和生物多样性公约，研究“生态环境可持续发展的最佳模式”。

“寻求”以大型企业为龙头，以“公司+基地+农户”机制，防沙治沙，改善生态环境，提高经济效益的模式。为进行生态环境建设提供企业牵头、全社会投入并参与生态环境建设的典型模式。

四、实施全球环境基金项目的下一步设想

在前期工作及示范项目完成后，要进一步总结经验，扩大推广范围，将综合生态系统管理理念推广应用到全区东、中、西部的土地退化防治工作中，重点研究以下几个类型，改善综合生态系统的功能。

（一）呼伦贝尔沙地综合治理配套技术研究与示范

呼伦贝尔沙地位于内蒙古自治区最东部的亚湿润干旱区，自然环境最优越，沙地总面积4833.28平方千米，其中，固定沙丘（地）占93.77%，流动沙地占1.72%，半固定沙丘(地)占4.51%。但是，近年来由于气候变化和草地的不合理利用，流动沙地面积逐渐扩大，并形成3条大沙带，严重威胁呼伦贝尔草原的生态环境质量。同时，我国珍贵的沙地樟子松天然林也集中分布在呼伦贝尔沙地，所以，整治和保护呼伦贝尔沙地迫在眉睫。否则，我们将失去最好的草原。

（二）阴山北麓农牧交错带植被恢复技术研究与示范

阴山北麓位于内蒙古中部，是现代沙漠化发展最为严重的地区之一，土地沙化年扩展速率超过4%。特别是在垦荒和过牧的强度干扰下，破坏了土壤的原始结构及地表覆盖的植被，在风力的作用下，形成了一系列的现代沙漠化地貌景观。其风沙危害对京津及周边地区的环境造成严重的危害，该地区也是内蒙古经济发展最困难的地区。所以，在阴山北麓农牧交错带开展植被恢复技术研究具有生态建设和群众脱贫致富的双重意义。

（三）阿拉善特殊生态区综合治理模式研究与示范

阿拉善位于内蒙古西部，土地总面积27万平方千米，人口18万，是生态环境建设的前沿，也是生态环境最恶化的地区之一。主要表现在3大生态屏障的退化，以及沙漠周边地区一些植被的退化。生物多样性减少，西边以黑河流域胡杨林为主体的林带、北部的梭梭林带的急剧退化，加剧了土地沙漠化的进展，已形成我国的4大沙尘源之一。阿拉善境内的3大沙漠有连片之势，将会直接威胁京津地区的环境质量。因此，这项研究具有重大的现实意义和深远的历史意义。

38 树立综合生态系统管理的理念 加强土地退化防治工作

[1]严效寿

中国－全球环境基金干旱生态系统土地退化防治伙伴关系已于2004年7月16日正式启动。这一项目在中国西部实施，对树立自然资源综合管理的理念，提高自然资源管理水平、改善西部地区生存环境、促进区域经济、社会可持续发展具有重大意义。

一、新疆自然概况

新疆位于中国的西北部，总面积166万平方千米，占全国国土面积的1/6，其中山地面积约80万平方千米，沙漠戈壁面积约80万平方千米，绿洲面积近7万平方千米，占全区总面积的4.2%。

新疆地处欧亚大陆腹地，远离海洋，四周高山环抱，境内冰峰耸立，沙漠浩瀚，草原辽阔，绿洲点部，自然资源丰富。地貌轮廓是“三山夹两盆”。三大山系自北而南是阿尔泰山、天山和昆仑山。阿尔泰山与天山之间构成准噶尔盆地，面积18万平方千米，盆地中的古尔班通古特沙漠是中国第二大沙漠。天山与昆仑山之间构成塔里木盆地，面积40余万平方千米，盆地中的塔克拉玛干沙漠（面积约33万平方千米）是中国最大的沙漠，也是世界第二大流动沙漠。

连绵不断的雪岭冰峰，形成了新疆丰富的冰川资源，共有大小冰川18 600多条，总面积24 000多平方千米，占全国冰川总面积的42%。这些冰川是新疆稳定的水源，有“固体水库”之称。冰川储量25 800多亿立方米；冰川融水约占新疆河流年径流量（800亿立方米）的21%（约170亿立方米）。新疆境内共有河流570多条，面积1平方千米以上的天然湖泊139个，水域面积5500平方千米。

新疆属典型的干旱荒漠区，属温带大陆性气候，干旱，降水稀少，植被贫乏，风沙频繁，夏季炎热，冬季寒冷。新疆年均降水量150毫米，其中准噶尔盆地年均降水量100～200毫米；塔里木盆地年均降水量20～70毫米。北疆西北部、东疆和南疆东部是大风高值区，年大风日数都在100天以上。

新疆森林由山区天然林、平原荒漠河谷次生林和平原人工林组成，森林覆被率2.1%，目前，全区耕地面积为6000多万亩，绝大多数是20世纪50年代后由戈壁、荒漠盐碱地开垦改造形成，基础生产力低，中低产田面积大。全区现有各类中低产田4497万亩，占耕地总面积的72%。天然草原面积8.4亿亩，天然草原退化严重，85%的天然草原处在退化之中，其中严重退化的草原面积已占到37.5%。目前新疆的草原退化和沙化面积仍以每年435万亩的速度增加，形成了草原生态日趋恶化的严重态势。

新疆是我国荒漠化土地面积最大、分布最广、危害最严重的省区，也是世界上沙漠化危害最严重的地区之一，中国2/3的沙漠分布在这里。全区87个县市和172个农垦团场中，有80个县市和90多个农垦团场有荒漠化土地分布，近2/3的土地和1200多万人正受到荒漠化的危害和威胁，

[1]新疆维吾尔自治区林业厅

大大小小近千块绿洲无不处在连绵沙丘和无垠荒漠的分割包围之中。每年约有1000万亩农田遭受风沙危害，1.2亿亩草场严重沙漠化，严重制约着新疆国民经济的发展。据新疆荒漠化普查结果表明，新疆荒漠化土地每年仍以85平方千米的速度扩展。塔克拉玛干沙漠南缘数千米的风沙线上，流动沙丘正以每年5～10米的速度向西南和东南方向推进。古尔班通古特沙漠的流动沙丘以年均0.5～2.5米的速度向绿洲扩展，全区每年因风沙危害造成的直接经济损失达30多亿元。

二、新疆防治土地退化相关项目的建设情况

新疆各级政府历来十分重视生态建设，特别是西部大开发战略的实施，国家把西部地区的生态建设摆到了突出位置，加大了投入力度。全区也先后启动了一批生态建设及防治土地退化的建设项目，这些项目主要有：

（一）林业5大重点工程建设项目

1．天然林资源保护工程

工程自2000年正式实施以来，45个工程实施单位2967万亩山区天然林纳入工程实施范围，对山区森林资源采取了有效保护，解决了天然林资源的休养生息和恢复发展问题，实现了森林面积、蓄积双增长。

2．退耕还林工程

2000年试点，2002年正式实施。工程实施以来，全区共完成退耕还林640.3万亩，其中退耕地造林296.3万亩，宜林荒山荒地造林344万亩，工程涉及全区76个县市区、645个乡、3412个村、30.8万农户。退耕还林工程的实施，明显改善了当地生态状况，有力地推进了农村产业结构调整，增加了农民收入，实现了生态效益与经济效益、社会效益的共赢。

3．“三北”防护林体系建设四期工程

“三北”防护林体系建设工程从1978年开始实施一期工程，到2000年新疆超额完成前三期工程任务，2001年开始实施四期工程，实施范围由过去的54个县市扩大到所有的县（市、区）。按照科学规划、分步实施、重点突破、整体推进的要求，大部分县市启动实施了“四荒”造林生态工程，不仅改善了当地局部生态状况，也改变了当地的形象和投资环境，促进了地方经济的协调、可持续发展。在工程推动下，各地农田林网化建设速度加快，并继续向高标准目标迈进。工程实施4年来，共完成造林和封沙育林育草885万亩（含2004年春季完成的244.8万亩），恢复发展天然荒漠林360万亩，在绿洲边缘营造大型防风固沙林带1638千米。“三北”四期工程的实施，有力地推动了区域防沙治沙和绿洲生态保护工作。

4．野生动植物保护和自然保护区建设工程

1998年以来新建自然保护区6个。全区森林和野生动物类型的自然保护区增加到20个（国家级5个，自治区级14个，县级1个），总面积达1.35亿亩，占全区国土面积的5.4%。自然保护区面积的扩大，为有效解决基因保存、生物多样性保护、自然保护、湿地保护等问题创造了条件。

5．以速生丰产林为主的林业产业基地建设工程

天然林资源保护工程实施后，自治区加快了用材林基地建设，已营造商品用材林258万亩，每年可提供商品用材300万立方米，商品材供应基本实现了由以采伐天然林为主向以采伐人工林为主的历史性转变。伊犁、巴州、阿克苏、喀什、克拉玛依等地已相继建立用材林基地。自治区南北疆经济工作会议明确提出，要把速生丰产用材林建设成为农村经济的优势产业，并为这一产业发展提供优惠政策，创造宽松环境。速生丰产用材林基地建设工程的启动，对缓解山区天然林保护压力，满足自治区经济发展和商品用材需求奠定了坚实的基础。

同时，森林分类经营及生态效益补偿资金试点工作稳步开展。新疆被列为全国11个试点省(自治区)之一，安排试点任务1500万亩，国家每年投资7500万元。通过加强保护管理，促进了平原地区天然林资源的保护和恢复，试点区域内的森林火灾、森林病虫害得到了有效控制，破坏森林资源的案件明显下降，森林质量明显提高。

（二）耕地退化防治项目

1．节水项目

新疆由于水资源缺乏，长期以来形成新疆农业发展的瓶颈，制约了新疆的经济发展，也造成了新疆生态环境的严酷；生态用水被大量挤占，导致一些湖泊干涸，绿洲外围过渡带及河流下游天然植被衰败，对绿洲造成了严重的威胁。“十五”期间，新疆在节水农业方面，依据水资源应用特点，坚持灌区和旱区并重，在节水灌溉和旱作节水方面做了大量的工作。自治区各级政府通过各种渠道加大了对节水农业的投资力度，为新疆节水农业的发展奠定了良好的基础。通过工程节水、农艺节水和管理节水，使农业节水稳步推进，农民节水意识明显提高。据统计，自2000年以来，新疆农业用水每年以5%的速度递减。

旱作节水示范基地建设项目：旱作节水农业是新疆农业生态环境建设一个重要内容，也是农业生产的重要组成部分。“十五”期间新疆在8个县建立了旱作节水农业示范基地，国家投资1500万元，地方配套375万元。建设地点是吉木萨尔县、呼图壁县、裕民县、哈巴河县、巩留县、布尔津县、特克斯县、吉木乃县。

新疆优质棉基地建设项目——节水灌溉与科学施肥工程：主要渠系建设和实施棉花膜下滴灌，国家投资3780万元，落实棉花膜下滴灌面积66万亩。建设地点是巴楚、莎车、麦盖提、库车、温宿、阿瓦提、库尔勒、且末、尉犁、呼图壁、玛纳斯、昌吉、乌苏、沙湾、博乐、精河、托克逊、鄯善等18个县市。

2．新疆棉花土肥水服务体系建设项目

该项目国家投资400万元，主要是基础设施建设。建设地点是博尔塔拉蒙古自治州、巴音郭楞蒙古自治州、和田3地州和呼图壁、尉犁、且末、新源、哈密、英吉沙、民丰7县市。

（三）水利工程项目

1．塔里木河流域生态环境综合治理项目

2001年3月，经国务院批准，塔里木河生态环境综合治理项目正式启动，国家投资107亿元，确定塔里木河流域近期综合治理的目标是：在多年平均来水条件下，到2005年，塔里木河干流阿拉尔来水量达到46.5亿立方米，开都河——孔雀河向干流输水4.5亿立方米，大西海子断面下泄水量3.5亿立方米，水流到达台特玛湖，使塔河干流上中游林草植被得到有效保护和恢复，下游生态环境得到初步改善。

2．水土保持小流域示范区综合治理项目

我区各级水利部门以小流域水土保持试点示范工程建设为重点，狠抓了水土流失综合治理。从1999年开始，利用国债资金，在全区37个县（市）开展了小流域水土保持试点示范工程，争取国债资金3661万元，治理水土流失面积达480平方千米。同时，在若羌县开展了水土保持生态修复建设，生态修复建设面积达100平方千米。

（四）草原生态建设项目

长期以来，新疆在草原保护与建设、遏制和治理草地“三化”、恢复和改善草原生态环境中做了不懈努力，在国家的关心支持下，实施牧民定居工程，加强牧业基础设施建设，积极发展人工饲草料基地种植，完善草原执法，突出宏观管理、政策引导、依法行政，依托项目建设，以点带面，积累了一定经验，获得了阶段性成果，为改善草原生态环境做出了贡献。

近年来，国家对新疆草原建设的投入逐年加大，2000年以来先后有11个地州、43个县市安排了草原生态项目建设，总投资达7.09亿元，其中中央投资5.09亿元。目前，各项目均在建设过程中，进展情况良好。

1．天然草原恢复与建设项目

2000～2002年天然草原恢复与建设项目在新疆共安排18个，其中2000年度大部分项目已建成。2001年度实施9个项目也已基本建成，正在配套完善，做收尾工作。据不完全统计，现已完成人工草料基地25.2万亩，围栏改良草地30.7万亩，基本草场0.5万亩。2003年完成了人工草地土地平整、秋翻冬灌，2004年完成了围栏、种子的招投标工作，预计2004年年底可完成大部分工程量。

2．天然草原围栏项目

2002年天然草原围栏项目按照集中连片的要求，重点突出天山北坡、阿勒泰山南坡和野生植物驼络刺的保护建设，共安排了10个县市。设计面积303.34万亩，其中围栏封育面积258.84万亩，划区轮牧144.5万亩。目前已安装完成约180万亩工程量。

3．牧草种子基地建设项目

该项目进展顺利，总体情况良好，特克斯县已生产出400吨牧草种子。

4．天然草原退牧还草项目

国家发展和改革委员会、农业部于2002年12月批准实施了天然草原退牧还草项目投资计划。目前，我区已经做好了各项前期准备工作，待农业部审核实施方案，自治区政府批复后实施。

以上项目的实施，为防治草原生态系统的退化打下了坚实的基础。

三、综合生态系统管理的理念贯彻到防治土地退化的活动中

在干旱、脆弱的生态环境下不合理的开发利用自然资源，不仅加剧了生态恶化和自然冻害的频繁发生，给人民生产、生活带来极大的危害和损失，而且严重影响经济和社会的可持续发展。如何协调各部门的力量，采用综合资源管理的方法，切实解决新疆突出的生态问题，是全区各族人民面临的一项长期而艰巨的任务。

综合资源管理是一个复杂的过程，涉及来自政府部门和非政府部门两方面的多层面当事者，涉及各种各样有时甚至是相互竞争的目标，涉及多级政府机构，涉及多种甚至是相互重叠的管辖权限。在许多情况下，不同利益群体之间存在对稀缺资源的竞争和不同的感应。为了达到自然资源可持续利用和保护的目的，必须将某一区域或流域的土壤、水、植被及其他环境成分加以统筹管理，对资源的使用和经营加以协调，尤其重视协调土地使用者的利益、活动和利用行为，以避免土地退化，并加强退化生态系统的恢复和重建。

近年来新疆在实施资源保护、恢复、资源开发等项目中，已开始树立综合管理的理念，对所有资源开发性项目进行强制管理，实行环境评估一票否决，对全疆生态环境进行动态监测，资源管理开发项目实行多部门协调、讨论，成立协调领导小组，综合多部门意见等做法，已取得较好的效果。

今后，结合土地退化防治能力建设项目的实施，我们要进一步完善防治土地退化方面的政策和法规，认真总结过去在生态建设方面好的经验和做法，集成各相关部门的技术力量，制定科学合理的管理体系，将综合生态系统管理的理念融入我区防治土地退化及监测工作中，依法保护环境，切实推进环境保护和生态建设进程，促进各项生态保护措施得到有效执行，使各类资源开发活动严格按计划、规划进行，生态环境得到明显改善，为实现秀美山川的宏伟目标，打下了坚实的基础。

第九篇

综合生态系统管理：与中国相关的一些结论

9

39 综合生态系统管理作为可供中国选择的一种方法——国际研讨会观点集成

[1] ADB GEF OP12 team, Beijing

摘要

本文阐述了采用综合生态系统管理（IEM）方法防治西部干旱地区土地退化，对中国提高环境、经济与社会效益将是十分重要的观点。为了确保西部干旱地区生态系统有限资源的可持续利用，满足人们日益增长的物质与文化需要，要求建立一个具有行动规划的综合生态系统管理战略。亚洲开发银行代表中国－全球环境基金干旱生态系统土地退化防治伙伴关系负责协调与支持中国政府为干旱地区土地退化最为严重的6个省（自治区）（内蒙古、甘肃、宁夏、青海、陕西、新疆）制定综合生态系统管理战略。

要点

1．如果中国政府应用综合生态系统管理方法完善干旱地区土地资源管理工作，那么调整自然资源分配结构并制定出程序清晰、责任明确的土地利用规划是十分必要的。因为任何一项新的开发建设都会给生态系统中经济元素带来间接的影响，所以在环境脆弱的干旱地区，过分强调经济建设是十分危险的。

2．需要制定监测与报告干旱地区生态系统资源状态的新程序。在制定新方法过程中，如果农牧民能从改善干旱地区生态系统管理与生物多样性保护工作中获得现实的与潜在的效益越多，他们承担保护土地的责任感就越大。

3．在一些防治土地退化的领域或措施中，中国还相对落后于国际上最先进的经验与技术。需要进一步关注的领域或措施是：保护性农业、协调机制、环境能力、政府和社区合作关系与“自下而上”的工作方法、土地评估、农民组织与应用研究。

一、中国西部干旱地区土地退化

1．现状

中国存在着严重的土地退化问题，大约40%的土地面积受到不同程度的影响。中国在有限的自然资源条件下养育着大量人口，土地退化问题已经严重影响了未来社会经济的发展。中国在仅有世界7.2%的农业用地面积上，6.2%的淡水资源的自然环境条件下，养育着世界22%的人口。水资源不仅在数量上受到了土地退化的影响，而且在质量上也受到了不同程度的影响。目前，有

[1] 中国－全球环境基金干旱生态系统土地退化防治伙伴关系（OP12）项目组起草的报告，主要人员分别是Malcolm Douglas, Ian Hannam与牛志明（伙伴关系顾问），国际咨询专家Brian Bedard, Fee Busby, Brant Kirychuk, Des McGarry, Vic Squires, Michael Stocking与Phil Young，亚洲开发银行项目负责人Bruce Carrad与亚洲开发银行北京代表处行政助理李雪。

专家指出，中国境内135条主要河流中有52%受到严重污染，并且这些污染在短期内很难解决。

土地退化已经严重危害着中国生态系统安全，以及丰富的生物多样性资源。最严重的土地退化问题发生在中国的西部地区[2]。这一地区大约50%的土地发生过中等、严重的土地退化现象。中国境内干旱区、半干旱区、半湿润（干旱）区由于受风侵蚀与其他形式的荒漠化的影响（大约250万公顷土地面积），这些类型的土地面积正在日益增加。在过去50多年中，中国荒漠化面积发生了很大的变化：1950～1970年，荒漠化面积每年大约1560平方千米；1971～1980年，荒漠化面积每年约为2100平方千米；20世纪90年代初，荒漠化面积每年约为2400平方千米；20世纪90年代末，荒漠化面积每年约为3500平方千米。中国西部地区沙尘暴发生的次数变化也很大：20世纪50年代，沙尘暴每两年发生1次；20世纪90年代，每年发生2.3次。尤其最近几年发生在内蒙古自治区境内的沙尘暴，不仅严重影响了中国人口居住最多的东部地区（比如，北京），而且偶尔对日本与朝鲜也产生了影响。

中国草原30%以上的土地发生了中等与严重的退化现象。随着城市化进程的加快与人民生活水平的提高对畜牧业产品（肉、奶）需求量的增加，这一数字将有增大的趋势。西部地区土地退化对生物多样性也有很大的影响，有些植物与动物也面临濒危的危险。虽然中国西部生物物种与生物多样性没有其他地区丰富，但是濒危物种（对全球都十分重要的）的数量远高于其他地区。采伐森林、过度放牧以及其他导致土地退化的活动已经严重地破坏了生物栖息地，直接威胁着生物的生存安全。尽管国内与国际旅游组织期望在最近十几年积极开展生态旅游活动，对保护生物多样性有一定的经济效益，但是已经出现了由于对生态旅游活动管理不善而导致破坏生物栖息地的现象。当前，中国与国际组织在保护和管理自然资源、丰富生物多样性方面做了大量工作；但是仍然没有完全实现保护自然资源的目标，以及全部履行保护湿地、干旱地区生态系统生物栖息地和濒危生物的国际职责。

2．社会与经济因素

中国西部地区不仅是2.5亿人生存的家园，也是少数民族相对比较集中的地区。这一地区物产丰富，矿物质资源（石油、天然气、煤炭）储量大，大多数人住在农村，以农业为生（种植农作物、畜牧养殖）；降水量小、分散，土壤脆弱、地表与地下水匮乏、自然植物覆盖物稀少等原因导致西部地区土地生产力相对较低。干旱地区生态系统存在的主要问题是土地生产力低，土地退化严重。因此，大多数最贫困的人口生活在中国西部地区。

中国西部有些地区生态系统稳定性低，农民经济生活也相对落后，还存在着严重的水土流失、土壤盐碱化、缺水等现象。土地退化给干旱地区社会与经济造成的负面影响十分严重，主要表现在：农民家庭收入低，贫困现象增多，失业率高，农民搬迁的多。由于当地没有足够的就业机会吸引富裕劳动力，所以农民很难脱贫致富。农田与牧场生产力严重下降已导致有的农民违犯法律、破坏道路与其他基础设施（比如，防风与防水设施），降低生态系统环境服务效果（比如，保护流域、提高土壤肥力、碳汇、改善微气候）。

据估计，土地退化给中国造成的直接经济损失每年约640亿元人民币，也就是每天约1.76亿元人民币(相当于每天约2120万美元)。若按土地退化类型测算，分别是：

（1）水土流失造成的损失400亿元人民币／年；

（2）风侵蚀造成的损失35亿元人民币／年；

[2] 这一地区包括甘肃、内蒙古、宁夏、青海、陕西、云南、新疆、四川、贵州、广西、西藏，以及湖南和湖北部分地区。

（3）盐碱化与有机物流失造成的损失190亿元人民币／年；

（4）沙尘暴造成的损失15亿元人民币／年。

土地退化造成的间接经济损失是直接经济损失的4倍多，约为每年2880亿元人民币。目前，土地退化给中国造成的直接与间接经济损失至少相当于国民生产总值的4.1%，比1992年增加了2.2%。

虽然中国社会已从计划经济体制转变为市场经济体制，但是由于干旱地区市场经济落后，导致当地农民采用不可持续的经营方式开发土地、利用水资源。当农牧民需要得到资源可持续利用的信息与支持时，中央与地方政府资助农民的力度还不够、服务还相对不完善。大多数农民家庭缺乏获得有益的与有效的资金支持渠道。由于资金信贷存在问题，因此农民就不可能采用一些先进的土地管理实践措施。这样就限制了农民提高土地生产力与发展畜牧业的机会。当地商品匮乏，农民支付水的价格不能真正反映水的价值。农民也几乎没有动力采用高效节水的灌溉农业生产方式。同样，农民相互之间签订的土地使用转让合同价格不仅不能反映土地的真实价值，而且还鼓励农民采用了高投入低产出的生产方式。中国政府鼓励私人企业到西部地区创业，为农民与牧民提供服务。然而，私人企业追寻的是通过向农牧民服务，提高他们产品的销售量：

（1）农用机械（尤其是实施保护性耕地所需的机械）；

（2）季节性农业投入（良种、化肥、农用化学药剂）；

（3）动物健康（商品品种、兽医服务、医药）；

（4）市场销售服务；

（5）生态旅游。

3．土地使用政策

一些没有经过仔细认真研究的土地使用政策与规划已经导致并加快了土地退化的步伐。主要表现的有：

（1）草原草地改变为灌溉农耕地：增加了牧场放牧的压力，提高了用水量，造成了土地的盐碱化。

（2）农民搬迁：农民从人口众多的相对“富饶”的土地上搬迁到利润潜力低、可持续发展能力低的边际土地上。

（3）在遥远与缺水地区发展工业。

（4）用水价格低的政策：几乎不能刺激农民采用高效节水的措施。

（5）退耕还林（还草）：大面积土地上仅种植几种树木或草，减少了当地的生物多样性。

（6）推广机械耕种与清理农作物残留物（秆秸）用于喂养牲畜：导致土壤有机物与养分流失、表土结构松散、土壤底土板结，降低了当地的生物多样性。

在山区与沙漠地区，执行转变土地使用性质与鼓励农民搬迁的政策已经对当地环境造成了部分负面影响。虽然在有些禁止放牧的山区，提高了植物覆盖率，降低了水土流失程度，但是又给放养大量牲畜带来了许多问题；尽而，这些过量的牲畜又增加了一直用于放牧草场的压力。“荒漠化”已使部分农民与牲畜转移到潜在效益与可持续发展能力相对较低的生态地区。大面积的植树造林、饲料种植与梯田建设项目还没有完全实现保护生态、提高经济效益的预期目标。

4．政策与立法框架

在研究中华人民共和国水利部制定的2002年国家水土保持框架时，发现中国的环境法律与政策还不能完全地解决土地退化问题。总之，现行的法律与政策缺乏认识环境问题、制订有效管理土地的规划与目标、以及实施办法的必要的立法与机制要素。为了改善现行法律与政策解决土地退化的能力，有必要对其进行修改与完善。需要法律关注的主要问题是充分认识农村贫困现状、保障土地承包、保护农民使用土地与水资源的权利；还需要进一步提高各级政府执行法律与政策的综合能力。改善干旱地区政策法规框架是提高综合生态系统管理能力的工作内容之一。

5．部门之间信息交流

政府不同部门依据各自的职能收集与整理土地退化的数据与信息[3]。各部门对通过不同渠道和方法得到的数据与信息进行对比交流是比较困难的。目前，还没有一个各部门都能接受的土地退化的定义。不同部门根据各自的职能确定要解决的问题。中国目前缺少一个对干旱地区资源退化性质、严重性和范围进行全面调查的组织机构。同样，对不同干旱地区土地退化过程认识不深入，难以鉴别哪些因素导致下列各项数值降低：

（1）农田（自然降水、灌溉）、牧草场与林业用地生产力；

（2）水资源数量与质量；

（3）空气质量（沙尘暴）。

数据与信息交流不畅，难以制定与实施有效恢复干旱地区生态系统生产力与保护功能的实践措施。

虽然不同部门可能都有各自的自然资源数据库，但是基本上都是关注各自领域的数据，缺乏在区域生态系统层面上确定土地状态或判定企业能否适宜使用土地的信息。数据不能共享已经阻碍了建立多部门都能接受的恢复干旱地区退化生态系统标准与目标的工作步伐。

6．科技研究与发展

中国已经在防治土地退化领域开展了大量的研究工作，并取得了丰硕的科研成果。它们是：

（1）建立不同类型梯田，减缓坡地的坡面与坡度，控制坡耕地的水土流失。

（2）建立谷坊、淤泥坝，采取河沟源头保护措施，控制沟道水土流失。

（3）种植植物（比如，在农田坡耕地上植树造林，发展经济林，建设果园；或种草以及豆科饲料），保护坡耕地。

（4）铺设稻草挡土墙或种植草、灌木、乔木以及气根性植物，稳定流动的沙丘。

（5）增加有机肥、农作物覆盖量与适量化肥，提高土壤肥力。

（6）挖掘深排水沟，降低地表水，以免土壤盐碱化发生。

（7）围栏、种植人工草和禁止放牧，恢复牧草场。

然而，由于受立地条件的限制，几乎没有一种技术对任何地区都是适用的和能够降低成本的。没有充分考虑到不同地区的生态系统与社会经济环境之间的不同，就把在某一地区获得的成功经验和技术推广应用到其他地区，一般都会失败。比如，由于没有充分考虑到土壤类型、坡度、气候以及影响土地使用者投入与产出的当地市场环境，盲目推荐采用哪种技术防治土地退化都是不明智的。

到目前为止，还没有全面了解与掌握土地退化的根本原因。实际上，发生土地退化不仅是防治技术的问题，也是社会、经济与政策环境的问题。调查研究中很少考虑不同技术对景观不同区域或不同土地使用行为与压力的影响。许多干旱地区生态建设项目在采用的恢复环境经济效益的措施之前，对其适宜条件的调查研究工作一般开展的都不够充分。研究与推广的项目一般都是分开的，而不是相联的。同时，开发现代的、以人为本的项目推广工作做的也相对较少。

[3]①国家林业局监测荒漠化与森林覆盖率；②水利部监测土壤侵蚀与水资源数量与质量；③农业部监测土壤肥力与草场；④国家环境保护总局监测生态变化与生物多样性；⑤国土资源部监测土地使用与性质的变化；⑥国家气象局监测天气变化与沙尘暴；⑦国家测绘局监测基础设施建设。

二、防治土地退化的战略与方法

总之，中国西部干旱地区一直没有找到一种协调有效的防治土地退化的方法。中国政府有关的行业主管部门分别投资建立了许多防治土地退化的项目，并做了大量的工作。同时，一些国际组织也纷纷在中国投资建立防治土地退化项目，以帮助中国早日实现防治土地退化的目标。

1．政府财政项目

20世纪90年代，中国政府投在防治土地退化项目上的资金是新中国成立以来的3倍多，总数达到540亿元人民币。2002年，国家向西部土地极度干旱的6省（自治区）（甘肃、内蒙古、宁夏、青海、陕西与新疆）投入防治土地退化的资金几乎是2000年的2倍，大约是10亿美元。中央政府、省（自治区）与地方政府分别投入了大量资金启动实施防治土地退化项目（规划）。与中国政府相比，国际组织无偿援助中国防治土地退化项目的资金额就少了许多。

目前，中国政府有关的行业主管部门都在采取不同的方法、执行各自的行动规划，不同程度地启动与实施了防治干旱地区土地退化的项目（规划）。直接或间接地开展防治土地退化工作的行业主管部门是：

（1）水利部（MWR）；

（2）国家林业局（SFA）；

（3）农业部（MoA）；

（4）国土资源部（MLR）；

（5）国家环境保护总局（SEPA）；

（6）财政部（MoF）；

（7）国家发展和改革委员会（NDRC）；

（8）科学技术部（MST）。

水利部与国家林业局主要负责国家投入防治土地退化工作的大量资金项目。目前，中国政府还没有建立起一个全面协调这些部门共同实施干旱地区管理土地的可持续发展战略的行政体制。

各行业部门仅仅按照职能领域涉及到的生态系统元素单独组织实施防治土地退化项目与战略。结果是：

（1）不能全面了解与掌握大范围的生态系统动态；

（2）也不知道如何采用协调、系统和综合的管理方式解决土地退化问题。

例如，畜牧业、农业、林业、工业与家庭用水目的不同，对水的管理方式也就各不相同。同样，水利部门与林业部门也是依据各自的职能，开展水土保持工作。这样就出现了在管理干旱地区生态系统工作中，有些问题重复管理、而有些问题又无人解决的现象。尽管草原退化是造成荒漠化的主要原因，但是国家林业局只是负责防治荒漠化的主要政府部门，而没有管理草原的职能（农业部）。

缺乏一个协调各部门实施防治土地退化项目的综合行政体制，结果是：

（1）限制了过去与现在（国家“十五”规划）开展防治土地退化工作的效果；

（2）每个部门仅仅根据各自掌握的技术方案制订发展目标；

（3）发展政策与环境法律之间冲突严重；

（4）协调能力弱，导致资源浪费与工作重复；

（5）为当地资源经营者，建立的鼓励政策和法律制度不够完善。

另外，有的时候各部门也失去了彼此之间能够达成共同防治土地退化、保护生物多样性和缓解气候变化达成意见一致的机会。中国西部干旱地区防治土地退化项目没有有效实现解决环境与贫困问题目标的主要原因是缺乏职责清晰、有效协调地开发自然资源（土壤、植被、水与生物多样性）的行政体制。

国内项目强调的重点至今还是“自上而下”公众参与方案。比如：

(1) 建设梯田、谷坊（淤泥坝）与其他物理保护工程；

(2) 种植经济林与保护森林；

(3) 退耕还林工程（国家林业局、农业部与水利部）。

一般而言，国内项目的行动规划都是由政府技术人员制订的，在项目规划与设计工作中，几乎没有项目“利益相关者”参加。国家与省（自治区）层面的一些项目主要是依据中央制定的目标与安排的资金（比如，造林面积）推动执行的，而不是依据地方需要与生态系统的适宜性进行实施的。

至今还有一些土地项目没有实现预期的生态、经济和保护效益。

(1) 退草还农项目：干旱边际地区一些草地转变成为灌溉农田，农民已经发现这些农田水土盐碱化程度高、用水量大，并且农作物产量低。放牧资源的损失、盐碱化土地上生长的质量差的饲料已经使牲畜发生了不同程度的消化系统疾病。大量使用地下水降低了当地与区域的蓄水层。

(2) 退耕还林还草：把农田全部种上树，产生的生态效益低[4]，防治水土流失的效果差。干旱地区水资源匮乏，用十分有限的水去种树，而不种植较高价值农作物。国家虽然通过给农民提供短期和中期的资金补贴（一般为8年），实现退耕还林还草的目标；但是，还没有为改变与发展安全的畜牧业制订出长期的资金支持以及技术推广服务的措施。

(3) 水土保持与流域保护项目：水土保持与流域保护项目主要关注的重点是建设与保护基本农田，降低河流下游发生洪涝灾害与淤积河床的危险程度，加大物理保护工程的建设力度。总的来说，建设工程的方法都是成功的，但是也存在着不同程度的缺点。比如：①由于成本大、技术设计含量高，农民不能建造物理工程；②土建筑工程使用了大量的土，提高了短期内水土流失发生的可能性；③在梯田上实施的农业措施主要强调的是提高传统农业与园艺产品的产量，而不是采取保护性农业生产方式；④一般来说，对生物多样性和自然生态系统特性保护的重视程度不够。

(4) 移民搬迁项目：国家为了减轻人口众多给某一地区造成过度使用土地的压力，相继启动实施了把部分农民疏散到人口稀少地区的移民搬迁工程。由于对新搬迁地区土地与水资源缺乏潜在与持续承载力的研究，导致了一些移民搬迁工程造成了土地退化更加严重、贫困程度加大。移民搬迁应该在仔细认真评估土地承载力情况下，寻求企业为移民提供可行的和必要的技术服务和资金支持，努力实现项目的预期目标。

(5)“非农”职业岗位项目：中国每年需要在农村、城镇与工业行业部门提供1500万～2000万“非农”劳动职业岗位，接纳吸收新的劳动力、国有企业下岗职工再就业，同时还有1.5亿富裕劳动力中的一些人进城打工。总之，减轻干旱地区脆弱土地与水资源最好的解决方案之一是尽最大可能增加劳动力的就业机会。

(6) 资源开发项目：中国工业与商业经济的高速度发展给西北部地区自然矿产资源的开发带来了巨大的压力。大规模工业发展需要开发大量的资源。这些资源具有的特性是：①一般都是位于边远与水资源匮乏地区的资源；②没有遵守环境管理标准开发的资源；③开发的资源导致了农业部门可用水量下降；④干旱地区不可恢复的资源。

[4] 实际上，防治水土流失的是森林中的地被植物与枯枝落叶，而不是树木本身。许多森林管理措施（比如，清除杂草）清理了具有保护作用的地被植物，增加了水土流失的风险。

(7) 灌溉项目：发展干旱地区灌溉农业，进一步加大了消耗有限地表与地下水资源的力度。有的项目对如何提高取水与蓄水技术、发展有效利用降水农作物与土地管理实践和增强干旱地区农业土地生产力的重视程度不够，尽而导致灌溉农业可有效使用水的数量减少。落后的灌溉实践已经降低了地下水的蓄水层、加大了土地盐碱化程度、降低了农作物产量和水的质量。由于水的价格较低，所以农民也不愿意使用高效节水的灌溉技术。

2．国际援助项目

国际援助项目的活动主要集中在加强干旱地区农业、林业、草原建设与水资源多用途管理以及提高防治洪涝灾害发生的能力（表39−1）。在“九五”与“十五”规划期间，国际组织无偿援助项目的资金额约为1亿美元；贷款项目资金额为0.5亿～1亿美元。这些项目的最佳特点是采用了当地社区参与的“自下而上”的参与式制订目标的方法，以及可持续管理土地的技术。目前，中国国内的一些项目也采用与吸收了“参与式”方法与可持续经营的思想。

表39−1 中国西部地区正在实施的防治土地退化的主要项目

项目名称	援助组织	领域/地点
甘肃和新疆草原发展项目[a]	全球环境基金，世界银行	土地退化，畜牧业，农业/甘肃，新疆
全球环境管理国家能力评估项目	全球环境基金	荒漠化，生物多样性/全国
长江流域自然保护与洪水防治项目	全球环境基金，联合国发展署	土地退化，水资源/四川，陕西
信息交换机制能力建设（准备国家信息通报能力建设项目）	全球环境基金，联合国环境规划署	生物多样性、气候变化/全国
罗布泊自然保护区生物多样性保护项目	全球环境基金，联合国环境规划署	生物多样性/新疆
东北亚地区沙尘暴防治	全球环境基金，亚洲开发银行	荒漠化，土地退化 /新疆，内蒙古
水利建设	英国国际发展部	水资源，土地退化/甘肃，陕西，宁夏
中国水流域管理	英国国际发展部，世界银行	流域管理，脱贫致富/甘肃
中国−全球环境基金干旱生态系统土地退化防治伙伴关系	亚洲开发银行，全球环境基金	土地退化/西部省（自治区）
宁夏银川综合生态系统管理项目[a]	亚洲开发银行，全球环境基金	土地退化，生物多样性，生态旅游，畜牧业，农业/宁夏
改善草原环境，脱贫致富项目	英国国际发展部，亚洲开发银行	脱贫致富，畜牧业/宁夏，甘肃，内蒙古
林业保护，脱贫致富项目	英国国际发展部，亚洲开发银行	脱贫致富，林业/陕西，四川，宁夏，河北
中国−荷兰脱贫致富项目	荷兰政府	林业，水资源/安徽，江西
内蒙古生物多样性保护与社区建设项目	加拿大国际发展署	生物多样性/内蒙古
农业可持续发展二期项目	加拿大国际发展署	土地退化，农业/四川，湖南，湖北，内蒙古，甘肃，新疆

[续表]

河北干旱土地二期项目	加拿大国际发展署	农业/河北
中国环境与发展国际合作委员会项目(CCICED)	加拿大国际发展署	多领域/全国
河北水利与农业管理项目	澳大利亚国际发展署	水资源/河北
内蒙古草原管理二期项目	澳大利亚国际发展署	畜牧业/内蒙古
青海林业资源管理项目	澳大利亚国际发展署	自然资源，林业/青海
阿拉善盟环境恢复与管理项目	澳大利亚国际发展署	土地退化，生态系统恢复/内蒙古
“三北”防护林造林工程监测与管理信息系统项目	德国技术合作公司	林业/北部省（自治区）
农业与林业“参与式”方法项目	德国技术合作公司	农业，林业/四川，湖北，陕西
林业基础培训项目	德国技术合作公司	林业/四川，湖北，陕西
新疆脱贫致富项目	德国复兴信贷银行	土地退化，脱贫致富/新疆
大面积灌溉节水措施现代规划项目	日本国际合作协会	水资源，农业/内蒙古，河北
中国林业可持续发展项目	世界银行	林业/全国
水利保护项目	世界银行	土地退化，水资源/全国
甘肃与内蒙古脱贫致富项目	世界银行	土地退化，脱贫致富/甘肃，内蒙古
黄土高原流域植被恢复项目	世界银行	土地退化，农业/黄土高原
塔里木盆地二期项目	世界银行	流域管理/新疆
甘肃河西走廊植被恢复项目	世界银行	荒漠化，水资源/甘肃
环境保护与脱贫致富项目	国际农业发展基金	土地退化，脱贫致富/宁夏，山西
脱贫致富项目	国际农业发展基金	土地退化，脱贫致富/新疆
塔里木盆地流域综合管理项目	中华人民共和国	流域管理/新疆
黑河流域综合管理项目	中华人民共和国	流域管理/甘肃
生态系统区域项目	中华人民共和国	多领域/西部省（自治区）

ADB= 亚洲开发银行(Asian Development Bank); AusAID= 澳大利亚国际发展署(Australian Agency for International Development); CIDA=加拿大国际发展署(Canadian International Development Agency); DfID=英国国际发展部[Department for International Development (United Kingdom)]; GEF=全球环境基金(Global Environmental Facility); GTZ= 德国技术合作公司（Deutche Gesellschaft für Technische Zusammenarbeit); IFAD=国际农业发展基金（International Fund for Agricultural Development); JICA= 日本国际合作协会（Japanese International Cooperation Association); KFW=德国复兴信贷银行（Kreditanstalt fuer Wiederaufbau); PRC= 中华人民共和国（the People’s Republic of China); UNDP= 联合国发展署（United Nations Development Programme); UNEP= 联合国环境规划署（United Nations Environment Programme); WB= 世界银行（World Bank); WFP=联合国世界粮食计划署（United Nations World Food Programme); IMAR=内蒙古自治区(Inner Mongolia Autonomous Region); LD= 土地退化（land degradation)

[a]OP12 业务领域：中国 - 全球环境基金干旱生态系统土地退化防治伙伴关系（Under OP12 GEF-PRC Partnership on Land Degradation in Dryland Ecosystems)

来源：合作伙伴会议与网址

为了防治土地退化、减少贫困、保护生物多样性，中国－全球环境基金干旱生态系统土地退化防治伙伴关系通过启动实施能力建设项目和建立可行的项目投资模式，制定了为期10年（2003～2012年）的国家规划框架。2002年10月[5]，全球环境基金委员会批准通过了国家规划框架。国家规划框架所需投资金额预计约为15亿美元。全球环境基金无偿援助1.5亿美元，其他资金由中国政府通过财政投入、申请优惠贷款与无偿援助项目等渠道进行筹措。国家规划框架最初启动与实施项目是在中国防治土地退化、保护生物多样性优先地区，也是全球环境重点保护的西部6省（自治区）[6]。在2006～2012年，西部地区所有省（自治区）都有资格申请加入国家规划框架，得到援助项目。国家规划框架下的两个项目已经通过了全球环境基金的批准，并得到了资金援助。

（1）全球环境基金－亚洲开发银行资助的土地退化防治能力建设项目；

（2）全球环境基金－世界银行资助的甘肃与新疆草原发展项目。

国家规划框架下其他几个拟向亚洲开发银行申请贷款、全球环境基金申请无偿援助的项目正在办理中。宁夏银川综合生态系统管理项目将开展详细规划设计工作。最近亚洲开发银行的几个技术援助项目已经在建立与宣传综合生态系统管理方法的概念、原理与应用过程方面起到了积极的推动作用。具体的项目是：

（1）TA 3548号，水土保持国家战略规划项目；

（2）TA 3663号，甘肃省防治荒漠化优化行动项目；

（3）TA 3657号，中国－全球环境基金干旱生态系统土地退化防治伙伴关系；

（4）TA 3708号，黄河法建议书。

国际项目已经为提高干旱地区自然资源管理水平（包括综合生态系统管理）引进了一系列国际最佳实践（技术与方法）。然而，由于国际援助项目机构与中国项目执行部门之间经验信息交流的不充分，所以还不得不把这些最佳实践向国内项目进行推广工作。国内项目缺乏与国际援助项目进行充分的交流，经常导致项目之间存在工作重复、利益冲突、宣传方法不同与产出对立等现象。应该通过学习国内与国际项目经验，创建管理中国干旱地区土地的新方法。

总结国内项目与国际援助项目发现，这些项目的工作是零散的、分散的、不是十分有效的，不能满足中国防治土地退化和改善干旱地区生态系统环境的需要。因此，中国政府必须探索新的解决干旱地区土地退化问题的方案。在寻求新方案同时，还需要积极努力吸取一些国家解决生态系统严重退化问题的成功经验。

三、国际干旱地区土地管理的经验

历史上，澳大利亚、美国和加拿大由于土地使用实践技术落后和政府管理政策不适宜，在干旱地区曾经发生过严重的生态系统退化现象。通过不懈的努力，每一个国家都成功地实现了恢复生态系统的目标。这些国家实施的恢复规划项目对中国防治土地退化是有一定的借鉴意义的。

1．澳大利亚

澳大利亚大约80%的土地是干旱与半干旱土地。20世纪30～60年代，澳大利亚由于严重破

---

[5] 国家规划框架涉及到11个中央部门：全国人大法制工作委员会，国家发展和改革委员会，科技部，财政部，国土资源部，水利部，农业部，国家环境保护总局，国家林业局，国务院法制办公室和中国科学院。全国政协人口资源环境委员会副主任江泽慧担任项目指导委员会主任。项目协调办公室挂靠在财政部，项目执行办公室挂靠在国家林业局。

[6] 甘肃、内蒙古、宁夏、青海、陕西和新疆人口总数约1.2亿。

坏乡土植物，超速扩大种植农作物面积，过量采用灌溉农业生产方式，导致发生了严重的生态系统退化现象。存在的主要生态问题是：严重的风蚀与水侵蚀，涝害与盐碱化，土壤养分下降，土壤结构松散和生物多样性减少。政府执行的加速开发土地、促进农业与林业发展行动的政策间接地导致或推动了一些土地退化问题的发生。国内与国际市场对农产品日益高涨的需求使采取与遵从保护性措施的呼声相形见拙。

然而，经过40多年的努力，澳大利亚已经成功地实现了恢复生物多样性与环境景观的目标。政府采取的主要措施是采用自然资源综合管理功能系统取代单一部门管理自然资源的模式（尤其是水土保持、林业管理与环境规划相互独立的部门）。目标是在澳大利亚主要生物区域与排水流域制订出能够维护与改善生态系统的土地规划与决策方案。

20世纪80～90年代是澳大利亚恢复生态系统工作最重要的转折阶段，联邦政府与6个自治州（地区）签订了国家保护协议、战略与法律，制定了州与地方政府实施的一整套国家生态标准。国家生态标准包括流域管理、水分配（包括环境流动）、生物多样性、防治土地退化、牧场管理、保护性耕作与可持续农业的标准。地方社区组织与政府建立伙伴关系共同规划设计联邦政府与州政府投资的特殊的土地管理项目。澳大利亚联邦政府专门为土地保护与可持续管理投资设立了自然环境基金（自然遗产信托）。这项基金资助实施了一些主要的自然资源综合管理项目。

澳大利亚采用新方法的主要特点是：

（1）具有一整套相互结合的国家－州层面的水、土壤、生物多样性、环境保护和农业资源管理的法律体系；

（2）建立了国家－州层面的盐碱化、流域、牧场管理，生态系统可持续发展，国家森林保护的资源战略与政策体系；

（3）为各州制定的跨越司法的“共同边缘”的规定，尤其是规定了水的贸易原则；

（4）建立了国家立法框架（国家环境保护与生物多样性保护条款）和制定了综合生态系统管理原则；

（5）建立了以管理河流流域行动规划为基础的生物区域体系；

（6）制定了一系列的社区全面参与的规划。

澳大利亚“关爱土地”运动是社区参与提高国家管理自然资源水平的一个典型代表。现在，澳大利亚联邦政府、州政府、有关组织机构和有一定影响的社区之间建立了合作伙伴关系，共同参与管理自然资源。政府部门、社区组织与研究机构共同研究制定土地使用标准与国家保护与管理土地的目标。在联邦政府资金资助的国家共同协议指导下，社区与地方管理部门合作开发当地与区域的项目。

2．美国

美国与澳大利亚在许多方面的经历是一样的。20世纪30～40年代，大平原受风蚀和沙尘暴的影响发生过严重的生态灾害。造成灾害的主要原因是国家的《公地放领法》鼓励移民在不要求任何保护措施的情况下，毁林（草）开荒、大力发展种植业。20世纪30年代初，大平原发生严重干旱时，大批移民已经踊进了大平原。为了满足人口增长对粮食的需求，农民加大了种植农作物的力度，使大片林地和草地变成了农田。

20世纪50～60年代，为了恢复土地，政府开始购买退化了的土地，建立植被持久恢复地。国家土壤保护局（20世纪30年代末成立的）为了展示种植农作物的保护性措施，租用农民私人土地，并按传统农作物生产方式向农民支付租金。在土壤保护区系中，政府鼓励当地人们帮助农民制订保护规划。如果农民按照要求建设梯田、营造植物防风带与防护林带和采用等高耕作方式，他们就能够得到政府的资金补助。在国家层面，为了维持农民的收入（实施农作物价格支持纲要）、控制农作物产量（控制农作物种植面积）、减低国内与出口粮食市场价格，制订新的农业政策与可实现的目标。20世纪80年代，国家实施了一些新的保护规划与项目：

（1）保护区规划项目；

（2）禁止土地耕种项目；

（3）限制破坏湿地项目；

（4）保护优先规划。

在许多大范围自然资源综合管理项目中，尤其是主要流域治理项目中，应用了综合生态系统治理方法。这些项目是在包括政府、个人和私人企业从政府手中租用的土地上执行的。依据联邦政府制定的《国家环境政策法案》（NEPA）和《濒危物种法案》（ESA），按照具体的土地规划与行动计划程序，管理生态系统。《国家环境政策法案》要求政府各部门向公众宣传禁止破坏环境的潜在行为发生；《濒危物种法案》要求联邦政府确定对所有生物的保护程度。在牧场上持续放养牲畜就存在破坏某一物种栖息地的危险，同时就要制订保护和恢复这种生物的规划。综合生态系统管理适宜于其他管理方法不能解决社区存在的复杂环境、社会和政治的综合问题。当地社区与外地专家一起工作、制订双方同意的目标、确定工作进程和共同行动规划。在“参与式”这一工作进程中，还有一项最重要的工作就是监测规划、评定综合生态系统管理的效果。

3．加拿大

20世纪30年代，加拿大农业与美国一样在干旱、经济萧条、加速农业生产、不适宜移民与边际土地利用政策的共同影响下，也受到了十分严重的水土流失与牧场退化的影响。结果是不仅发生了环境退化现象，而且也给农民带来了严重的社会和经济影响。通过向农民普及保护性农业技术知识、实施土地管理项目和采取一些直接的政府措施，这些问题才逐渐得到解决。在政府措施中，对加拿大农业具有长期贡献的一项是联邦政府成立的组织部门——大草原地区农场复垦管理局（PFRA），另外还向各省提供推广综合农业知识的服务。

4．保护性农业

从澳大利亚、美国和加拿大治理干旱地区土地退化经验中，得到的主要启迪是他们分别采用了能够产生大量生态与环境效益的保护性农业生产方式。在世界范围内，人们已经逐渐认识到传统农业生产方式（犁耕种、耙地、移走农作物残留物、单一农作物种植）是造成土地退化的主要原因。传统的农业生产方式已经导致了土壤结构破坏、土壤有机物与养分流失、水土流失严重、雨水渗透力降低、表土流失多、洪涝灾害发生频繁、空气质量破坏（沙尘暴）、全球气候变暖与生物多样性减少等问题的发生。

传统“自上而下”防治水土流失的方法主要是依靠建设工程建筑（澳大利亚、美国和加拿大普遍存在，中国也有），而不是全面鼓励当地农民参与。相反，保护性农业是根据投入的经济效益要求，通过对当地土壤、水与生物资源的综合管理，实现恢复、稳定与提高农作物产量的目标。保护性农业最大的目标是为保护与土壤、水和生物多样性有关的自然资源作出更大的贡献。以提高自然土壤生物再生过程的全面方法包括：

（1）提高土壤有机物管理水平，增加雨水利用率、土壤湿度与植物养分；

（2）尽可能减少机械耕作方式，采用直接播种方式，稳定土壤物理特性。

保护性农业与传统农业的区别是：

（1）减少耕作或免耕；

（2）土壤持久覆盖（植物残留物或农作物秆秸）；

（3）农作物轮作；

（4）减少农机器具田间交通。

与这些措施一起实施的行动还有土壤条件的日常监测、提高农民生态知识水平和土地管理技术、建立当地保护农业社区团体以及有效的国家领导农民的组织。所有这些工作都能通过制定政策与合作义务加以改善。

在最近的20多年，拉丁美洲、北美洲、澳大利西亚、中亚与非洲积累了丰富地应用保护性农业生产方式的经验。同时，保护性农业也开发了新的技术领域以及广泛的适用范围：

（1）大型、中型和小型农场面积；

（2）不同土壤类型；

（3）不同农作物种植系统；

（4）热带、亚热带和温带气候区。

目前，估计全世界大约9000万公顷的土地上，采用了保护性农业生产方式（加拿大410万公顷，美国2240万公顷，巴西1730万公顷，澳大利亚900万公顷，巴拉圭130万公顷，阿根廷1700万公顷，其他各地230万公顷）。

中国干旱地区环境几乎与美国、巴西和其他干旱地区的环境相一致，农民都需要探索与选择适宜管理土地的措施。然而，有理由相信保护性农业的指导原则与生产方式可以在中国应用。中国已经在保护性农业各个方面积累了不同程度的经验，农民能够把可持续种植农作物生产系统与保护性农业生产方式相结合。中国能从国际实施保护性农业生产方式中，尤其是在措施应用范围、具体实施的生产方式、其他投入需要以及农场潜在的生态和经济效益（减少劳动力，增加农作物产量，降低化学药品的应用量，控制水土流失）、社区层面（减少移民，增加收入，食品安全和降低基础设施破坏程度）、流域层面（改善水质量，减少洪涝灾害的发生次数、增加生物多样性）、全球层面（碳汇、减少污染、降低土地退化程度）等方面学到许多先进的经验。

四、综合生态系统管理（IEM）作为可供中国选择的一种方法

1．综合生态系统管理的概念

世界乃至中国的经验已经证明，综合生态系统管理方法能够解决土地退化与乡村贫困的相互复杂关系问题。综合生态系统管理是在充分了解下列元素的基础上，而建立起来的一种全面的科学方法。

（1）特定生态系统的自然资源特征（气候、土壤、水、植物与动物）；

（2）健康生态系统的环境功能与服务（流域保护、土壤肥力保持、碳汇、小气候改善、生物多样性保护等）；

（3）生态系统自然资源在持续利用中的有限性和机会性，这些资源满足了人民的物质和经济需要（食物、医药、燃料、防护、收入、通讯、休闲等）。

综合生态系统管理是一种自然资源管理的生态学方法，其目的在于通过综合社会、经济、物质和生物的需求与价值，来确保具有健康活力的生态系统。它认为人与自然资源是相互依存的，有着千丝万缕的关系；它不是孤立地处理每一种资源。为了获得生态、社会与经济效益，综合生态系统管理是在分析掌握生态系统所有元素及其相互关系基础上，解决生态系统问题的一种方法。

综合生态系统管理要求规划者、咨询专家、研究者与土地使用者在从事自然与社会科学工作时，要综合考虑系统内部各元素之间的关系，妥善处理它们之间存在的问题。它是在综合应用多学科知识（农学、畜牧学、造林学、生态学、社会学与经济学）的基础上，发现问题、分析问题与解决问题。在分析了生态系统的自然特性和社会、经济与政治等干扰因素基础上，才能够为生态系统的健康和可持续利用制定出正确的政策、选择适当的技术与建立可行的组织机构。

没有任何一个部门具有能够解决生态系统退化多维（多尺度）问题的所有专家。对于防治土

地退化而言，综合生态系统管理通过综合多领域管理方法，要求多部门之间进行有效地协调和合作。这些部门包括了林业、农业、畜牧业、水资源、环境、土地资源、科学技术、财政、规划和立法等行政部门。

2．综合生态系统管理的基本原则

综合生态系统管理的主要原则是相互联系与相互补充的。

(1) 生态系统资源管理的宗旨是一种选择。社会不同领域、不同阶层的人们一般都是根据他们对经济、文化与社会的需求认识生态系统资源。以土地为生的当地农牧民与社区组织是最重要的“利益相关者”，要充分重视他们的权利与兴趣。综合生态系统管理要充分认识到文化与生物的多样性是生态系统的主要组成部分。我们应该以公平、平等的方式管理生态系统，以实现系统的内在价值和为人类带来直接或间接效益。

(2) 分散化管理到基层。分散化管理系统产生效益最大、效果最佳并且最平等。管理应该包括所有的“利益相关者”和平衡当地更广泛公众的利益。管理越接近生态系统，责任、所有权、职能、参与程度与知识的应用就越大。

(3) 生态系统管理者应该考虑到他们的行为对相邻的或其他的生态系统的影响（现实的或潜在的）。在一个生态系统中，管理者行使的管理行为通常对其他生态系统有着不知或不可预测的影响。因而，管理者在一个生态系统内行使管理行为时，不仅要仔细分析管理行为对这个生态系统的可行性，还要考虑到它对其他生态系统的影响。如果管理行为会对其他系统造成恶劣影响，那么就要适当调整管理行为（政策、法规、组织机构）、直到能够产生双赢效果的管理行为为止。

(4) 综合生态系统管理应该是在适当的区域内进行。综合生态系统管理应该在空间与时间上都有一定的限制区域，并且要找到适宜的对象。生产者、管理者、科学家、原住民与当地人们能够根据需要确定综合生态系统管理的范围。若有必要，要加强相邻区域之间的紧密联系。生态系统方法建立在以基因、物种和生态系统相互作用与联系为特征的生物多样性等级性质基础上。因此，为了建立一个完整的生态系统，管理地域超出一个栖息地类型、一个保护区或一个行政区是有必要的。

(5) 综合生态系统管理规划应该是灵活的、适应性强的。生态系统随着时间的推移能够自然发生变化，包括物种组成与丰度。人类对生态系统的压力将随着广阔的社会与经济环境的变化而变化。为了迎合与实现预期的变化与干扰，同时能够对新的信息作出反映、以及获得经验，综合生态系统管理规划应该是灵活的与适应性强的。它应该为未来的发展探求有效的管理决策，同时，要探索应付长期变化（比如，气候变化）的必要方法。

(6) 综合生态系统管理应该适当地平衡和综合生物多样性的保护行为。因为生物多样性无论是在生态系统中体现出的价值、还是为人类提供可依靠的服务方面都起到了重要的作用，所以就综合生态系统管理而言，生物多样性是十分重要的。综合生态系统管理不仅包括了保护或非保护的生物多样性管理组成部分，而且还使管理更加灵活；能够在彼此关联的环境中发现保护与开发行为对生态系统产生的影响，还能够把综合措施连续地应用到严格的保护生态系统和人工生态系统中。

(7) 综合生态系统管理应该涉及社会多部门、多学科。生物多样性管理的大部分问题是复杂的，具有相互作用、负面效应以及相互关联的特点。因此，它需要当地的、国家的、区域的与国际的专家和“利益相关者”的广泛参与。

3．中国干旱地区采用综合生态系统管理方法的必要性

综合生态系统管理方法给中国提供了一种规划与管理干旱地区自然资源的一个新办法。它也为干旱地区生态系统资源的可持续发展提供了一个综合法律、政策、组织与社会经济等元素的系

统规划方法。综合生态系统管理具有的管理效率和可持续能力最大化的特点是中国采用综合生态系统管理方法的主要缘由。

(1) 通过认识普遍关心的问题、建立共同的目标，协调各部门之间的关系；开发干旱地区生态系统管理项目的鉴别、设计与实施的综合效益。

(2) 为了改善干旱地区生态经济环境，要有一套跨部门的、通用的土地利用管理的标准、以及清晰明确的目标与协议。

(3) 各部门对同一个生态系统与干旱地区优先投资的项目与规划达成共识，降低投资成本。

(4) 协调社会经济与自然资源管理的关系；以及促进社区的平等，正确处理贫困与土地退化之间的关系。

(5) 把技术专家的科学知识与乡村社区的当地知识相结合，探寻解决干旱地区生态系统管理问题的最适宜方法。

(6) 通过提高不同部门之间信息的共享度，在干旱地区内建立一套全面了解生态、社会与经济情况的信息平台。

(7) 应用一套通用的生态、社会与经济已证实的指标与成功的标准，监测与评估在干旱地区采用不同管理行为的效果。

4．综合生态系统管理方法在干旱地区应用的必要条件

中国创建的解决干旱地区土地退化问题的综合生态系统管理方法的成功应用与实施的条件是全社会各级部门之间的有效协调合作〔国家、省（自治区）、县、乡与个人〕。它还需要进一步巩固加强综合决策程序，提高部门之间的了解与机制能力以及多方“利益相关者”的参与。

根据其他国家的经验，中国要分阶段开发与应用具体的综合生态系统管理方法。要求的行为包括：

(1) 在相关部门之间，加强了解与基础能力建设。

(2) 建立有效的机构组织协调与合作机制；在机构各组成部门之间，分析问题，提出解决的方法。

(3) 为土地利用者与其他个体部门“利益相关者”，解释与宣传综合生态系统管理方法，提高他们参与社区活动的意识。

(4) 把综合生态系统管理的概念与原则应用到防治土地退化的法律、法规与政策中去，使它们相互协调。

(5) 以未来土地分配、土地管理与保护时间表为基础，创建可靠的评估土地能力与土地可持续发展能力的方法。

(6) 为了提高综合生态系统资源管理技术，要经常组织进行这方面的研究工作。

(7) 为了土地使用者得到准确的选择设备、季节性投入资金、以及达到保护性农业与其他可持续生态系统管理措施要求的建议与信息，需要进一步加强政府官员与咨询服务人员的能力建设。

(8) 完善并建立新的监督与评价体系，使其能够真正监测出采用新方法后干旱地区生态系统得到了改善，农牧民收入有所增加。

干旱地区成功应用综合生态系统管理方法的一个主要原因是扩大宣传与加强教育培训工作。作为国家综合生态系统管理战略的一部分，要求政府各级部门建立一个全面包括综合生态系统管理的作用与效益的教育与信息项目。这个项目的目标是培训省与地方政府行政部门的官员、私营企业经理、农民与牧民，给他们提供进行综合生态系统管理、提高经济效益的实用信息。从这一点讲，中国应该在全国上下吸取澳大利亚“关爱土地”运动的经验、借鉴北美与亚洲社区参与的动力，开展全国性的“关爱土地”运动。一旦国家农业组织参加并支持“关爱土地”运动，那么政府就会分阶段投入资金，鼓励开展这项活动。

五、综合生态系统管理干旱地区的国家战略

综合生态系统管理国际研讨会中的专家报告与参会人员的讨论更进一步强调了制定中国干旱地区综合生态系统管理战略的必要性。这样的战略应该指导“十一五”规划的制定并通过“十一五”规划进行实施。战略应该强调：

（1）完善干旱地区生态系统管理的宗旨与目标；

（2）制定干旱地区管理政策程序；

（3）完善国家现行防治土地退化的法律、政策，以及协调综合生态系统管理所需的各要素的关系；

（4）土地管理的主要标准；

（5）防治土地退化的目标；

（6）优先土地管理项目；

（7）促进社区参与式的方法；

（8）国际组织的支持作用；

（9）加强财务管理。

在这一战略的指导下，期望综合生态系统管理能够成为任何国家、省（自治区）干旱地区实施自然资源管理项目的主要手段与重要方法（比如：干旱地区农业建设、草原恢复、湿地管理、荒漠化防治、水流域管理、生物多样性保护以及摆脱贫困）。战略规划为自然资源管理制定了标准，为每一个资源管理项目分配资金确定了目标程序。

作为国家政府的政策，综合生态系统管理的目标、概念与原则应该被应用在国家与省级层面的环境法律与政策的改革过程中。战略规划也可作为重新评价国家实施《联合国生物多样性公约》与《联合国荒漠化防治公约》行动规划的基础，以确保这些规划能够充分满足多个部门采用综合方法管理干旱地区生态系统的需要。

1．综合生态系统管理中各部门的作用

综合生态系统管理战略需要确定各省（自治区）不同层面在不同综合生态系统管理中的行为与作用，包括：

（1）国家级（国务院、全国人大、中央国家机关，国家层面的政策、法律、审计与财务）；

（2）省（自治区）层面（副省长、省直机关，省级的政策、法规，项目设计、实施与审计）；

（3）地方政府层面（县与乡镇政府官员，项目设计与实施）；

（4）社区层面（村干部、社区与非政府组织、私营企业、学校、保护组织，提供服务与教育）；

（5）农户－牧场家庭层面（农民、牧民、乡村工人，保护性农业措施的应用）。

综合生态系统管理战略需要明确各部门在干旱地区生态系统管理工作中的作用。具体责任包括：

（1）准备详细的土地退化状况、土地承载力与土地使用适应能力的详细信息，作为建立自然资源使用的标准、目标及防治土地退化与开发与保护生态系统的基础；

（2）在完善防治土地退化的法律与政策同时，使他们也能够适用于国家自然资源管理的标准；

（3）在国际生态标准与干旱地区土地管理战略之间，建立起相应的联系程序；

（4）制定宣传与教育综合生态系统管理方法的规划；

（5）建立以“参与式规划”为中心的“自下而上”的工具、程序与相关机构；

(6) 建立记录生态与农业土地使用变化的信息系统；

(7) 建立能够客观评估干旱地区生态系统建设对环境影响的评价程序；

(8) 建立对生态系统稳定性没有干扰的干旱地区生态旅游潜力的开发规划；

(9) 建立关注干旱地区生态系统保护与管理的研究规划；

(10) 确定土地使用权，以及干旱地区生态系统资源满足当地人生活需要的责任。

2．优先行动

中国若成功地应用综合生态系统管理方法，还面临着许多挑战。迎接这些挑战，需要在一些地区采用优先干预措施。这些措施包括：

(1) 提高人们对干旱地区自然资源基础知识的认识。为了充分了解干旱地区土地退化的不同表现形式，需要优先考虑共享各部门之间的信息。在干旱地区生态系统内，需要有准确分析土地承载力与土地利用适应能力的自然资源数据。这些数据能够作为制定当地自然资源可持续发展标准的基础资料，也可作为实施土地退化防治和生态系统保护工作的参考信息。

(2) 了解生态系统的限制。当探寻所管理的特定干旱区生态系统的变化时，需要了解生物－非生物的限制、以及当地社会经济的约束。恢复、稳定与提高生态系统的生产与保护功能需要了解土地资源（土壤、水、植被、气候等）特点与现状。确定现有土地资源满足不同土地使用类型的生产、管理与保护工作的需求程度。

(3) 评估环境影响。一个生态系统在生产中会发生变化，因此需要对影响他们的环境进行适当地评估。评估范围包括生态系统内、外两部分。在生态系统目标范围内，封闭与定居活动可以导致生态系统稳定性的增强。如果土地利用结果给另外脆弱生态系统造成压力，那么它对生态系统的影响应该是负面的（山区居住的人们搬到沙漠边缘区居住）。因此，在综合生态系统管理项目中需要开发与应用对环境影响产生正面影响的评估程序。

(4) 减弱对非再生资源开发的影响。西部地区自然资源的开发工作，需要在对再生土地利用生产（比如，农作物、牲畜与植树造林）与生物多样性保护目标不产生负面影响的前提下进行。

(5) 促进社会公平性。综合生态系统管理的技术与政策的实施要确保在受影响的社区范围内产生的成本与利益共享，这是最重要的。少数民族、贫困人口与妇女等群体要在当地生态系统资源的开发与保护工作中获得平等的权力与责任。

(6) 需要更全面的政务公开。中央、省与地方各级政府是规划与实施综合生态系统管理项目的主要领导者。政务公开要求他们能够按照人民的需要工作，以至于能够在各级政府层面上开展综合生态系统管理工作。

(7) 创建容易获得信息的平台。综合生态系统管理实践的广泛应用要求公众更容易了解到综合生态系统管理技术的概念、原则以及相关信息的丰富知识。这就要求开发适当的公众信息、教育与交流的项目以及有效的政府与私人企业顾问支持服务系统。

(8)加强生态系统监测与评价。需要完善更新现行以部门为中心的土地退化监测与评价项目。这就要求共享数据、达成共同接受的评价标准协议、以及能够准确地反映出随时间变化土地退化的态势。

(9) 创建可利用的资金渠道。需要为干旱地区农民提供商业贷款服务，为他们创办更多的农业可持续发展企业，提高经济效率，拓宽资金渠道。

(10) 举办综合生态系统管理的培训班与研讨会，提高各方认识水平。国家、省与地方各级政府通过举办综合生态系统管理概念、原则与方法的培训班与研讨会，提高人们对综合生态系统管理成为主流思想的认识。经过培训后，参与者们将更加积极应用综合生态系统管理方法开展防治土地退化工作。

六、结论

如果中国政府应用综合生态系统管理方法完善干旱地区土地资源管理工作，那么调整自然资源分配结构与制定出程序清晰、责任明确的土地利用规划是十分必要的。因为任何一项新的开发建设都会给生态系统中经济元素带来间接的影响，所以在环境脆弱的干旱地区，过分强调经济建设是十分危险的。需要有监测与报告干旱地区生态系统资源状态的新程序。在新的方法开发中，农牧民从完善干旱地区生态系统管理与生物多样性保护工作中获得现实的与潜在的利益越多，他们就对保护土地的责任越大。如果农牧民感到从正在实施的土地管理实践中没有获得社会与经济的直接利益时，他们就希望继续从事能够带来短期效益的土地开发活动，从而带来中长期的生态系统损害。

综合生态系统管理战略需要与一个相关的行动项目相结合进行实施。它的目标是解决满足人们对干旱地区有限生态系统资源的需求与保护资源生产与环境的可持续之间的问题。经验证明设计与实施战略的最佳办法是采用"自下而上"的方法要求当地政府与社区参与这项工作。"自上而下"的方法是不能成功地设计和实施战略的。当地利益相关者能否参与是成功实施战略的关键因素。由于土地使用者既要了解可持续实践措施，又要为了增加产品市场产量而存在短期激励行为，这样就需要对他们进行知识推广服务工作，所以对当地政府组织机构进行能力建设是十分重要的。

中国–全球环境基金干旱生态系统土地退化防治伙伴关系正在支持中国政府在干旱地区土地退化最为严重的6个省（自治区）（内蒙古、甘肃、宁夏、青海、陕西、新疆）开展工作。在中国–全球环境基金干旱生态系统土地退化防治伙伴关系的支持下，6个省（自治区）在2005年初就同意启动并制定了综合生态系统管理的战略。从2006年至2012年合作伙伴关系结束时，西部12个省（自治区）都有资格申请获得资助的领域是：

（1）机构能力建设；

（2）保护性农业；

（3）协调机制；

（4）能力环境；

（5）政府和社区合作关系与"自下而上"而不是"自上至下"的工作方法；

（6）土地评估；

（7）农民组织；

（8）应用研究。

中国目前在有些领域与国际最佳经验、技术相比，还存在着一定的差距（表39–2）。

表39–2　中国与其他国家管理农业土地措施对比表

国家/类别	澳大利亚	美 国	加拿大	中 国
农村人口(%)	·8.4%	·21.2%	·19.9%	·62.3%
农场面积	·多数比较大	·多数比较大	·多数比较大	·多数比较小
保护性农业	·广泛应用	·广泛应用 ·政府政策与资金资助 ·环境公众意识强	·广泛应用 ·政府政策与资金资助 ·环境公众意识强	·很少应用 ·政府一些项目 ·政府启动政策

[续表]

协调机制	• 政府，农民，社区	• 政府，农民，社区	• 政府，农民组织，社区	• 政府驱动 • 私有化低，社区 投入
能力环境	• 综合自然资源管理法律，政策 • 政府－社区协议	• 综合自然资源管理法律，政策 • 农民组织，社区投入	• 综合自然资源管理法律，政策 • 农民组织，社区投入	• 各部门法规，政策 • 社区投入低
政府与伙伴关系	• 与当地社区工作的伙伴关系	• 与当地社区工作的伙伴关系	• 与当地社区工作的伙伴关系	• 政府主持 • 有限的社区参与
私人企业的作用	• 兴趣 高 • 私人企业大量投资	• 兴趣 高 • 私人企业投资量大	• 兴趣 高 • 私人企业投资量大	• 兴趣 低 • 私人企业投资量小
社区参与	• 参与程度高 • “关爱土地”组织 • 流域委员会 • 大量顾问咨询团体	• 参与程度高 • 保护区 • 大量顾问咨询团体 • 环境组织影响	• 参与程度高 • 农民保护组织与保护区 • 顾问咨询团体 • 环境组织影响	• 参与程度低 • 没有正式参与组织 • 少数顾问咨询团体
土地评估	• 覆盖面积大 • 可靠性高 • 国家/州统一标准	• 国家与州实施 • 国家标准 • 覆盖面积大 • 可靠性高	• 省实施 • 省标准 • 覆盖面积大 • 可靠性高	• 评估水平较低 • 覆盖面积小 • 信息可靠性较低
农民组织的作用	• 主要 • 组织市场 • 影响贸易政策 • 行业标准	• 主要 • 组织市场 • 影响贸易政策 • 行业标准	• 主要 • 组织市场 • 影响贸易政策 • 影响行业标准	• 主要 • 政府组织 • 政府制定贸易政策
农村教育与信息	• 政府主要投资 • 良好教育 • 信息资源广泛	• 国家投资 • 良好教育 • 信息资源畅通	• 联邦、省与商业企业投资 • 良好教育 • 信息资源畅通	• 教育程度较低 • 信息资源差、不畅通
监测与评价	• 协调程度高 • 环境情况报告 • 环境审计 • 国家标准	• 协调程度高 • 国家监测中心 • 环境情况报告 • 环境审计	• 协调程度一般 • 国家正在建立监测系统 • 环境情况报告 • 环境审计	• 没有协调 • 多中心，联系少 • 没有国家环境报告
研 究	• 政府与私人伙伴关系 • 社区需求驱动力 • 研究结果出版物	• 政府与私人伙伴关系 • 社区参与 • 研究结果出版物	• 政府与私人伙伴关系 • 部门优先驱动力 • 研究结果出版物	• 政府主持 • 没有社区参与 • 研究多，出版物少

[续表]

政府对农村的补助	· 没有主要行业 · 较好税收效益 · 低关税率	· 主要行业大（2003年，164亿美元，环境工作组，农场资助数据库） · 高关税率 · 较好税收效率 · 保护驱动力	· 一些资助 · 较好税收效益 · 低关税率 · 保护驱动力	· 特殊行业的一些补助，比如，粮食部门，但有降低趋势 · 大量环境资金投向林业
财务部门服务	· 大量资源 · 良好信息资源	· 大量资源 · 良好信息资源	· 大量资源 · 良好信息资源	· 资源少 · 信息资源差
推广服务	· 政府做了大量工作 · 个人企业做的好	· 政府做了一些工作 · 个人做的多	· 政府做了一些工作 · 个人企业做了一些工作，没有政府组织	· 政府做了主要工作，许多职员，资助少，执行力弱 · 个人企业从事延伸服务刚刚开始

40 综合生态系统管理国际研讨会的总结

[1] Malcolm Douglas

这次国际研讨会分为6个部分。第一个部分内容是开幕式：财政部与国家林业局领导致开幕词，项目指导委员会主任做主题发言，全球环境基金、亚洲开发银行和世界银行代表致辞。这部分的主要内容是中国政府对实施项目的态度，采用综合生态系统管理的政策观点，以及国际组织在中国开展项目工作的介绍；同时，这一部分还强调了各部门对土地退化威胁的反应、科学在自然资源管理中的应用、以及防治土地退化工作的效果。

第二部分包括4个关于综合生态系统管理概念与实践的重要文章。

Michael Stocking 的文章阐述了综合生态系统管理方法的发展历程：生态学→生态系统→农业生态→生态系统管理→综合生态系统管理。各阶段进程普遍表现出的对自然界各元素复杂性与相互作用以及日益变化的社会、经济环境的认识。综合生态系统管理的重点是多学科、综合与协调。

F. E. Busby 的文章介绍了20世纪30年代美国大平原贫困居民、土地利用政策与脆弱环境的结合如何产生土地退化问题的。严重的沙尘暴问题已经使土地利用政策发生了变化并且要求创建新的政策。美国经验表明正确的政策与土地管理实践能在一定的时间内改善环境状况。同时，文章还指出了当人们忘记了历史曾经发生了什么，那么历史还会重来。减轻短期的经济压力会造成对生态系统的长期恢复。

V. Squires 的文章展现了澳大利亚曾像美国一样经历过同样的历程。犯过相同错误后，澳大利亚认识到了需要改变土地管理的政策、法律与方法。澳大利亚是世界上第一批认识到土地使用者要积极参与土地改良的规划与实施工作的国家之一。同时，澳大利亚掀起了全国著名的“关爱土地”运动。

韩俊的文章重点介绍了中国防治土地退化的经验与扶贫工作的成果。他提出了在满足当地农牧民短期需求时，不仅要在中国应用综合生态系统管理，而且要在周边国家也应用综合生态系统管理，以实现生态系统的长期良性发展的目标。中国应用综合生态系统管理内容包括：

（1）部门之间统一协调的规划；

（2）建设人才队伍；

（3）保护土地使用者的合法权力；

（4）完善扶贫政策；

（5）推动适合于当地土地管理的技术。

第三部分包括了综合生态系统管理在全球、区域和流域层面上应用的经验。第一项内容是5个国际专家分别介绍研究的案例。

F. E. Busby的第二篇文章拓宽了第一篇文章的观点，具体地介绍了对美国大盆地生态系统研究的案例。他指出了所有项目参与者要达成共识，才能协调不同环境保护目标下的社会利益、以及那些依靠土地生活的农民的收入。然而，成功的生态系统管理一定要强调当地居民的环境、社会、经济效益，使他们协调一致。

---

[1] 亚洲开发银行、全球环境基金 OP12 项目组顾问

D．McGarry的文章强调了传统农业土地管理措施是导致大量土地退化的主要原因。改变传统农业土地管理措施向保护农业方向发展。主要措施有：

（1）减少耕种或免耕；

（2）持久土壤覆盖（植物残留物或覆盖农作物）；

（3）农作物轮作；

（4）尽量减少交通。

全球大约9000万公顷土地是采用保护性农业措施进行耕种的。农民采用这种方法既能增加产量、又能降低成本，它也能提高环境效益（减少土壤侵蚀、改善水资源与大量的碳汇）。

I．Hannam的文章重点介绍了澳大利亚墨累－达令河流域实施综合生态系统管理的立法成效。中国要借鉴的东西包括：

(1) 综合自然资源管理法律框架；

(2) 与省级政府法规相协调的国家环境法律；

(3) 把流域作为治理环境的整体单位；

(4) 全面的社区参与规划。

C．Licona Mansur 的文章概括了全球环境基金、联合国环境署和联合国粮食与农业组织的（GEF，UNEP， FAO）共同参与的干旱地区土地退化评估项目（LADA）。项目探寻了国际经验并且提出了评估土地退化的最佳措施，目的是提高地方、省、国家和世界对决定土地退化性质的驱动力、压力、状态、影响与反映的认识程度。

P. Hassan的文章描述了巴基斯坦建立环境法律框架的经验，以及政府执行政策法律时存在的问题。

这一部分的第二项内容是中国的6个项目省（自治区）介绍了涉及到综合生态系统管理经验的研究案例。他们提出了许多共性的问题和观点。以下是他们在研究案例工作中发现的共性问题：

(1)在制定项目活动设计与实施的过程中，需要有当地政府领导参加(党委书记、一把手等)。

（2）需要有一个能解决各部门交叉问题的良好内部协调机制。

(3) 项目之间的信息共享十分重要。不是每一个项目单独执行，而是要统一协调其他项目活动。然而，国家与国际资助项目之间要有一个协调机制，以至于彼此之间都知道做什么，同时能够相互学习成功经验，借鉴失败的教训。

（4）监督与评价过去执行的与现在正在实施的项目活动的影响效果是十分必要的。

(5)需要了解成功的要素与失败的原因，然后以他们为基础，选择与确定最佳的措施与方法，改变那些没有实现环境、社会与经济效益预期目标的措施与方法。

（6）公众们认识到良好的环境教育是改善生态系统管理的前提。

（7）需要有促进农民采用现代生态系统管理措施的动力（较低成本、较高回报、改善生活、社会福利、社区环境等）。

（8）预防成本远低于恢复成本，最佳的办法是在土地没有遭到破坏前，进行保护。

（9）中国在实施这一项目时，要吸取其他国家解决同类问题的经验（比如，加拿大与澳大利亚）。

（10）需要把国际经验与中国实际相结合，探索出能够解决干旱地区生态系统土地退化问题的切实可行方案。

（11）社区实现“参与式”方法的评估、规划与实施方法需要一定的时间。但是，从长远的观点看，参与式方法是最可持续的。政府不能亲自去做每一件事情，所以当地农牧民是防治土地退化工作的主力军。

(12) 厦门全球环境基金项目——沿海地区综合生态系统管理项目的研究案例清楚地表明了多部门参与的综合生态系统管理方法在中国应用是能够取得实际效益的。

第四部分是中央主要部门介绍了在中国应用综合生态系统管理和防治土地退化工作中的作用。项目指导委员会组成中的11个中央成员单位分别提交了论文。他们重点描述了中国解决西部地区土地退化问题应该优先选择的项目。这些部委都以项目或规划的形式向西部地区投入了资金。同时，他们也介绍了制定“十一五”规划的经验。然而，只有通过建立一个对生态系统、系统约束与管理机制有共同认识的多部门统一协调的方法，才能更加有效地制定“十一五”规划。

第五部分，中国－全球环境基金干旱生态系统土地退化防治伙伴关系实施的项目6省（自治区）也分别向会议提交论文，详细介绍了各自的具体情况：

（1）生态系统特点；

（2）土地退化的严重性；

（3）过去与现在开展的防治土地退化工作；

（4）综合生态系统管理与解决土地退化问题的关系。

他们认为土地退化是所有问题中最主要的，但是又确信在过去已做大量工作的基础上，积极努力吸取其他国家的先进经验，通过执行这个项目是能够防治土地退化的。他们认识到了综合生态系统管理是一种新的方法，还想要知道的是如何把它应用到所管辖的地域内。

第六部分，会议研讨。内容主要包括综合生态系统管理的概念、原理和实践，中国西部干旱地区生态系统退化问题，如何创建和应用“中国式”的综合生态系统管理的方法。

附件：综合生态系统管理国际研讨会提交的论文

序号	题目	作者	单位	备注
1	实施综合生态系统管理加快退化土地治理步伐	江泽慧	全国政协人口资源环境委员会副主任 中国林业科学研究院院长 项目指导委员会主任	全文
2	中国生态建设规划与综合生态系统管理	祝列克	国家林业局副局长	全文
3	中国创建综合生态系统管理模式	邹加怡	财政部国际司副司长	全文
4	可持续的土地管理——通向可持续发展之路	Moctar Toure	全球环境基金，土地与水资源组组长，美国华盛顿	全文
5	亚洲开发银行与中国-全球环境基金干旱生态系统土地退化防治伙伴关系	Katsuji Matsunami	亚洲开发银行，中东亚局，农业、环境与自然资源部主任	全文
6	世界银行与中国-全球环境基金干旱生态系统土地退化防治伙伴关系	Sari Sǎderstrǎm	世界银行北京代表处，自然资源与农村发展部，协调员	全文
7	综合生态系统管理发展历程——自然资源管理方法	M.A. Stocking	英国东安格利亚大学，发展研究学院，Norwich NR4 7TJ，英国 E-mail: m.stocking@uea.ac.uk	全文
8	综合生态系统管理在防治土地退化和扶贫方面所起的作用	韩　俊	国务院发展研究中心农村经济研究部	全文
9	20世纪30年代美国大平原沙尘暴	F.E. Busby	美国犹他州罗根市，犹他州立大学自然资源学院，84322-5200 E-mail: feebusby@cc.usu.edu	全文
10	澳大利亚防治干旱地区生态系统土地退化的经验	Victor R. Squires	澳大利亚阿德莱德市，干旱土地管理顾问	全文
11	加拿大三个草原省防治土地退化的经验	[1]B. Kirychuk and [2]Wang Sen	[1]加拿大农业与粮食部大草原地区农场复垦管理局，1800 Hamilton St. Regina, Sask. S4P 4L2 Canada E-mail: kirychuckb@agr.gc.ca [2]加拿大林务局林业研究中心，506 Burnside Road, Victoria B.C. Canada E-mail: senwang@pfc.forestry.ca	全文

[续表]

12	干旱地区土地退化评估——综合生态系统方法的应用案例	C. Licona Manzur, F. Nachtergaele, S. Bunning, P. Koohafkan	联合国粮食及农业组织，农业部土地与植物营养管理局，罗马	全文
13	发展保护性农业 减缓土地退化 改善生态环境	D. McGarry	澳大利亚昆士兰州政府，自然资源科学 E-mail: mcgarrd@nrm.qld.gov.au	全文
14	美国大盆地生态系统管理	F. E. Busby	美国犹他州罗根市，犹他州立大学自然资源学院 E-mail: feebusby@cc.usu.edu	全文
15	综合生态系统管理的立法方面——澳大利亚墨累-达令河流域	Ian Hannam	环境法与政策专家，中国－全球环境基金干旱生态系统土地退化防治伙伴关系，亚洲开发银行， 地址：北京复兴门内大街156号，北京国际招商大厦D座7层亚洲开发银行， 邮编：100031 E-mail: ihannam@adb.org, Jason Chai 协助整理论文，环境法律实习生， 中国－全球环境基金干旱生态系统土地退化防治伙伴关系，亚洲开发银行， 地址：北京复兴门内大街156号，北京国际招商大厦D座7层亚洲开发银行，邮编：100031 E-mail: jason.jh.chai@gmail.com	全文
16	巴基斯坦环境规划与管理——一个值得思考的新方法	Parvez Hassan	Senior Partner, Hassan(Advocates), PAAF Building 7D Kashmir Egerton Road, Lahore, Pakistan, 巴基斯坦环境法协会理事长(President, Pakistan Environmental Law Association)	全文
17	厦门市海岸带综合管理的理论与实践	李海清	国家海洋局国际合作司	摘要
18	综合生态系统管理在“林业持续发展项目”中的应用和实践	王周绪	国家林业局世界银行贷款项目管理中心	全文

[续表]

19	加拿大－中国农业可持续发展项目	[1]Brant Kirychuk, [1]Gerry Luciuk, [1]Bill Houston and [2]Bazil Fritz	[1]加拿大农场复垦管理局；[2]内蒙古自治区	全文
20	阿拉善盟环境恢复与管理项目	A.R. Williams	草原环境顾问，内蒙古自治区，阿拉善盟750306 Email: awilliams@public.hh.nm.cn; adrianrw1@yahoo.com.au	全文
21	一个以人为本的流域治理方法	Wendao Cao and Joanna Smith	世界银行北京代表处	摘要
22	甘肃和新疆畜牧发展项目	Sari Soderstrom	世界银行北京代表处	摘要
23	西部大开发战略	于合军	国务院西部开发办农林生态组	全文
24	我国政府在生态环境领域的管理实践	孙　桢	国家发展和改革委员会地区经济司	全文
25	中国生态环境科技工作及展望	沈建忠	科技部农村与社会发展司	全文
26	西部生态建设与荒漠化防治	刘　拓	国家林业局防治荒漠化管理中心	全文
27	综合生态系统管理在中国西部地区生态保护中的应用	崔书红	国家环境保护总局自然生态保护司	摘要
28	中国西部生态系统综合评估	刘纪远	中国科学院地理科学与资源研究所	全文
29	中国西部大开发中的水土流失与水土保持对策	佟伟力	水利部水土保持司	全文
30	中国的土地利用规划	董祚继	国土资源部规划司	全文
31	中国有关防治土地退化法律制度介绍	王振江	国务院法制办农业资源环保法制司	全文
32	西部旱区农田和草地生态系统的保护、建设与管理	高尚宾	农业部科技教育司	全文
33	宁夏应用综合生态系统管理方法的设想	常利民	宁夏回族自治区财政厅	全文
34	青海防治土地退化工作行动设想	李三旦	青海省林业局	全文
35	总结经验　搞好规划　切实完成陕西项目区各项工作	郝怀晓	陕西省林业厅	全文
36	甘肃实施综合生态系统管理方法的思考	赵建林	甘肃省林业厅	全文
37	加强综合生态系统管理　建设山川秀美小康社会	白　彤	内蒙古自治区林业厅	全文

[续表]

38	树立综合生态系统管理的理念 加强土地退化防治工作	严效寿	新疆维吾尔自治区林业厅	全文
39	综合生态系统管理作为可供中国选择的一种方法——国际研讨会观点集成	[1]ADB GEF OP12 team, Beijing	中国-全球环境基金干旱生态系统土地退化防治伙伴关系(OP12)项目组起草的报告，主要人员分别是Malcolm Douglas, Ian Hannam与牛志明(伙伴关系顾问)，国际咨询专家Brian Bedard, Fee Busby, Brant Kirychuk, Des McGarry, Vic Squires, Michael Stocking与Phil Young.，亚洲开发银行项目负责人Bruce Carrad与亚洲开发银行北京代表处行政助理李雪。	全文
40	综合生态系统管理国际研讨会的总结	Malcolm Douglas	亚洲开发银行、全球环境基金OP12项目组顾问	全文
41	山东黄河故道区沙化综合治理技术及经济效益分析	张建锋	中国林业科学研究院	全文
42	生态系统综合管理的回顾与展望——从北美生态区域评价到新千年全球生态系统评估	卢 琦	中国林业科学研究院	摘要
43	Integrated watershed management policies and approaches in Iran	Ali najafi nejad	Gorgan University of agrivulture & natural resources(IRAN)	全文
44	中国荒漠化防治与综合生态系统管理	王鸣远	中国林业科学研究院	全文
45	Integrated Hill Ecosystem Management by the Indigenous Chakma Communities at Bengmara of Chittagong Hill Tracts, Bangladesh	Sudibya Kanti Khisa	Chittagong Hill Tracts Development Board, Khagrachari, Bangladesh	摘要
46	Integrated Ecosystem Management in the Semi-Arid Okanagan Basin: Experience and Challenges	Dr. Xiaohua (Adam) Wei	Watershed Management Chair Earth and Environmental Science Department University of British Columbia-Okanagan	全文
47	国家“863”项目《蓄水渗膜》在西部造林中的试验效果	张增志	中国矿业大学	摘要

[续表]

48	内蒙古中部地区退耕还林还草的生态效应	刘鸿雁	北京大学环境学院生态学系	全文
49	甘肃省民勤水资源的变化及其对植被的影响	王耀琳	中国林业科学研究院	全文
50	封山育林是恢复黄土地区植被的关键措施	张旭东	中国林业科学研究院	全文
51	中国土地退化的分类与分级	沈渭寿	国家环境保护总局荒漠化研究中心	全文
52	盐碱地改良的经济分析：方法与案例	谷树忠	中国科学院地理科学与资源研究所	摘要
53	近50年来中国北方沙漠化土地的时空变化	王 涛	中国科学院寒区、旱区环境与工程研究所	全文
54	应用“人工植被技术”恢复退化土地综合生态系统	舒 杨	金沙纬地生态环保发展有限公司	摘要
55	可持续发展与我国西北地区植被建设的理念	翟明普	北京林业大学	全文
56	沙棘与水土保持植被建设	卢顺光	水利部沙棘开发管理中心	全文
57	可利用的水与环境库兹涅茨曲线的拓展和分析	孙 立	北京林业大学资源与环境学院	全文
58	论自然保护区无形资产的作用	孙 立	北京林业大学资源与环境学院	全文